道路交通系统中驾驶人的因素

狄胜德　张巍汉　郭　艳　编著

人民交通出版社

内 容 提 要

本书对道路交通系统中驾驶人因素的理论基础、研究现状及其应用进行了简要介绍，包括驾驶人因素的定义、我国公路交通事故中驾驶人的因素、驾驶行为理论、驾驶人的信息加工过程、驾驶人的心理特征及其局限性、驾驶人的心理状态、驾驶人因素的实验方法、人为因素理论及其在道路设计中的应用、不同交通环境下驾驶人的心理以及驾驶人的心理预期与安全等，具有较强的理论性和实践性。

本书可供交通安全科研人员、交通管理与设计人员、公路工程技术人员学习和参考。

图书在版编目(CIP)数据

道路交通系统中驾驶人的因素/狄胜德，张巍汉，郭艳编著. —北京：人民交通出版社，2012.9

ISBN 978-7-114-09995-3

Ⅰ.①道… Ⅱ.①狄…②张…③郭… Ⅲ.①汽车驾驶员—行车安全—研究 Ⅳ.①U471.3

中国版本图书馆 CIP 数据核字(2012)第 185526 号

书　　名：道路交通系统中驾驶人的因素
著 作 者：狄胜德　张巍汉　郭　艳
责任编辑：吴有铭　张　斌　丁　遥
出版发行：人民交通出版社
地　　址：(100011)北京市朝阳区安定门外外馆斜街 3 号
网　　址：http://www.ccpress.com.cn
销售电话：(010)59757973
总 经 销：人民交通出版社发行部
经　　销：各地新华书店
印　　刷：化学工业出版社印刷厂
开　　本：787×1092　1/16
印　　张：15.5
字　　数：372 千
版　　次：2012 年 9 月　第 1 版
印　　次：2012 年 12 月　第 2 次印刷
书　　号：ISBN 978-7-114-09995-3
定　　价：80.00 元

丛书编委会名单

序　　言

汽车作为人类工业文明的伟大发明之一，拓展了人类的生活空间，提高了人类的生活质量，解放和发展了生产力，促进了现代经济的发展和繁荣。但在人类发明和使用汽车已有百年历史的今天，以汽车为主要载体的现代道路交通却无法回避这样一个事实：道路交通事故已成为影响人类生命和健康的重要因素。据世界卫生组织预计，如果不立即采取有效行动，到2030年，交通事故将成为威胁人类的第五大“杀手”。采取积极有效措施，减少交通事故导致的死亡和受伤，已成为世界各国政府的共识。

文明因生命而传承，世界因生命而精彩。在以科学发展观为主题的我国社会主义现代化建设总体战略中，“以人为本”是核心，“安全发展”是重要理念。改革开放30多年来，我国经济实现了高速增长，社会面貌发生了翻天覆地的变化，城市化进程不断加快，机动化水平快速提高，这些都决定了我国的人、车、路、环境、管理等影响道路交通安全的因素比任何国家都要复杂。如何在加快建设适度超前的道路运输网络、支撑经济和社会持续稳步发展的同时，实现道路交通的安全发展，为广大人民群众提供安全、高效的交通环境和运输服务，是我们面临的一项严峻挑战。

为有效降低道路交通事故率，科技部、公安部、交通运输部三部门联合组织开展了国家级重大科技支撑项目——《国家道路交通安全科技行动计划》一期研究，重点实施了《重特大道路交通事故综合预防与处置集成技术开发与示范应用》项目研发工作。这一项目以前所未有的科研资源投入和大规模的示范应用，开创了我国道路交通安全科技研发与应用的新局面。该丛书是在归纳总结科技行动计划一期项目，由交通运输部负责的课题二《山区公路网安全保障技术体系研究与示范工程》研究工作基础上编写的，是项目的重要成果之一。丛书由课题承担单位交通运输部公路科学研究院组织编写，凝聚了交通运输行业50家项目参与单位、300多名科研人员的智慧与心血。

理论研究的生命力在于指导工作实践。丛书从人的因素出发，围绕山区公路重特大交通事故的预防和人员生命保障，对公路设计、交通安全设施设置、公路安全运营管理、恶劣气象条件下的公路通行保障、施工区安全管理、公路网交通安全风险评估等技术进行了研究，全面介绍了我国山区公路交通安全技术的最新发展和安全保障综合解决方案，既是一套理论研究专著，又是一套先进实用的工具书，具有重要的指导意义和实用价值。希望这套丛书的出版发行，能够为公路交通行业广大建设者和管理人员提供有益的借鉴，促进我国山区公路交通安全保障技术水平迈上一个新台阶。

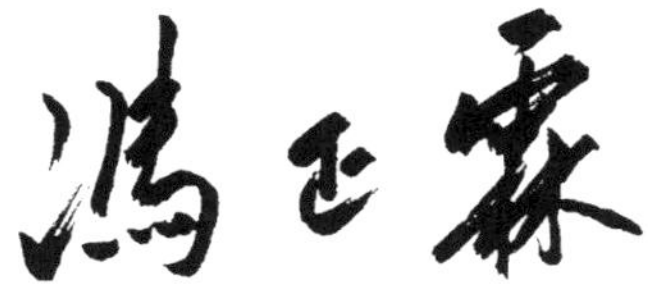

二〇一二年三月

丛书前言

自人类进入汽车社会以来，道路交通事故就如影随形，道路交通安全问题已经成为当今世界一个严重的社会问题。为了遏制道路交通事故的发生，降低道路交通事故的危害，人类做出了不懈的努力。进入21世纪，国际社会对道路交通安全问题愈发重视，在全球范围内掀起了提高道路交通安全性的新高潮。但是遏制道路交通事故发生、缓解道路交通安全压力仍是一项长期、漫长和艰巨的任务。

与世界各国相比，我国的道路交通安全问题显得尤为严重。统计数据显示，2001年至2003年我国连续3年交通事故死亡人数超过10万人，占全世界交通事故死亡人数的10%以上，高居世界第一，而同期的汽车保有量只占世界的2%。自2003年开始，我国政府首次全面部署道路交通安全工作，逐步形成了政府统一领导、有关部门各司其职、齐抓共管、综合治理、标本兼治的工作格局，采取了一系列系统性和针对性措施，在短时间内遏制了我国道路交通事故高发的态势，使我国道路交通安全形势得到迅速改善。截至2011年，道路交通事故六大指标已连续7年大幅下降，2011年我国道路交通事故死亡人数已降至6.2万余人，比最高峰2002年降低了43%。虽然道路交通安全形势逐步好转，但由于影响我国道路交通安全的诸因素还没有发生根本性的改变，交通事故仍然存在伤亡惨重，万车死亡率居高不下，重特大交通事故特别是群死群伤的特大恶性事故时有发生的特点，这与改善民生的要求，与发达国家的情况相比还存在较大差距。

国际经验表明，科技进步和新技术应用是解决道路交通安全问题的重要手段。为构建安全和谐的道路交通环境，充分发挥科技创新对交通安全保障的重要支撑作用，2008年2月18日，科技部、公安部和交通部正式在人民大会堂共同签署《国家道路交通安全科技行动计划》合作协议，旨在动员和集成相关科技、产业和政府资源，通过科技创新建立和完善我国道路交通安全保障技术、措施和标准体系，提升道路交通可持续发展能力，以全面提高我国道路交通安全保障水平。它标志着我国最大规模的一次道路交通安全科技合作行动正式全面启动。

《山区公路网安全保障技术体系研究与示范工程》课题是《国家道路交通安全科技行动计划》第一期项目《重特大道路交通事故综合预防与处置集成技术开发与示范应用》的重要组成部分。课题从我国交通安全问题最严重的山区公路网出发，但不局限于山区公路，围绕重特大交通事故的预防和人员生命保障，对公路设计、交通安全设施设置、公路安全运营管理、恶劣气象条件下的公路通行保障、施工区安全管理、公路网交通事故风险评估等技术进行了研究，目的是在充分分析我国山区公路网交通安全的现状和特点的基础上，通过自主创新和山区国省干线安全保障技术的集成应用，形成可用、实用的山区公路网交通安全保障成套技术及装备，组织大规模的示范工程，提高山区公路网对交通事故的主动和被动防护能力，并在此基础上形成一系列标准、规范和技术指南，以促进整个交通行业安全水平的提升。

《山区公路网安全保障技术体系研究与示范工程》课题在科技部、交通运输部和公安部三部委的高度重视下，调动了在各相关方向有专长的科研单位、高校、企业及交通运输行业主管单位等50家单位、300余位研究人员参加研究、示范工程建设及标准规范制修订工作，取得了丰富的研究成果，并通过“产、学、研、用”相结合的方式，保证研究成果达到了“实际、实用、实效”的要求。本丛书是对《山区公路网安全保障技术体系研究与示范工程》课题成果的总结，是《国家道路交通安全科技行动计划》项目的重要成果之一。本丛书从驾驶行为、道路安全设计、路侧安全及防护、速度管理、公路网交通事故风险评估与安全管理、恶劣气象条件下公路运行安全保障、施工作业区安全管理等方面，介绍了我国山区公路交通安全技术的最新发展和安全保障综合解决方案，为公路行业的运营管理及交通安全改善工作提供指导，有助于进一步提升山区公路交通安全保障能力，具有重要的指导意义和实用价值。

丛书有幸得到交通运输部冯正霖副部长的题序，感谢冯正霖副部长对丛书的指导和认可。正如他在序言中所说，“在以科学发展观为主题的我国社会主义现代化建设总体战略中，‘以人为本’是核心，‘安全发展’是重要理念。”“如何在加快建设适度超前的道路运输网络，支撑经济和社会持续稳步发展的同时，实现道路交通的安全发展，为广大人民群众提供安全、高效的交通环境和运输服务，是我们面临的一项严峻挑战。”“希望这套丛书的出版发行，能够为公路交通行业广大建设者和管理人员提供有益的借鉴，促进我国山区公路交通安全保障技术水平迈上一个新台阶。”

丛书在编写过程中，得到了交通运输部公路局李华、成平、李春风、李健，交通运输部科技司赵冲久，交通运输部公路科学研究院周伟、王笑京、高海龙、蔚晓丹等领导的鼎力支持，得到了交通运输部杨盛福、中交第一公路勘察设计研究院有限公司陈永耀、交通运输部公路科学研究院陈国靖等专家的热情指导，交通运输部公路科学研究院等50家课题参加单位领导、同仁给予了大力配合，在此表示衷心的感谢！丛书中参阅了大量的国内外文献，引述文献已尽量予以标注，但难免存在疏漏，在此对各文献作者一并致谢！

在今后一段时期内，我国仍将处于机动化水平快速提高的进程中，机动车数量和居民人均出行量将进一步快速增长，道路交通安全形势仍然不容乐观，改善道路交通安全的压力和难度将逐步增大，保障道路交通安全的任务仍十分艰巨。希望通过我们大家的共同努力，为我国交通安全事业的发展贡献微薄之力。

前　言

道路交通安全问题已经成为世界上很多国家面临的主要社会问题之一。而在道路交通人—车—路系统中，人是最主要的因素。事故致因分析结果发现，单纯的人、车因素占很少一部分，单纯的道路原因更难界定。道路交通事故发生的原因更多是人与车、人与路的交互作用，因而人的因素对安全驾驶具有巨大的影响。

2008年2月18日，科学技术部、公安部、交通部在北京人民大会堂签署合作协议，联手启动《国家道路交通安全科技行动计划》。这是中国最大规模的一次道路交通安全科技合作行动，通过建立官方三部委的联合工作机制，成立领导小组和专家组，安排专项及配套资金，开展道路交通安全领域关键技术研发，并组织实施示范工程，构建适合中国国情的道路交通安全技术保障体系。《山区公路网安全保障技术体系研究与示范工程》(课题编号：2009BAG13A02)是此次道路交通安全科技合作行动的主要内容。本书以该课题的研究成果为基础，对道路交通系统中驾驶人的因素以及驾驶期望的研究进行了总结和凝练。

本书第一章概括介绍道路交通系统中驾驶人因素的定义、研究的意义、研究的范围、常用的方法以及研究的趋势等。第二章分析了我国公路交通事故中驾驶人各种违法行为和非违法行为中驾驶人因素的作用。第三章阐述了六种驾驶行为理论模型，并在此基础上，分析了我国驾驶行为研究的现状和前景。第四章阐述了驾驶人信息加工的模型和特点，包括信息的接收、储存、加工等，并介绍了由此产生的感知反应时间。第五章阐述了驾驶人的心理特征及其局限性，包括知觉、注意、情绪情感、反应特性及个性心理等，分析了其对安全行车的影响。第六章阐述了驾驶人的心理状态对安全行车的影响，包括驾驶人的道路安全感、应激反应、驾驶负荷、驾驶疲劳以及烟酒药物等。第七章介绍了驾驶人因素研究的实验方法和相关装备，包括驾驶人的视线追踪、生理指标、行为操作等采集方法和装备；并介绍了驾驶人行为模拟实验系统和国外正开展的自然状态下驾驶人行为的实验研究。第八章阐述了世界道路安全协会关于道路交通系统的三条人为因素的理论及其在道路设计中的应用。第九章阐述了不同交通环境下驾驶人的心理，包括不同道路线形、不同道路环境、不同天气条件以及隧道、连续长纵坡等特殊交通环境中驾驶人的因素。第十章阐述了驾驶人的心理预期与安全的关系，介绍了驾驶期望量化模型及驾驶人方向与速度控制模型的研究，以及基于驾驶期望的道路线形一致性评价方法。

本书编写过程中得到了交通运输部公路科学研究院唐琤琤研究员、李爱民研究员和周荣贵研究员的大力鼓励和热情指导。交通运输部公路科学研究院王芳助理研究员认真阅读了本书，并提供了宝贵的修改建议。同时本书参考并引用了大量的国内外相关文献，在此向上述人员以及这些文献的作者一并表示诚挚的谢意！

本书第一、四、五、六、八章由狄胜德编写，第三、七章由郭艳编写，第二、九、十章由张巍汉编写。尽管笔者努力想将道路交通系统中驾驶人因素的一些新研究成果、新理念以及在道路安全设计、管理中的新方法介绍给读者，但由于水平有限，书中的错漏恐难避免，恳请读者批评斧正。

作　者

2012 年 5 月

目　　录

第一章　绪　　论

在道路交通人—车—路系统中，人是最主要的因素。事故致因分析结果发现，单纯的人、车因素占很少一部分，单纯的道路原因更难界定。道路交通事故发生的原因更多是人与车、人与路的交互作用，因而人的因素对安全驾驶具有巨大的影响。

第一节　道路交通系统中驾驶人的因素的定义

近年来，随着我国“以人为本”观念的深入，各个行业均在开展人的因素的相关研究。一讲到人的因素，每个人都好像理解，但是“人的因素”的准确定义是什么？人的因素（Human Factors，通常缩写为“HF”）一词被专业地应用开始于1930年。当时被界定为专业机能障碍或人类行为或人类功效发展中，人性本身的作用。

目前而言，人的因素还没有一个统一的定义。可以说广义的人的因素是指不考虑其他外在的一切自然因素的统称；狭义的人的因素，即人为因素，又称为人为失误，是指人的行为或使命对一特定系统的正确功能或成功性能的不良影响，是人未能发挥自身应有的功能，人为使系统出现故障或发生机能不良事件的一种错误行为。

人的因素是一个多学科的研究范畴，包括心理学、生理学、人机工效学、安全工程学等。其目的在于依据人的心理特征和人体的局限性进行工程设计，从而达到减少人为失误，避免灾难发生，降低伤亡的目的。

道路交通系统中驾驶人的因素可定义为导致交通事故发生的人类自身的失误，是指导致驾驶人操纵车辆或仪器失误的生理和心理方面的因素。从心理学的角度来看，道路交通系统中汽车驾驶人的因素由心理过程、个性心理特征、个性倾向性和心理状态等组成。

心理过程是人的心理活动的基本形式，包括认识过程、情感过程和意志过程。认识过程是接收、储存、加工、理解和提取各种信息的过程，是人最基本的心理活动，它包括感觉、知觉、记忆、思维、想象等，都属于对客观事物的认识活动。人在认识客观事物时，总要对他所认识或所操作的客观事物采取一定的态度，如满意或不满意、愉快或不愉快等，这种主观上的体验过程就是情绪或情感过程。人在认识或改造客观世界的过程中，不仅是认识事物、产生情绪和情感，而且总是具有一定的目的性。为实现其目的，就要下定决心，制订计划，采取行动，克服困难，付出相应的努力，这种心理过程就是意志过程。认识、情感和意志等心理过程是互相联系、互相制约的。一方面人的情绪和意志总是在认识的基础上产生和发展起来的，另一方面人的情感和意志对认识也有重要作用。汽车驾驶人的行车过程，就是汽车驾驶人不断地感知各种刺激，对车内外各种信息进行加工、输出的过程。在这个过程中，总会伴随着各种体验，总需要意志活动的参与。因此，汽车驾驶人的行车过程，也就是汽车驾驶人的心理认知过程、情感过程和意志过程的综合表现。

心理活动表现在每个人身上，总是具有个人不同的特征，在心理学上称之为人的个性。个性所表现出来的能力、气质和性格等方面的特征，被形容为人的心理面貌，是各不相同的。个性心理特征在个性结构中是比较稳定的成分，它在人的心理过程中形成，又对心理过程产生影响。个性倾向性包括人的需要、兴趣、动机、生活目标等，是人积极活动的内在动力，它制约着人的所有心理活动，表现出个性差异和个性积极性。汽车驾驶人在行车途中，既是交通运输的主体，又是交通肇事的主体，其个性特征与行车安全密不可分，是汽车驾驶人安全行车心理研究的重要方面。

心理状态是指某一时刻人的心理活动水平，如注意或分心，警觉、疲劳或嗜睡等。心理状态是把人的心理过程和个性心理连接起来的中介环节。任何一种心理过程的进行，都要受到某种心理状态的影响，而个性心理特征对心理过程的影响，也是通过在不同的心理状态下实现的。

交通参与者的心理现象是在交通实践活动中产生和发展的，是人对复杂多变的客观现实的反映，同人的基本心理现象一样，反映在心理活动过程和个性心理特征两个方面(图 1-1)。心理活动过程是实时的，任何交通参与者在不同的时间、地点和交通环境中，都有心理活动的过程。首先是认识过程，即人凭着他的感受器官(眼、耳、口、鼻等)直接与各种交通工具、交通设施、交通现象、建筑物和行人等外界事物接触，感受到这些交通事物的某种属性，然后运用自己已有的经验和知识，将它们不断深化成知觉的过程。可以说，交通参与者对交通事物的认识过程，就是交通参与者对交通事物个别属性的各种不同感觉加以联系和综合的过程，是交通参与者决定自己行为的重要基础。认识过程只是心理过程的开始，接着认识过程的是情感过程。交通参与者对交通事物进行认识活动的同时，必然会表示自己的态度，产生一定的主观体验，并且对不同的事物产生某种独特色彩的体验。如驾驶人员对交通警察的指挥、对交通调度、对执行交通任务、对某个交通事故的处理、对某种交通设施，甚至对交通有关的其他事物等，都会表现出满意、愉快、喜欢或沉默、厌恶、愤怒等不同的态度，作出肯定或否定的心理反应，这就是情感过程。情感过程还不是心理过程的终止。在前面两个过程的基础上，继续深化，又产生意志过程，即人们为达到设定的交通目标，想办法下决心，克服困难，采取措施，超越障碍，实现自己的目的，这就是意志过程。认识、情感、意志是心理过程的三个方面，虽然有着一定的区别，但又不是孤立的，更不是割裂开来的，而是前后呼应、密切联系的。当然，对每一个人的个性心理特征来说，三者是一个统一的整体。个性心理特征强调个体之间的差异，是指每个人都有每个人的特点，彼此之间存在差异，主要表现在个人的能力、气质和性格等方面。在交通中由于个性差异的不同，表现出来各自不同的心理特征是很明显的，如遇到路标、信号，有的反应敏捷，有的反应迟钝；对道路特征、交通设施和交通规则，有的记忆深刻，有的容易遗忘；有的存在着凝聚的事故性，容易发生交通事故，有的则没有；对自己的职责，有的认真负责，有的马马虎虎。这些都与个性差异密切联系在一起，是个性差异的不同表现。

道路安全中驾驶人的因素概念，不仅应考虑对驾驶人的正确或错误操作产生影响的道路特点，还应考虑到那些导致一系列错误操作发生甚至有可能引发事故的一个驾驶操作错误行为。大量可观察到的操作失误都是由道路特点和驾驶人的反应特性共同导致的，但驾驶人自身的反应特性难以改变，因此我们只能将注意力放在合理的道路设计上。

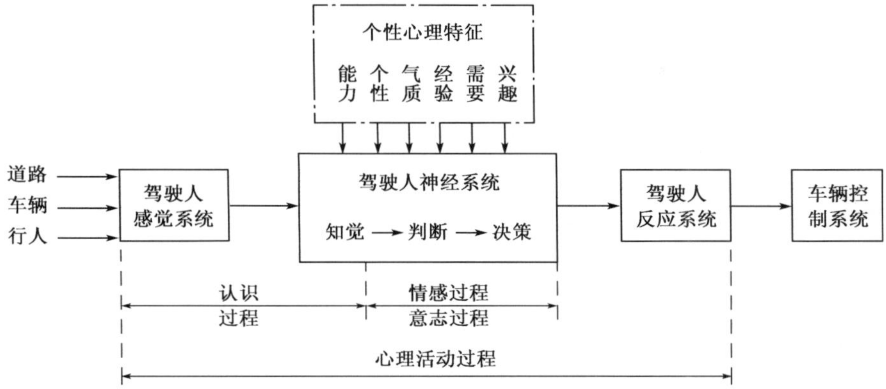

图 1-1 驾驶人的心理现象

第二节 驾驶人的因素在道路交通系统中的地位

道路交通安全是个世界性问题，自 1879 年德国著名汽车专家卡尔·本茨(1844～1929 年)制造出第一辆汽车以来，人类即面临着交通事故的威胁。据有关资料报告，道路交通事故已成为人类意外伤亡的主要原因。在全世界总人口中，每年都有近十万分之十九死亡于交通事故。20 世纪，全世界因交通事故死亡 2 585 万人，这个数字比第一次世界大战中死亡的人数还多。进入 21 世纪，国际社会对因道路交通事故引发的道路交通安全问题越发重视，在全球范围内掀起了与道路交通事故斗争的新高潮。但是，道路交通安全仍是一个被忽略的公共健康问题，遏制道路交通事故发生、缓解道路交通安全压力仍是一项漫长和艰巨的任务。目前，全球每年仍有 120 多万人死于道路交通事故，其中 85%的人口来自发展中国家。

来自世界卫生组织(WHO)、世界银行，以及中国卫生部、公安部、交通运输部的统计数据表明，我国的道路交通事故状况尤为严重，每年因道路交通伤害死亡的人数居世界前列。自 1951 年至 2010 年底，我国累计有 1 046.84 万人受到道路交通事故伤害，其中 223.88 万人死亡、822.96 万人受伤，相当于一个特大城市的人口消失在车轮之下。2002 年，我国道路交通事故达到历史最高峰，当年全国道路交通事故死亡人数达到 109 381 人，受伤人数达 562 074 人。之后，交通运输部、公安部等部门针对道路交通安全问题开展了安全保障工程等多项整治活动，使得我国道路交通事故有所减少。但据 2010 年公安部的统计数据，全年仍有道路交通事故 3 906 173 起，造成了 65 255 人死亡、254 075 人受伤，直接财产损失 9.3 亿元，遏制道路交通事故对于改善我国安全生产形势具有重要意义。

道路环境、车辆因素和人的因素构成了人—车—路系统。为了预防交通事故的发生，减少事故所造成的损失，各国的研究人员围绕人—车—路系统进行了多角度、多层次的分析研究。研究发现，驾驶人本身是交通事故的主导因素。一项针对世界各国交通参与者的调查显示，认为所有事故中完全应由驾驶人负责的，德国有 82%、巴西 75%、匈牙利 74%、意大利 41%、波兰 96%、美国 90%、日本 84%；而道路条件所占的因素，德国为 8%、巴西为 6%、爱尔兰为 17%、美国为 18%、日本为 8%。

根据我国公安交通管理部门统计，90%以上的交通事故是由驾驶人的原因导致的。国家道路安全行动计划一期的研究中，通过对云、贵、川、渝四省市2007～2010年山区国省道路上发生的6 434起伤亡事故的分析验证了这一数字，由驾驶人因素直接导致的事故有5 453起，占总数的84.7%。因此驾驶人因素是交通安全的核心，也是最关键的因素。

国内外的研究结果表明，并不是所有的人都适合从事驾驶工作，也不是所有的人都具备与驾驶工作相适应的心理、生理条件。在汽车驾驶人中，总有一部分人比其他人更易于发生交通事故，我国驾驶人群中存在6%～8%的事故倾向性驾驶人。

根据安全工程理论，切断导致事故发生链条中的任何一环，都可以阻止事故发生，而在任何情况下，驾驶人都是交通事故发生过程中的核心因素之一。从理论上讲，如果驾驶人的决策与行为能够很好地适应外界的交通环境特性，或者偏于保守，即趋向于减少和消除道路或车辆因素导致的危险，就能极大地减少交通事故的发生。或者，如果道路条件和车辆状态能够使驾驶人的决策变得简单，使驾驶人行为的正确率大幅度提高，那么也能够有效地改善交通安全状况。因此，在研究考察道路交通、安全管理、交通事故发生变化规律时，不仅要考虑到车的因素、路的因素、环境的因素，更应该考虑到人的因素，研究汽车驾驶人心理活动的变化规律及其对安全行车的影响，以便遵循心理规律，设计道路线形，安置合适的设施，采取合理的措施，提高效率，减少交通事故的发生。

第三节　道路交通系统中驾驶人的因素的研究范围

道路交通系统中驾驶人的因素的研究内容相当广泛，概括起来大概包括以下几个方面。

一、理论探讨与研究方法

道路交通系统中人的因素究竟有哪些？不同的驾驶人有何心理、生理特征？驾驶人的驾驶行为究竟是如何产生的？其机制是什么？如何研究道路系统中人的因素？如何根据人的因素设计道路？这一系列问题是道路系统中人的因素研究的基本内容。具体包括驾驶行为理论的研究以及人的基本心理特征及其局限性的研究等。

我国杨鑫辉曾对驾驶适性理论中的若干问题进行了探讨。金会庆等对近年来的研究热点"危险感受理论"进行了较全面的阐述。韩玉昌等将数学中的多变量图分析法引入驾驶人心理品质的检测研究中，具体形象地再现每个驾驶人心理品质变量的整体关系，取得了成功。同时还对肇事驾驶人和安全驾驶人的简单反应时间检测数据进行了一系列数学处理，提出了驾驶人反应时间的检测方法、数学处理程序和推荐的标准值等。

二、驾驶人信息加工过程的研究

人的认知能力是做好一切工作的基础。现代认知心理学把人的认知过程看成是信息加工过程，一般包括信息输入、信息的中枢加工和信息输出等基本过程。汽车驾驶人在驾车过程中面临着更加复杂的信息加工任务，他们究竟是如何接收和处理外界信息并作出相应的决策，从而采取不同的驾驶操作的？这一问题的探讨是道路交通系统中人的因素研究的本质。

三、驾驶人的一般心理

汽车驾驶人的一般心理主要包括汽车驾驶人行为的一般心理过程，如感知觉的特性，注意力的分配与转移，对事物的认识与判断，驾驶知识的掌握和驾驶技能、能力形成的过程以及汽车驾驶人个性心理特征，情绪、情感等问题。汽车驾驶人的一般心理与汽车驾驶人感知、学习、记忆、思维和驾驶技能的形成有关，是汽车驾驶人接收和处理信息的基本心理活动，它从本质上反映了汽车驾驶人脑的机能。

四、生物节律与驾驶疲劳

在日常生活中，几乎每个人都有这么一种感觉：有时体力充沛，情绪饱满，精神焕发；而有时却又感到浑身疲乏，情绪低落，精神萎靡，这就是人的生物节律。相对于人的其他活动，驾驶操作是一项更加复杂的劳动，因而驾驶人也更容易感到疲劳，驾驶疲劳一直是导致道路交通事故发生的一个重要因素。

赵长城等运用客观指标与主观评价相结合的方法，对上海市长途客运公司的 8 名男性驾驶人的生理心理反应进行了随车测定。结果表明，随着驾驶时间的延续，驾驶人的肌电值显著下降，反应时间增加，疲劳症状出现，疲劳感觉递增。每运行 2 个小时，驾驶疲劳都显著加重，且各项生理心理指标间相关显著。

裴剑涛等依据生物节律理论的原则和方法，对 445 例肇事驾驶人的生物节律周期进行了计算机分析，结果表明驾驶人的生物节律周期与汽车交通事故无关。这一结果与美国学者帕尔美 1997 年对 112 560 件机动车交通事故进行生物节律周期分析的结果一致，从而为有关生物节律理论的争论画上了一个圆满的句号。

五、个性心理特征

有关个性方面的研究是取得成果最多的一个领域，也是目前争议最大的一个领域。具体研究方法是通过事故组和安全组驾驶人个性差异的分析，探讨个性对驾驶行为的影响。赵长城等对 3 种不同职业的被试者进行事故倾向性测验，发现外向型性格比内向型性格更易于肇事，且随着外向程度的增加，肇事可能性增大。进一步的研究表明，内外向型性格与引发事故的不安全行为密切相关，随着外向型性格的增加，被试者出现不安全行为的概率增大。姚九如等运用 EPQ 问卷调查表明，汽车驾驶人随着年龄的增大，神经质男性增强，女性减弱；精神质男性无明显变化，女性减弱；男性趋内倾，女性趋外倾；汽车驾驶人高血压犯病率高，高血压者比正常血压者的神经质较高，且趋外向。张建东等对汽车驾驶人视深度知觉进行了研究，结果表明，安全行车状况不同的驾驶人组间，视深度知觉差异显著。裴剑涛对 3 种年龄组和 3 种车速条件下驾驶人的反应时间、动作时间及制动反应时间进行了测试，发现车速对驾驶人的反应时间及制动反应时间有显著影响，而对动作时间影响不显著；年龄对反应时间、动作时间及制动反应时间均无显著影响。沈玮等的研究表明，信号刺激在 6～10 个范围内，事故组与安全组的注意广度有显著差异，同时注意广度不受性别影响。管连荣等在对驾驶人的动态视觉的研究中发现，不同车速下驾驶人对同一标志的判读距离是不一样的。车速越高，驾驶人判读标志的距离越短，同步行相比，车速达到 100km/h，驾驶人对标志的判读距离可缩短 35%～45%。

补充实验表明，这种现象是由于驾驶人高速驾车情况下所产生的生理、心理负荷所造成的。李小华等对驾驶人在4种车速条件下的速度估计正确性进行了测量，发现安全组与事故组在高速条件下差异显著，而事故多发组与安全组在高速和低速长距离条件下均有显著差异，速度和距离对估计正确性有影响，且两者之间存在显著的交互作用，但年龄对速度估计准确性无显著影响。

个性心理特征研究的直接应用是驾驶适应性的检测，如金会庆等运用EPQ问卷调查发现，事故驾驶人与安全驾驶人在神经质、内外向、精神质得分上差异均显著，认为神经质、精神质及偏外向是诱发事故的重要原因。但在许祖慰的研究中，两个个性因素均未进入回归方程，因而认为，EPQ作为选拔测试缺乏效度。在刘志宏等人的研究中，未将个性因素列入测验之中，仅供在管理中参考应用。许祖慰编制了部队汽车驾驶人选拔测验，刘志宏等编制了军队汽车驾驶人职业适宜性测验。但遗憾的是上述两测验都未能将个性因素包含在内，因而都属于不全面的测验。在这方面，到目前为止较为全面的当数凌文辁等编制的汽车驾驶人安全驾驶性向测验。该测验包括能力测验和个性测验两大部分，在全套测验的信度，能力测验的效标效度、区分效度，个性测验的结构效度、效标效度、区分效度和预测效度上都取得了满意的结果，因而具有推广价值。

第四节　道路交通系统中驾驶人的因素的研究方法与现状

针对驾驶人的因素的研究，国外起步较早，世界道路协会(PIARC)、加拿大运输研究中心、美国运输研究局(TRB)等国际道路研究机构中均设有人的因素的研究部门，各国道路交通安全手册中均将人的因素作为第一章来论述，以此突出人的因素在道路交通系统中的重要地位。

虽然人的因素在交通安全系统中的重要性已经得到了充分的肯定，但是由于人具有复杂的思维和行为特征，而且驾驶人在某一时刻的心理过程是难以获取和描述的，因此对人的因素进行全面、准确的研究是比较困难的。

一直以来，各国研究人员从多个不同的角度对驾驶人的因素进行研究，基本的研究思路是将交通环境中人的因素指标化和量化，并且将人的因素的表征指标和客观安全度指标进行关联和有效匹配，从而对人的因素在交通安全系统中的地位和作用进行研究。

国内外对人的因素的定量研究方法主要有两大类：一是以生理反应指标作为指标的分析方法；二是以模糊数学为基础的模型法。除此之外，问卷调查法也被普遍应用于人的因素的研究，但是由于适应定量研究的问卷的设计要求很高，因此问卷调查的方法通常用于定量的描述性研究和分析。

一、生理、心理指标分析方法

生理和心理指标分析是以往在分析道路条件对驾驶人心理影响的相关研究中最为常用的一种方法。它主要通过驾驶人生理反应的变化来衡量驾驶人的心理安全水平。该理论认为，驾驶人在行驶过程中对外界安全感的变化会引起驾驶人神经情绪的变化。安全感较高，精神情绪比较放松；安全感较低，精神就比较紧张。这种情绪的变化在医学上可以通过人的某些生理指标的变化来反映，并且这种生理变化和行为反应是当事人无法控制的。

最为常用的度量驾驶人紧张度的人体生理反应指标是皮肤电流反应次数。临床脑电学认为，人的情绪变化会引发中枢神经系统的催汗反射，不同的情绪变化程度有着不同的排汗程度，它属于精神性出汗，能够导致皮肤电流的改变。因而，通过观察驾驶人驾驶时皮肤电流的变化可以衡量其安全感的变化。

此外采用的方法还有脉搏次数、血压变化等，其原理是基本一致的，即通过人的生理反应指标变化来反映驾驶人安全感的变化，从而获得道路条件与安全感的相关关系。

该方法最早是前苏联学者提出的，并且针对不同的道路线形元素对驾驶人心理变化进行了大量实验研究，取得了一系列的成果。该方法的优点是方便易测并且比较直观，但是这种方法在理论界也一直存在争议，主要由于生理指标的变化对于安全感的反应特征不是很明显，其因果关系不是十分明确。换言之，安全感的变化是能够引起生理指标的变化的，但是生理指标的变化并不一定意味着是直接由于安全感的变化引起的，其精确性比较低。

另外，驾驶人安全感的影响因素众多，是多种信息综合作用的结果。生理反应指标法大多只针对改变单一要素所引起的驾驶人心理进行度量，难以体现多因素综合作用下的驾驶人安全感水平。

到目前为止，国内外在分析道路因素对驾驶人心理的影响关系的研究中，最常用的度量驾驶人安全感的一种方法就是通过驾驶人生理反应的变化来反映驾驶人安全感水平。

一般认为，驾驶人在行驶的过程中，对道路环境安全感的变化会引起驾驶人神经情绪的变化。比如，当驾驶人在安全感较高的路段上行驶时，其神经情绪就比较放松；而当驾驶人在安全感较低的路段上行驶时，其精神状况就比较紧张。从医学上讲，人的神经心理紧张状态可以通过人体的某些生理反应反映出来，并且人在情绪变化状态下伴随着产生的生理变化与行为反应，当事人往往是无法控制的。前苏联学者 E. M. 洛巴诺夫等装备了一个通用的汽车实验室，在其中安置了记录参加实验的驾驶人的医学生物学指标的仪器。在不同的平面和纵断面组合的道路上完成的观测表明，驾驶人的身体对于道路条件的变化有着敏锐的反应，在安全系数降低较大的地方，驾驶人紧张情绪相应地有着急剧的增长。在以往的研究中，用得最多的度量驾驶人紧张度的人体生理反应指标是皮肤的电流反应次数。临床脑电学认为，皮肤电流反应是在中枢神经系统参与下的催汗反射，它属于精神性出汗，是由精神紧张或情绪激动所引起的出汗，受脑高级皮层的调节，并且这种排汗会导致皮肤导电性发生变化。为了确定路线各组成部分对驾驶人的心理影响作用，在研究驾驶人对各种路段的运行条件的感觉特点中，皮肤电流反应已被利用了许多年。

早期的研究只是针对弄清大部分驾驶人对于道路组成部分的要求，并没有与驾驶人的心理和身体指标的深入研究联系起来。莫斯科公路学院道路勘测与设计教研室，从 1950 年就开始研究驾驶人对汽车运行条件的感觉特点。维杜吉里斯、B. C. 穆尔塔津等人利用皮肤电流反应研究了道路平曲线元素与驾驶人神经紧张之间的关系，给出了一系列关于平曲线元素的要求，以及对不会使驾驶人引起神经紧张的合理组合的建议。B. M. 别列杰夫等还通过对小汽车在小半径曲线上行驶的观测，对不同的横向力系数对乘客的神经紧张状态和驾驶人皮肤电流反应的相对变化的影响进行了研究。根据他们的研究结果，横向力系数与驾驶人皮肤电流反应的相对变化的关系如表 1-1 所示。

横向力系数与驾驶人神经紧张情绪的关系　　表 1-1

横向力系数	曲线上的行驶条件	皮肤电流的相对变化
0.05	乘客不看路时，分辨不出是在直线路段还是在曲线路段上行驶，驾驶人没有感到任何紧张	1.00
0.10	乘客不看路时，分辨不出是在直线路段还是在曲线路段上行驶，驾驶人没有感到任何紧张	1.00
0.15	乘客轻微地感到汽车沿曲线行驶，但没有引起任何的不适，由于曲线行驶引起的驾驶人紧张程度不严重，并且紧张程度与横向力系数成正比例的增加	1.05～1.10
0.20	明显地感到汽车沿曲线行驶，但没有给乘客带来明显的不适，大多数驾驶人感到明显的紧张	1.10～1.25
0.25	40%的乘客与驾驶人对这种曲线行驶感到讨厌，皮肤电流反应证实驾驶人明显的神经心理紧张	1.20～1.25
0.30	在这种曲线上行驶，不论是乘客还是大多数驾驶人都感到讨厌	1.5
0.35	在这种曲线上行驶，驾驶人的紧张情绪剧烈地增加，路面潮湿时行车具有侧滑的危险性，因此驾驶人很讨厌这种曲线	1.7

汽车驶入不同半径的平曲线时皮肤电流反应增强的情况，也被 B. fl. 瓦尔拉什金在山区道路上所进行的观测所证实。使用驾驶人的皮肤电流反应作为衡量驾驶人安全感的指标也存在着一定的争议性。一些学者认为，皮肤电流反应在反映驾驶人道路安全感水平时的精确性较低，因为皮肤电流反应的变化未必就反映驾驶人道路安全感的变化，比如说驾驶人受惊而突然产生的某种思想也会引起驾驶人皮肤电流反应的变化。

当然，除了皮肤的电流反应，驾驶人的紧张情绪还可以通过人体的其他生理反应表现出来。按照 E. M. 洛巴诺夫的资料，当汽车在半径为 600m 的平曲线上行驶时，驾驶人紧张情绪的变化，可表现在脉搏跳动次数增加，皮肤电流反应增强。

我国学者潘晓东根据对驾驶人的人体信息(脉搏数和血压)的变动特性分析指出，在指定的道路交通环境下，通过测定驾驶人的脉搏数和血压就可判明驾驶人因紧张不安或安全感较低产生的心理和生理的负担程度。然后他们通过在日本高知县山岭重丘区县道的单曲线上的道路实验，以测定的血压变动和脉搏变动值建立了衡量驾驶人心理生理负担程度的评价指标，并主要针对视距的影响对现有道路几何构造给驾驶人提供的舒适性和行车安全性进行了评价。他们还根据分析结果有针对性地提出了改善方案，指出现行计算停车视距的设置方法不能满足驾驶人心理上和生理上的行车安全要求，如果再增加 5～10m 的安全距离，便可大大减少驾驶人的心理生理负担，达到安全行车的要求。当然，使用这两个指标作为衡量驾驶人心理生理负担的评价指标也存在着一定的缺陷，比如说血压的变动，是肉体上的运动刺激中枢神经产生的心理压抑的影响，还是病理上的神经刺激的原因，这种因果关系的判别是很不容易的。

综合上述分析可以看出：

(1)利用驾驶人生理和心理反应指标作为人的因素的度量指标，并以该指标作为评价指标分析道路及其环境条件各因素对驾驶人安全感的影响。通过驾驶人的生理反应变化来对驾驶人的安全感进行度量,其优点是方便易测且比较直观。但由于驾驶人在某些情况下生理反应指标变化并不一定就能代表驾驶人心理反应的变化,故使用该方法对驾驶人安全感进行度量时,其精确性较低。

(2)目前关于道路条件对驾驶人安全感影响这方面的研究多处于单一层面。驾驶人在某一路段上的道路安全感往往是多种道路信息综合作用的结果,而现有研究大都只是针对弄清驾驶人对于道路组成部分的一般要求这一目的,对单一道路要素对驾驶人安全感的影响进行了分析。如何度量多因素综合作用影响下的驾驶人道路安全感水平,应是需要进一步研究的问题。

(3)在问题的研究方法上也基本上处于单一相关层面上,已有研究总是以某一道路因素为自变量,以驾驶人的生理反应指标作为反映驾驶人道路安全感的目标值,常规性地将两种因素进行直接关联,来分析道路某因素对驾驶人安全感的影响。这种分析方法只表现问题的结果,不明示道路条件对驾驶人认知的作用机理和过程,未能将问题清晰化。

二、数学模型分析方法

数学模型分析方法主要用于人在交通环境中主观安全感受的研究,其基本思路是如果驾驶人对交通环境的主观安全感受与实际的交通安全水平差异比较大,交通事故将比较容易发生;反之,当驾驶人的感受与实际环境相一致时,交通事故就不易发生。这一理论能够解释为什么有些十分危险的路段从来不发生事故,而一些环境良好的路段却频发交通事故。

澳大利亚交通研究学会以及悉尼大学的学者共同提出采用建立数学模型来衡量驾驶人安全感的方法。该方法从影响驾驶人安全感的因素出发,先确定各因素对驾驶人安全感的影响分布,然后根据各参数及其影响分布建立相应的数学模型来推导出反映驾驶人安全感的定量指标,通过建立数学模型将驾驶人安全感与道路、驾驶人的交通特征联系起来,能够判断各参数变化对驾驶人安全感影响的分布。这项研究提供了一种全新的量化驾驶人安全感的研究思路,即数学模型法。

这种方法可以克服采用生理反应指标法的不足,并且能很好地反映各影响因素变化对驾驶人安全感的综合影响。但是在这种方法中,由于驾驶人安全感是一个很复杂的问题,很难精确地定量描述,确定评价因素和数据调查的方法对研究的结果将产生较大的影响,因此还需要进行深入的研究。

国内对驾驶人安全感的研究刚刚起步,主要对人—车—路一体化系统中各要素的协调以及合理匹配进行相关研究,包括驾驶行为理论、道路安全感、交通景观和谐设计等,这推动了人—车—路系统安全研究的发展。

相关的研究有:我国学者王宝金和澳大利亚学者 DAVIDA. HENSHER、TUTON(2002)提出,如何对道路交通环境各因素复杂作用下的驾驶人交通安全感进行度量是一个需要不断研究的问题。在研究中,他们通过建立数学模型提出了一种度量驾驶人交通安全感的方法。他们以城市道路环形交叉口处的交通环境为研究对象,选取了描述交叉口交通环境及驾驶人特征的若干参数,并采用了一种在市场经济分析中常用的 stated preference 法(意向调查法),对一系列环形道路交叉口典型交通环境中驾驶人交通安全感进行了抽样调查。并利用 ordered probity 模型(排序波比模型)确定了每个参数对驾驶人安全感影响的分布,根据各参数及其影响系数建立了反映驾驶人安全感程度的定量指标。他们在研究中指出，建立模型时采用的 stated preference 方法可以克服采用生理反应方法的许多不足，并且表明，利用研究中所建立的驾驶人交通安全感预测模型及量化指标，将对确定驾驶环境中的危险因素并实施相应的管理或改善措施有很大帮助。这项研究提供了一种对驾驶人交通安全感度量问题的新的研究思路，即数学模型法，这种研究思路将对本文要进行的驾驶人道路安全感的量化评价研究有很重要的参考价值。

从影响驾驶人安全感的因素出发，先确定各因素对驾驶人安全感的影响的分布，然后根据各参数及其影响分布建立起相应的数学模型来推导出反映驾驶人的安全感的定量指标，这是一种通过数学建模来达到对驾驶人安全感进行度量的目的的方法。这种方法是驾驶人安全感度量研究中的一种新方法，可以克服采用生理反应方法的许多不足，并且能很好地反映各影响因素对驾驶人安全感的综合影响作用。但由于驾驶人的主观感受是一个很复杂的问题，很难定量描述，因此，应用数学建模法对驾驶人的安全感水平进行量化研究，其数学方法的选取将对研究结果的合理性、精确性产生较大的影响。

三、问卷调查法

目前，最主要的人的因素的研究方法是采取调查问卷的方式，通过对调查对象的回答进行强度分析，运用统计学原理对其进行量化，取平均值。然而人的感受作为主观对客观的反映，必然显现出一定的滞后状态，这是驾驶人的心理学特性的体现之一。在许多情况下，问题并非是既定事实，测试者的回答不可能做到完全明确、清晰；同时这些感受和评价虽然来自不同的社会成员，但是它是由个体意识组合成的群体意识与社会存在相互作用的产物，这种组合是有机的整体。因此，其细微的差别被中和，形成体现群体主导意识和普遍意识的共识。进行主观交通安全感受调查时，只能靠被调查人的主观回忆和思考后的评述，加之被调查人有意无意的主观加工，使得被调查的驾驶人安全感数据不可靠。因此采取问卷调查的方法需要足够的调查样本数量和精心设计的互相校验的问卷内容。

四、人的因素研究的发展趋势

随着对人的因素研究的不断深入，研究人员已经不满足于从某一个角度对人的因素进行片面的研究，而是试图更多地掌握在交通环境及驾驶任务中驾驶人的行为和感受等多种信息，以求能够更全面和客观地认识并理解交通环境中人的因素。例如研究人员一直试图了解人在不同的交通环境中开车时看哪里、怎么想、如何决策和操作等一系列问题。为此，他们将医学、心理学等多个学科的众多研究设备用在获取驾驶人的数据上。如在车辆上安装各种传感器记录转向盘、加速踏板、制动踏板等的操作；给驾驶人佩戴生理仪、眼动仪、脑电仪，记录驾驶人生理心理指标的变化等。

同时，研究人员意识到，目前的研究行为和实验方法总会给被试驾驶人很大的干扰，驾驶人在实验中和在自主驾驶过程中的反应和决策通常并不一致，因此一些专门从事交通安全研究的机构也在尝试组装集成不会对驾驶人的行为产生重要干扰的专用实验车辆。

目前，尽可能地利用先进的实验系统获取驾驶人在自然状态下(非实验条件)的更全面的、与人的因素有关的信息已经成为国际上人的因素研究的发展趋势。

美国运输部在 2006 年开展了一项名为“3 000 辆车自然驾驶状态下驾驶人行为的研究”(Naturalistic Driving Study，NDS)，见图 1-2。研究选取了 3 000 多辆社会车辆，并在征求车主同意后在车上安装了一种集成的驾驶行为采集设备，用于采集驾驶人的日常驾驶行为。该设备主要由 5 个摄像头构成，分别记录驾驶人面部表情/车辆左侧，转向盘转动情况，车辆前方、后方、右侧的情境等，所采集的视频数据集成并存储于安装在车辆后备箱内的存储模块内。在一段时间后，研究人员对所有车辆所采集的数据进行了汇总分析，得出了大量的研究结论。

图 1-2　美国自然状态下驾驶人行为研究系统

在亚洲地区，马来西亚交通科学研究院也组装了一辆“实验装备车”(The MIROS Instrumented Car)，见图 1-3。该车装有车辆定位模块、视频记录模块等，可用于道路风险评估和驾驶人培训等。一段时间后，研究人员对所有车辆所采集的数据进行了汇总分析，得出了大量的研究结论。

图 1-3　马来西亚 The MIROS Instrumented Car

我国在驾驶人行为研究方面起步较晚，但近年来也逐渐成为一种热点和趋势。借鉴国外的研究方法，很多高校和科研院所采购了一些驾驶行为研究方面的设备。据了解，同济大学和上海工程技术大学曾在对上海地区事故开展深度调查的同时，也在相关设备方面做过开发，并在长途客车上安装了相关设备，开展了近20天的长途客车自然状态驾驶行为的研究。北京航空航天大学研究人员也曾在100辆出租车上安装了一些采集设备，对出租车驾驶人的自然驾驶行为进行了采集。目前，这些院校已开始着手构建专用的驾驶行为数据采集车。

《交通运输"十二五"发展规划》中认为，随着小汽车进入寻常百姓家庭，机动化社会进程加快，公众出行需求旺盛，对运输服务的安全性、舒适性、快捷性等都提出了更高要求。因而，更加需要开展道路使用者驾驶行为的研究。"十二五"规划中，交通运输部争取建设两个国家级重点实验室，鉴于道路使用者驾驶行为研究的前沿性，增加该领域设备的投入和建设对力争成为国家级重点实验室有重要作用。

由此可见，随着我国道路交通的建设和发展，交通安全问题越来越凸显，为从根本上解决这一问题，道路交通系统中驾驶人的因素的研究正逐渐被重视。

第二章　我国公路交通事故中驾驶人的因素

减少交通事故数量和降低交通事故的严重程度是所有交通安全工作的最终目标，研究人的因素的目标也是如此。对交通事故中驾驶人的行为和因素进行研究，能够更加深刻地理解和认识我国交通环境中导致交通事故的与驾驶人有关的因素。

第一节　我国公路交通事故中驾驶人的因素概述

根据公安部交通管理局发布的2010年度中华人民共和国道路交通事故统计年报，在2010年进入统计的全部219 521起交通事故中，199 934起与驾驶人的违法和不当行为有关，占事故总数的91.08%，可见迄今为止驾驶人因素仍然是我国交通事故的最主要诱发因素。

值得重视的是，根据公安部2010年度交通事故年报，在与驾驶人因素有关的所有交通事故中，41.43%的交通事故中驾驶人没有明显的违法或不当行为，而被社会各界广为关注的超速行为导致的交通事故只占10%，如图2-1所示。这说明在相当一部分交通事故中，驾驶人并没有主观故意或者违反交通规则的行为，而是驾驶人对交通环境的认知以及驾驶行为不能很好地符合实际的交通环境。这一事实也说明，加强交通安全管理和执法并不能彻底解决交通安全问题，营造更符合驾驶人感知、判断和决策规律的交通环境也是必须加以关注的方面。

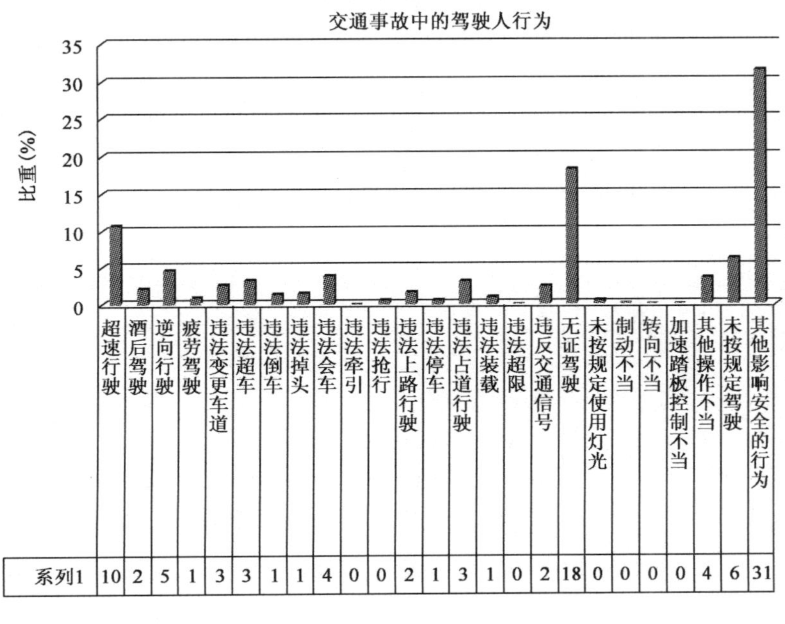

图2-1　公安部事故年报中驾驶人行为与交通事故的关系

从交通事故数据分析结果看，我国驾驶人的交通安全意识较发达国家还有很大的差距，其内在的原因是我国驾驶人在心理需求层面上没有将安全性作为突出的内在需求。有研究机构以美国心理学家马斯洛的需求层次理论为基础，进行了驾驶人需要的调查，调查的内容涉及安全性、舒适性、快捷性、服务性、畅通性、经济性、自由性、自主性八项内容。通过调查分析，排在前5位的依次是：安全性(36.18%)、舒适性(36.18%)、畅通性(29.61%)、快捷性(28.29%)和经济性(23.68%)，见图2-2。

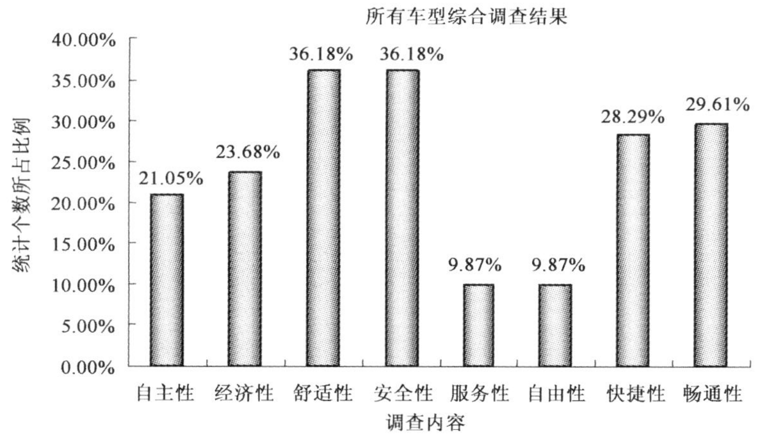

图2-2　驾驶人基本需要调查统计结果

排除调查问卷本身对驾驶人的引导性，可以发现我国驾驶人群体在驾驶车辆过程中对于舒适和快捷等的心理需要也非常强烈，这导致了驾驶人的交通安全需要被稀释，表现在驾驶行为上就是安全意识淡薄，违法违规的行为十分突出。

为了更深刻地分析驾驶人在交通事故中的地位和作用，本章以交通事故高发的山区公路交通事故数据为分析对象，从交通违法行为和非违法行为两个角度对重特大交通事故的驾驶人因素进行分析。

第二节　交通违法行为中驾驶人的因素

根据统计，我国一半以上交通事故中存在着违法行为，这说明我国整体交通环境中交通安全法治宣传与执法水平还需要很大提升，驾驶人群体的自觉守法意识还比较淡薄。

一、超速

在获得的交通事故信息数据中，19.2%的事故与超速行驶有关。从车型划分角度看，重特大交通事故中以客车为主要责任车型的超速事故较多，以小、中、大客车为主要事故车型的超速比例分别为30.4%、43.5%和22.6%。货车中以大型货车为主要事故车型的超速比例最高，为24.7%，以小型货车和中型货车为主要事故车型的超速比例分别是15.4%和13.9%。以摩托车为主要责任车型的超速比例也较高，为15.9%。与拖拉机有关的交通事故中，超速比例也达到了11.1%。各主要车型有关超速交通事故情况统计见表2-1、图2-3。

各主要车型有关超速交通事故情况统计表　　表 2-1

主 要 车 型	事故数量(起)	超速事故数量(起)	超速事故比例(%)
小型客车	217	66	30.4
中型客车	23	10	43.5
大型客车	31	7	22.6
小型货车	143	22	15.4
中型货车	166	23	13.9
大型货车	89	22	24.7
摩托车	246	39	15.9
拖拉机	18	2	11.1

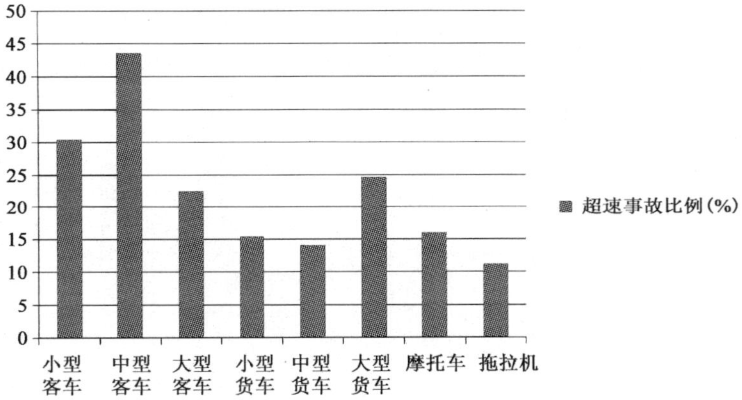

图 2-3　各主要车型有关超速交通事故情况统计图

从公路技术等级角度看，道路技术等级越高，交通事故中超速车辆比例越高，其中一级公路超速比例最为突出，达到了 57.1%，其他三个等级公路的超速比例分别是 22.5%、16.1%和 14.7%。不同等级公路车辆超速交通事故情况统计见表 2-2、图 2-4。

不同等级公路车辆超速交通事故情况统计表　　表 2-2

公 路 等 级	事故数量(起)	超速事故数(起)	超速事故比例(%)
一级	35	20	57.1
二级	414	93	22.5
三级	485	78	16.1
四级	177	26	14.7

二、行人违法

行人也是交通环境中重要的参与人群，而且涉及行人的交通事故死亡率很高。根据统计，13.2%的导致行人死亡的交通事故与行人的违法行为有关联。这说明在交通安全体系中行人是不可忽视的因素，交通安全执法和宣传应针对行人进一步加大力度。

从公路技术等级角度看，一级公路行人违法比例较高，为 28.6%；其次是四级公路，比例为16.9%；二、三级公路行人违法比例比较接近，分别为12.3%和11.1%。这说明横向干扰较多、行人比较密集的一级公路要更加重视行人的因素。不同等级公路行人违法情况统计见表2-3、图2-5。

不同等级公路行人违法交通事故情况统计表　　表2-3

公路等级	违法事故总数(起)	行人违法事故数(起)	行人违法事故比例(%)
一级	35	10	28.6
二级	414	51	12.3
三级	485	54	11.1
四级	177	30	16.9

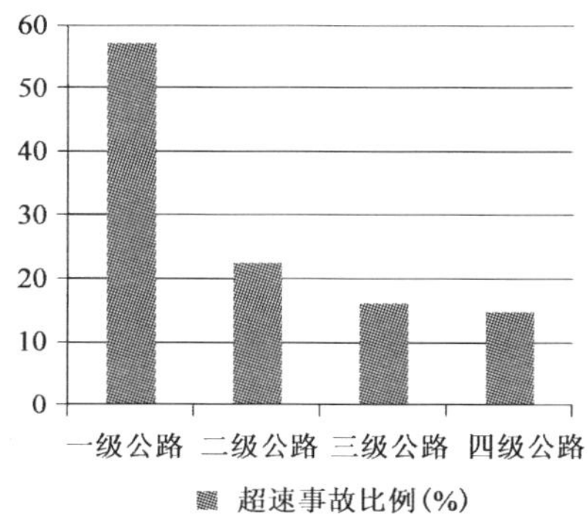

图2-4　不同等级公路车辆超速交通事故情况统计图

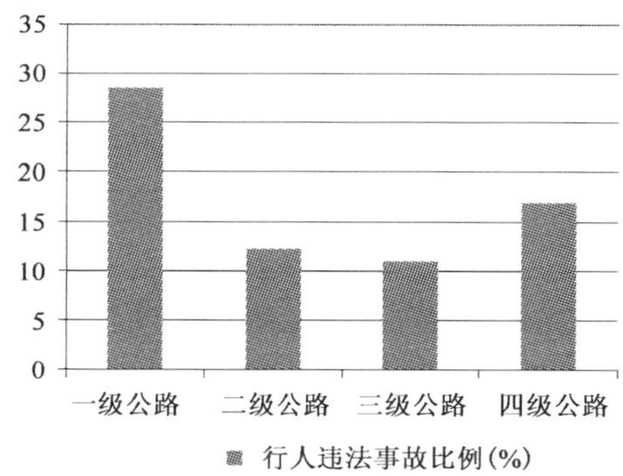

图2-5　不同等级公路行人违法交通事故情况统计图

从公路功能划分角度看，干线公路行人违法比例比集散公路略高，分别是13.3%和8.7%。不同功能公路行人违法交通事故情况统计见表2-4、图2-6。

不同功能公路行人违法交通事故情况统计表　　表2-4

公路功能	违法事故总数(起)	行人违法事故数(起)	行人违法事故比例(%)
干线	837	111	13.3
集散	115	10	8.7

三、未戴安全头盔

摩托车肇事是我国城乡公路常见的交通事故类型，其中摩托车驾驶人对自身安全的忽视是导致死亡事故的重要原因。经过整理分析，未戴安全头盔导致的死亡交通事故占总数的13.0%；其中以摩托车为主要肇事车型的246起交通事故中，未戴头盔的比例为29.7%。摩托车驾驶人未戴安全头盔的交通事故情况统计见表2-5。

摩托车驾驶人未戴安全头盔的交通事故情况统计表　　表2-5

主要车型	事故数量(起)	未戴安全头盔事故数(起)	未戴安全头盔事故比例(%)
摩托车	246	73	29.7

从公路技术等级角度看，未戴安全头盔的现象在各等级公路中的分布较为平均，比例在11.4%～14.7%之间。不同等级公路摩托车驾驶人未戴安全头盔交通事故情况统计见表2-6、图2-7。

不同等级公路摩托车驾驶人未戴安全头盔交通事故情况统计表　　表 2-6

公路等级	事故数量(起)	未戴安全头盔事故数(起)	未戴安全头盔事故比例(%)
一级	35	5	14.3
二级	414	47	11.4
三级	485	69	14.2
四级	177	26	14.7

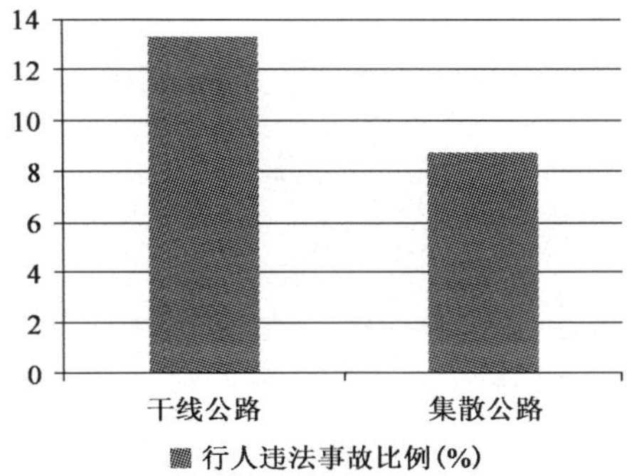

图 2-6　不同等级公路行人违法交通事故情况统计图

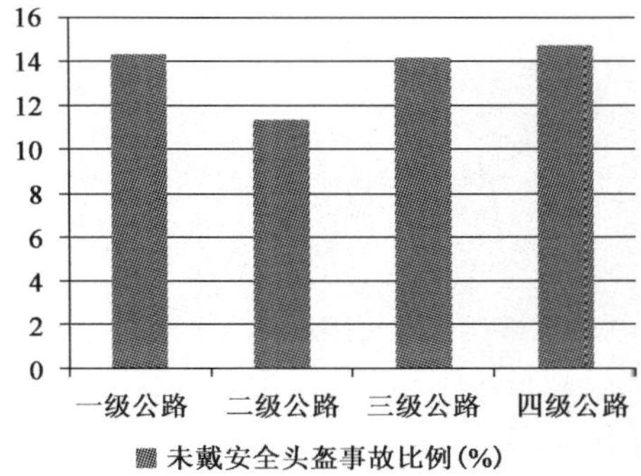

图 2-7　不同等级公路摩托车驾驶人未戴安全头盔交通事故情况统计图

可见，摩托车驾驶人不使用头盔在我国各等级公路上均普遍发生，是十分普遍的不利于交通安全的因素。

四、违法占用车道

违法占道有关的交通事故占事故总数的 10.6%，由此可见违法占道行驶是交通事故发生的主要因素之一。

从车型划分角度看，重特大交通事故中中型货车违法占道行驶情况最为严重，违法占道行驶比例达到了 24.1%，摩托车违法占道行驶情况也比较突出，比例达到了 11.4%。其他车型中，客车违法占道行驶比例在 6.5%～9.2%之间，小型货车和大型货车违法占道行驶比例分别为4.2%和 7.9%。各主要车型有关违法占道行驶交通事故情况统计见表 2-7、图 2-8。

各主要车型有关违法占道行驶交通事故情况统计表　　表 2-7

主要车型	事故数量(起)	违法占道行驶事故数量(起)	违法占道行驶事故比例(%)
小型客车	217	20	9.2
中型客车	23	2	8.7
大型客车	31	2	6.5
小型货车	143	6	4.2
中型货车	166	40	24.1
大型货车	89	7	7.9
摩托车	246	28	11.4
拖拉机	18	0	0

从公路技术等级角度看，一级公路中违法占道行驶的比例较低，为5.7%。其他等级公路中，随着技术等级的升高，违反占道比例也随之增高，二、三、四级公路违法占道行驶比例分别是11.8%、10.7%和7.3%。不同等级公路违法占道行驶交通事故情况统计见表2-8、图2-9。

不同等级公路违法占道行驶交通事故情况统计表 表2-8

公路等级	事故数量(起)	违法占道行驶事故数(起)	违法占道行驶事故比例(%)
一级	35	2	5.7
二级	414	49	11.8
三级	485	52	10.7
四级	177	13	7.3

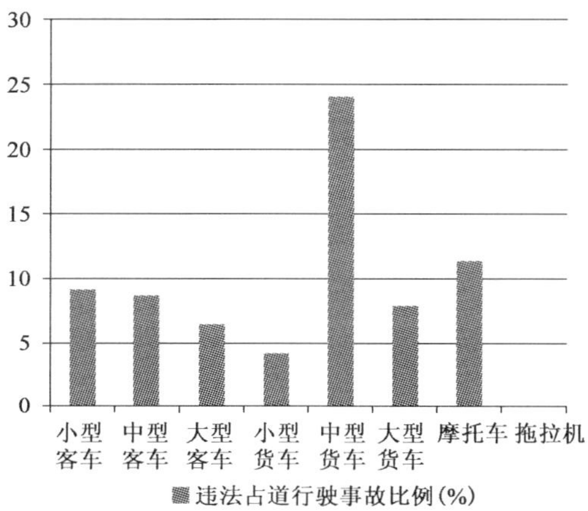

图2-8 各主要车型有关违法占道行驶交通事故情况统计图

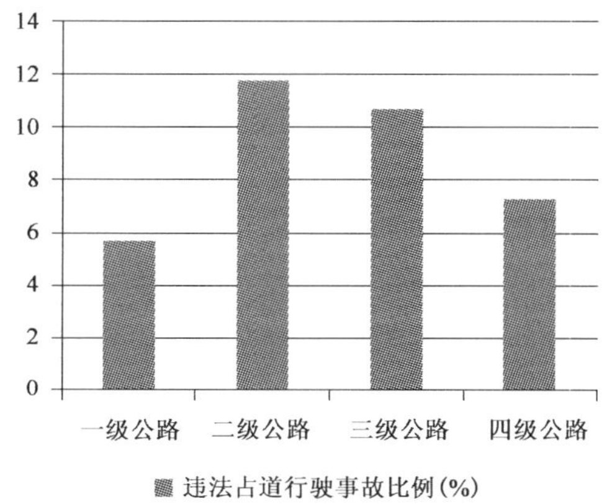

图2-9 不同等级公路有关违法占道行驶交通事故情况统计图

五、酒后驾驶

酒后驾驶是严重的交通违法行为。根据统计，在山区公路上10.7%的重大交通事故与酒后驾驶有关。

从车型划分角度看，重特大交通事故中以摩托车和小型客车为主要责任车型的酒后驾驶比例最为突出，分别为21.1%和16.1%；小型货车和大型货车酒后驾驶比例相对较高，分别是7.7%和6.7%；大型客车酒后驾驶比例最低，31起由大型客车为主要车型的交通事故中，没有发现酒后驾驶的情况，说明公共交通系统由于管理严格，酒后驾驶的行为得到了有效抑制。各车型酒后驾驶交通事故比例见表2-9、图2-10。

各车型酒后驾驶交通事故比例 表2-9

主要车型	事故数量(起)	酒后驾驶事故数量(起)	酒后驾驶事故比例(%)
小型客车	217	35	16.1
中型客车	23	1	4.3
大型客车	31	0	0

续上表

主 要 车 型	事故数量(起)	酒后驾驶事故数量(起)	酒后驾驶事故比例(%)
小型货车	143	11	7.7
中型货车	166	3	1.8
大型货车	89	6	6.7
摩托车	246	52	21.1
拖拉机	18	0	0

从公路技术等级角度看，二级公路交通事故中酒后驾驶比例最高，达到了15.5%；一级公路和三级公路交通事故中酒后驾驶比例相对较高，分别是8.6%和9.7%；四级公路交通事故中酒后驾驶比例最低，为4.5%。不同等级公路酒后驾驶交通事故情况统计见表2-10、图2-11。

不同等级公路酒后驾驶交通事故情况统计表　　表2-10

公 路 等 级	事故数量(起)	酒后驾驶事故数(起)	酒后驾驶事故比例(%)
一级	35	3	8.6
二级	414	64	15.5
三级	485	47	9.7
四级	177	8	4.5

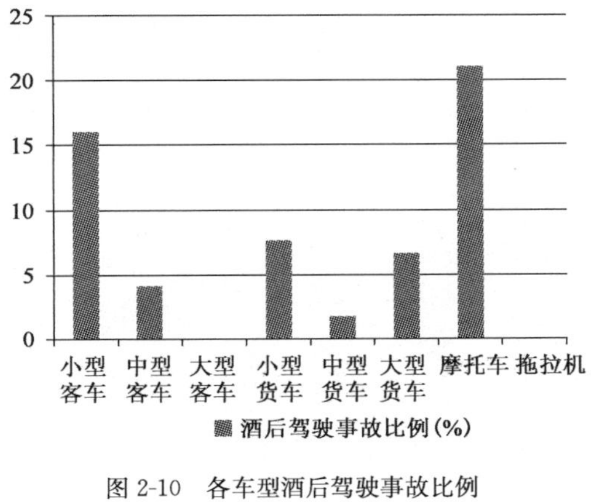

图2-10　各车型酒后驾驶事故比例

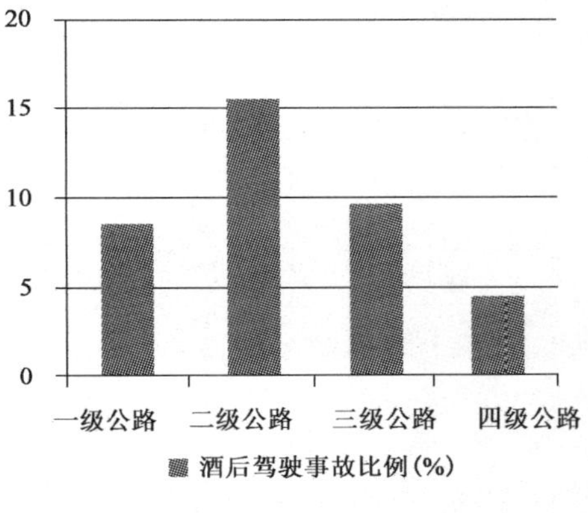

图2-11　不同等级公路酒后驾驶交通事故情况统计图

六、未按规定让行

交通法规的重要功能是明确通行优先权，不按规定让行很容易导致车辆之间的冲突，进而导致交通事故。经过对调查数据的整理分析，8.6%的交通事故与未按规定让行有关。

从车型划分角度看，拖拉机未按规定让行的交通事故尤为突出，比例高达33.3%。在客货车方面，客车比例明显高于货车，客车未按规定让行比例在9.2%～12.9%之间，货车未按规定让行比例在4.8%～6.3%之间。各主要车型有关未按规定让行交通事故情况统计见表2-11、图2-12。

各主要车型有关未按规定让行交通事故情况统计表 表 2-11

主要车型	事故数量(起)	未按规定让行事故数量(起)	未按规定让行事故比例(%)
小型客车	217	20	9.2
中型客车	23	3	13
大型客车	31	4	12.9
小型货车	143	9	6.3
中型货车	166	8	4.8
大型货车	89	5	5.6
摩托车	246	22	8.9
拖拉机	18	6	33.3

从公路技术等级角度看，公路技术等级越高，交通事故中未按规定让行的比例越高，一、二、三、四级公路未按规定让行交通事故的比例分别是 14.3%、9.2%、8.7%和 6.2%。不同等级公路未按规定让行交通事故情况统计见表 2-12、图 2-13。

不同等级公路未让行交通事故情况统计表 表 2-12

公路等级	事故数量(起)	未按规定让行事故数(起)	未按规定让行事故比例(%)
一级	35	5	14.3
二级	414	38	9.2
三级	485	42	8.7
四级	177	11	6.2

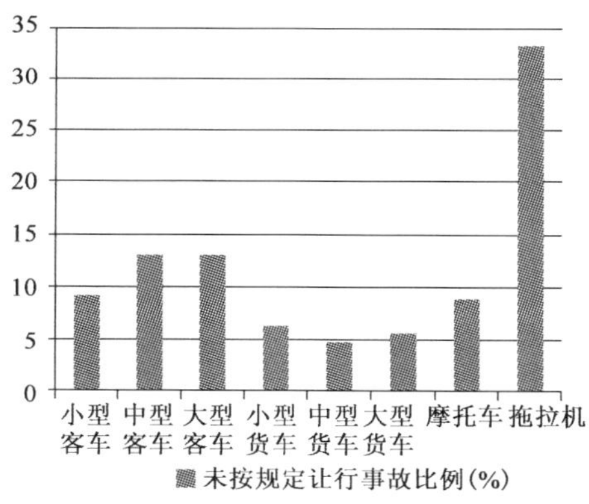

图 2-12 各主要车型有关未按规定让行交通事故情况统计图

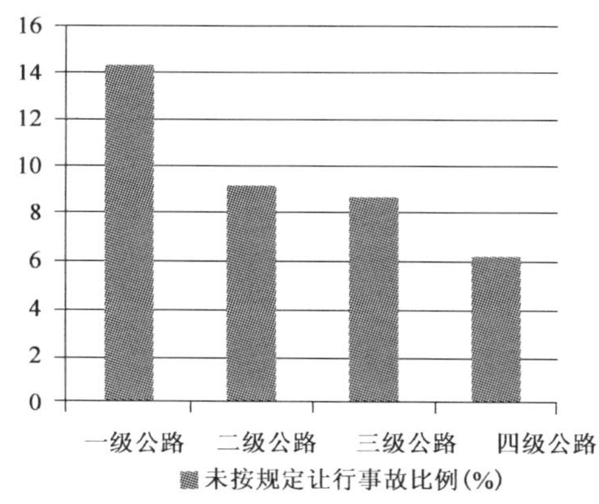

图 2-13 不同等级公路未按规定让行交通事故情况统计图

七、违法超车

超车是很容易导致交通事故的行为，6.1%的交通事故与驾驶人未按法律规定超车有关联。

从车型划分角度看，除拖拉机之外各车型车辆均存在违法超车的情况，违法超车导致交通事故较为突出的车型为中型客车、中型货车和摩托车，违法超车比例分别为 8.7%、10.2%和 7.7%。其他车型中，小型客车、大型客车、小型货车和大型货车违法超车的比例分别为4.6%、

3.2%、6.3%和4.5%。拖拉机由于本身车速较慢，未发现违法超车现象。各主要车型有关违法超车交通事故统计见表2-13、图2-14。

各主要车型有关违法超车交通事故情况统计表　　表2-13

主 要 车 型	事故数量(起)	违法超车事故数量(起)	违法超车事故比例(%)
小型客车	217	10	4.6
中型客车	23	2	8.7
大型客车	31	1	3.2
小型货车	143	9	6.3
中型货车	166	17	10.2
大型货车	89	4	4.5
摩托车	246	19	7.7
拖拉机	18	0	0

从公路技术等级角度看，三、四级公路中违法超车比例较高，分别为8.2%和5.6%，二级公路相对较低。其中需要特别注意的是，一级公路违法超车比例最高，达到了8.6%。不同等级公路违法超车交通事故情况统计见表2-14、图2-15。

不同等级公路违法超车交通事故情况统计表　　表2-14

公 路 等 级	事故数量(起)	违法超车事故数(起)	违法超车事故比例(%)
一级	35	3	8.6
二级	414	15	3.6
三级	485	40	8.2
四级	177	10	5.6

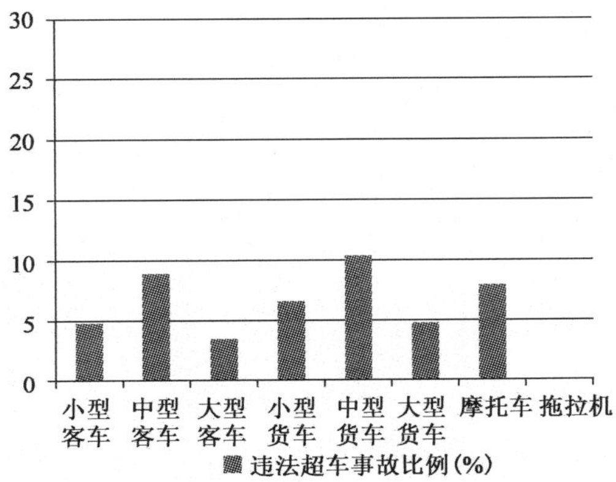

图2-14　各主要车型有关违法超车交通事故情况统计图

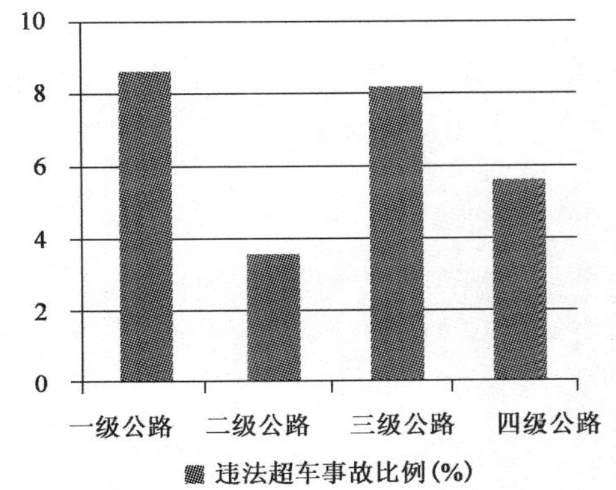

图2-15　不同等级公路违法超车交通事故情况统计图

第三节　非交通违法行为中驾驶人的因素

严格遵守交通法规并不意味着绝对的安全，驾驶人的技能不熟练以及错觉等都有可能导致交通事故。非违法交通行为导致的交通事故更应该值得关注，因为驾驶人在遵守交通法规条件下发生的交通事故往往是由于驾驶人因素与交通环境不协调导致的，这部分事故通过完善交通环境是可以消除和避免的。

我国公安部门统计的非违法行为包括制动不当、转向不当、未确保安全行驶等。根据统计分析，获得非违法行为样本369个，其中91.6%的非违法行为是未确保安全行驶；其次是其他操作不当，占总数的5.7%；转向不当和制动不当分别占总数量的1.1%和1.6%。驾驶人非违法行为因素分析见图2-16。

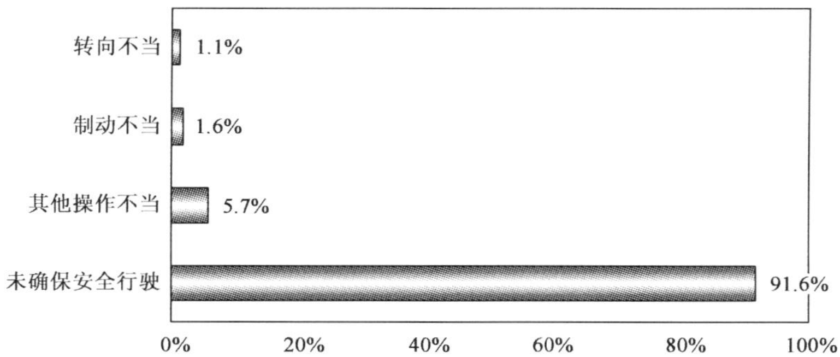

图2-16 驾驶人非违法行为因素分析

对于客运车辆，车型越小，非违法行为引起交通事故的比例越高，这是因为大型客车的驾驶人往往具有更丰富的经验，驾驶技能也比较熟练。货车非违法行为事故比例明显高于客车，小型、中型、大型货车非违法行为事故比例分别为53.1%、45.8%、29.2%，小型、中型、大型客车非违法行为事故比例分别为37.7%、30.4%、22.6%，摩托车和拖拉机非违法行为事故比例分别是32.5%和16.7%。这说明，货运车辆由于车辆动力性能较低，对于交通环境的适应能力相对小型客车较差，更容易发生与交通环境不协调的情况，同时大型营运车辆的非违法行为引起的交通事故比例较低说明驾驶人的经验和技能对适应交通环境有重要的作用。各主要车型有关非违法行为交通事故情况统计见表2-15、图2-17。

各主要车型有关非违法行为交通事故情况统计表

表2-15

主 要 车 型	事故数量(起)	非违法行为事故数量(起)	非违法行为事故比例(%)
小型客车	217	82	37.7
中型客车	23	7	30.4
大型客车	31	7	22.6
小型货车	143	76	53.1
中型货车	166	76	45.8
大型货车	89	26	29.2
摩托车	246	80	32.5
拖拉机	18	3	16.7

从公路技术等级看，三级公路非违法行为交通事故比例最高，为43.5%；二级和四级公路相对少一些，分别是34.5%和33.4%；一级公路非违法行为交通事故比例最低，为22.9%。说明公路的等级和设计指标越低，发生驾驶人与交通环境不协调状况的可能性就越高，四级公路

的比例稍低，说明速度较低的公路驾驶人有更多的反应时间，这对减少人与环境的不协调有利。各等级公路有关非违法行为交通事故情况统计见表 2-16、图 2-18。

各等级公路有关非违法行为交通事故情况统计表　　表 2-16

公路等级	事故数量(起)	非违法行为事故数量(起)	非违法行为事故比例(%)
一级	35	8	22.9
二级	414	143	34.5
三级	485	211	43.5
四级	177	59	33.4

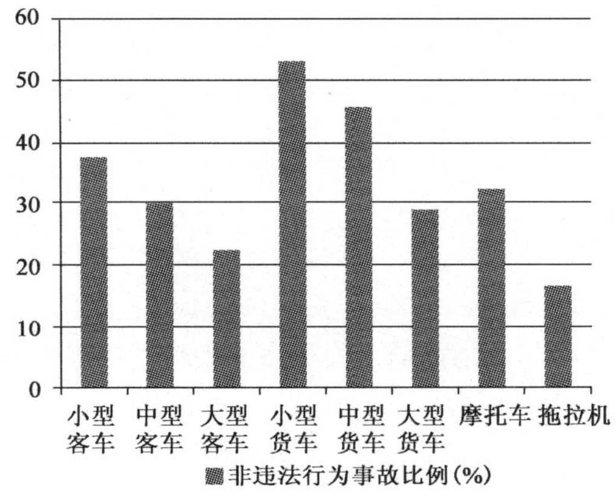

图 2-17　各主要车型有关非违法行为交通事故情况统计图

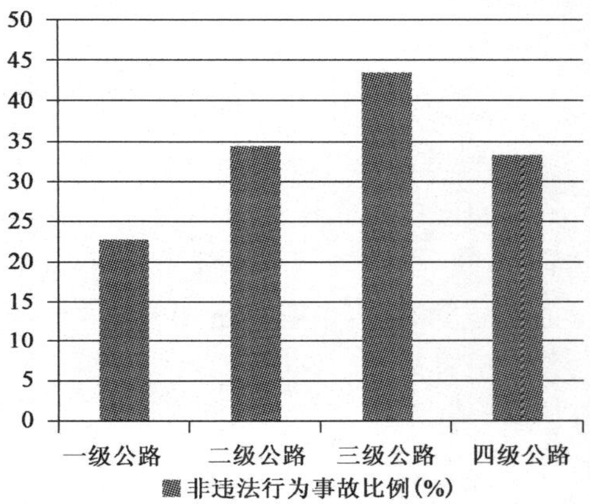

图 2-18　各等级公路有关非违法行为交通事故情况统计图

第三章　驾驶行为理论

有关不安全驾驶行为研究的理论大多都是借鉴其他领域的研究成果，如社会心理学、犯罪学、安全管理等，交通安全研究中典型的驾驶行为理论有驾驶任务理论模型、计划行为理论、威慑理论、事故原因理论、情境中介理论和驾驶人安全行为理论等。

第一节　驾驶任务理论模型

目前主流的驾驶任务模型理论认为：驾驶任务是由很多子任务所组成的，这些子任务有时需同时完成。主要的三个子任务是：控制、引导和导航。图 3-1 表示了三者的等级关系。三个子任务是独立的，但也有着密切的联系。每一任务不仅自身非常重要，而且还包含来自各个管道的若干信息数据。同时为了保障驾驶安全有效，每一个任务都是不可分离的。三个子任务的具体解释如下：

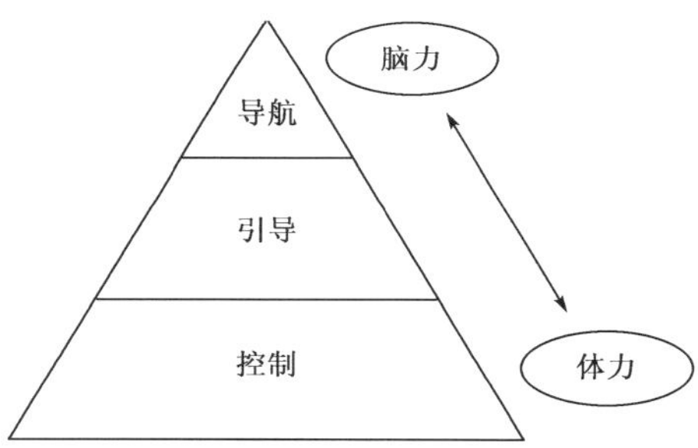

图 3-1　驾驶任务理论模型

(1)控制。驾驶任务的控制层次主要是指保持一个理想的车速并在车行道内行驶。这就要求驾驶人依靠自身的体能和技巧驾驶车辆。这一任务对心理活动的复杂程度要求最低，反而对肌体的要求较高。这一任务处在金字塔的底层是因为它是最基础的驾驶任务。如果没有驾驶和操作车辆的能力，其他任务也就毫无意义。

(2)引导。引导是指通过车头时距的控制和各种标志、标记、信号与其他车辆(如后面的、超越的、对面的等)的一种交互。这一任务基于控制任务，反映出驾驶不仅要考虑与道路环境的适应，还要综合考虑与其他道路使用者的交互和交通规则。所以，引导任务包括心理思维过程和在驾驶任务中的决策。

(3)导航。导航任务与驾驶人从起点出发和到达目的地的能力有关。这一任务要求驾驶人确定一条路线，并通过利用沿途的指示标志和里程碑成功地完成旅行。正如金字塔中所示，这一任务对于身体能力的要求较少，但对心理活动的要求较高。之所以处于金字塔的顶部，是因为一个驾驶人只有能较好地完成控制和引导任务，导航任务才会发挥作用。

三个子任务一起完成才能完成一次驾驶任务。每一任务可以单独描述，但三者却是在一个系统中协同工作的。正如前面所述，任一子任务的失败都会导致驾驶人不能安全到达目的地。

第二节 驾驶行为模型的研究现状

从 1938 年 Gibson 和 Crooks 提出的车辆行驶区域分析(field-analysis)理论至今,各国学者提出的驾驶行为理论模型多达 20 余种。进入 21 世纪以后,得益于认知科学的迅速发展以及建模工具的进一步丰富,驾驶行为研究成为热点,各国学者开展了很多探索性工作并取得了卓越成就,一些理论成为之后研究的重要的基础理论,一些模型在汽车工业中得到广泛应用。

一、驾驶行为理论模型研究历程

在汽车工程领域,主要从汽车—驾驶人—环境闭环系统控制机理方面开展驾驶行为模型研究。自 20 世纪中叶以来,驾驶人行为特性模型的发展大致经历了补偿跟随模型、预瞄跟随模型和方向与速度综合控制模型三个阶段。

补偿跟随模型最早是由美国学者 McRuer 提出的,而最早的驾驶人预瞄跟随模型是由日本学者 Kondo 在 1968 年提出的线性预估模型。20 世纪 80 年代以来,研究人员提出的模型几乎都是预瞄跟随模型。预瞄即驾驶人总是提前一段距离观测要跟随的道路路径,这种特点最接近于实际驾驶人的控制特性。

美国学者 Sheridan 在 1966 年提出了最优预瞄控制的概念,把汽车跟随道路的问题看成一个由局部最优到整体最优的过程。1981 年日本学者 K. Yoshimoto 在传统的驾驶人模型中引入速度的影响,建立了一个自决策速度的驾驶人预瞄跟随控制模型。模型中假设驾驶人能够准确地感知汽车的运动状态,能够准确地预测出汽车未来要跟随的轨迹,驾驶人根据所要求的行驶轨迹的变化来进行相应的方向控制和速度控制。方向控制的思想与前面的预瞄控制模型类似,而速度控制模型主要有以下几点:在预期的行驶轨迹上存在着汽车的允许极限行驶速度和允许极限侧向加速度;驾驶人在允许的速度范围内一般尽可能快地驾驶汽车;驾驶人控制汽车行驶方向和速度,使汽车的侧向加速度不超过允许的侧向加速度;汽车的速度决策控制模型类似于汽车的方向控制,也存在预瞄跟随环节。这个模型是建立在已知汽车行驶轨迹的基础上的,而在实际中这一点很难做到。

国内学者郭孔辉(1982)在美国 UMTRI 进行学术访问时提出"预瞄—跟随"理论,并在此基础上提出了"预瞄最优曲率模型"。该模型大致可以分为三个环节(假定汽车定速运动且驾驶人采用单点预瞄策略):首先,建立驾驶人相对坐标系,将道路在绝对坐标下的轨迹函数转换到驾驶人相对坐标系中,考虑驾驶人的前视作用,驾驶人依据道路信息,经过预瞄环节判断出预瞄点的位置,作为系统的有效输入;其次,依据汽车即时的状态及前视时间,按照汽车行驶轨迹与预期路径误差最小原则,判断出汽车理想的侧向加速度,然后经过驾驶人的微分校正环节,进而判断出理想的转向盘转角;最后,根据得到的理想转向盘转角,考虑驾驶人的反应滞后特性,经过驾驶人的滞后环节得到驾驶人施加于转向盘的实际转角。"预瞄最优曲率模型"直接建立了模型参数与汽车操纵特性和驾驶人的基本特性参数之间的关系,概念清楚,计算简单,并可以应用于线性与非线性的汽车模型闭环仿真。

日本学者 Kageyama 等(1991)将模糊控制理论引入驾驶人模型,建立了模糊控制驾驶人模型。模型中考虑外界环境对驾驶人开车行为的影响，并引入“风险等级”的概念来表示这一影响。他将驾驶人的开车行为分为两部分：轨迹决策过程与轨迹跟随过程。在轨迹决策中引入“风险等级”的概念，即驾驶人从前方路况获得“危险感觉”，主要来源于四个方面：当前车辆与道路左侧的间距、与道路右侧的间距、前方道路曲率变化和有无障碍物。这四个方面的风险感觉由参数为速度、路宽、道路形状等因素的指数函数来表示，并由模糊推理来决定。驾驶人心目中的理想轨迹是由这四个方面因素综合而由模糊推理得到的最小风险等级来决定的。在轨迹跟随过程中，主要考虑了轨迹跟随反馈控制和加速/制动控制。假定驾驶人能够获得由最小风险等级得到的理想行驶轨迹和汽车实际行驶轨迹的误差及其变化率，驾驶人通过控制转向盘转角和转动角速度来控制转向轮，同时根据相应的路况进行加减速（如能否安全通过弯道或回避障碍物）等，加减速的指令也为最小风险等级的函数。Kageyama 等（1993）为了更好地描述驾驶人模型中的非线性因素，又建立了基于神经网络的驾驶人—汽车—道路系统模型。整个模型包括三部分：驾驶人轨迹决策神经网络模型、驾驶人轨迹跟随神经网络模型和汽车动力学神经网络模型。

波兰 Warsaw 科技大学的 Andrzej 等（1998）运用参数辨识的方法建立了一个驾驶人模型。首先，假定驾驶人目视汽车在将来某一时刻的位置，求出驾驶人视线与汽车行驶方向的偏转角度，而驾驶人操纵汽车的转向盘转角与汽车行驶方向的偏转角度是成比例关系的。根据实验数据对其进行离线辨识，仿真得到较好的效果。但是模型仍然用到了“预瞄”的概念，即假定知道汽车在将来时刻的预期轨迹。而且，这个模型只能对汽车行驶的方向进行控制，无法实现方向和速度的综合控制。

德雷塞尔大学（Drexel University）的 Dario 等（2002）利用 ACT-R 理论对驾驶人的行为进行预测建模，他把驾驶人驾驶汽车的过程看成一个多任务过程，驾驶人的行为分为三部分，即感知前方和后方道路的信息、作出决策、寻找控制变量操纵汽车安全行驶。模型引入两个概念：近点，是指本车道前方 t 秒（t=0.5s）处的点；远点，是前方车辆点、曲线道路切线点和直线道路的消失点中与近点距离最近的一个点。把转向盘转角的变化看成近点和远点与道路方向线夹角变化量的函数，把汽车纵向加速度的变化看成两车安全时间变化量的函数。通过大量的实验和分析，拟合出所需要的参数。

在交通工程领域，则更注重驾驶人在行车过程中的行为反应特性及其与交通安全方面的研究。

TrUlsvAA（2001）在对以往驾驶行为的理论和模型进行比较分析后指出：认知和情感是驾驶任务中危险情况预测、规避和评估的很好的工具。

美国南达科他州大学的驾驶研究实验室开展了驾驶和驾驶相关活动的心理负载的定量评估技术的研究，研究包括驾驶模拟环境和真实环境两个方面。

美国夏威夷大学心理学教授 Lcon James 博士从社会心理学领域研究驾驶人情感、认知和感知运动。他的学生观察自己的驾驶行为以及其他驾驶人的感知，当他们履行每日的驾驶任务时，他们使用磁带机记录下来自己驾驶行为的三个方面作为依据，包括情感（感受和动机）、认知（理解和决策）以及感知运动（感觉、感知和言语表现）。分析结果显示，驾驶行为受到驾驶人心理状况影响，包括情绪的不安、认知偏差或不合理、感知运动的不协调、感情冲动以及不适当的言语表现。针对训练熟练驾驶行为的平台的驾驶行为理论初具轮廓。

Olivier 等(2005)根据当前环境定义驾驶行为分析的架构,目标是开发驾驶生态学信息(真实的驾驶环境中采集的数据)分析和处理的模型、方法和认知的工程工具。为了开发驾驶清醒感知的心理学模型,使用人工智能领域中的"基于推理的实验"方法处理实验数据与心理学理论之间的联系,提出了基于软件模拟的驾驶行为研究方案。

Dario Salvucci 教授通过开发一个生成系统的认知体系结构,对驾驶行为计算模型进行了探索,并把这一基本规则延伸到人机交互以及残障人辅助技术领域。

二、驾驶行为理论模型研究进展

传统驾驶行为研究对象包括导航行为(steering behavior)、驾驶负荷(driver workload)研究、安全行为(safety behavior)以及纵向行为(longitudinal behavior)。现有的典型驾驶行为模型包括:跟车模型、前车可视角跟车模型、deltaV 跟车模型、线性最优控制模型、比例函数模型、启发式驾驶模型、自适应巡航控制(ACC,Adaptive Cruise Control)、神经网络和模糊控制模型、驾驶人心理模型等。

艾奥瓦州大学的 Xiao peng-fang(2001)在硕士论文中,为得到真实的交通数据以及对数据进行过滤处理,设计了相应的实验。基于这些数据建立一些驾驶行为模型(如跟车模型和变更车道模型),得到了一些模拟结果并对结果进行了比较。同时,在艾奥瓦州大学的驾驶模拟系统中完成了交通模拟器的实现。

Brown 指出孤立地运用单因素进行的致因分析很难揭示出驾驶失误的真正内涵,应从行为形成链的角度对事故进行分析;Brehmer 把驾驶失误分为感知失误、执行失误和疏忽;Ranney 发表的有关驾驶行为与失误的综述性论文,对该领域近 20 年的成果进行了评述,指出应研究包括人、车、路三者在内的驾驶行为模式,以便对驾驶失误进行深入研究。

日本研究者 Masanori Takemoto 等(2007)对车辆通过无信号控制交叉口的驾驶行为进行了研究,主要分析了危险驾驶行为产生的原因,提出了影响驾驶行为的内部因素,并建立了基于这些影响因素的驾驶人模型。研究最初从人的因素的角度采用了问卷调查的方式,在调查中每个驾驶人需回答出当他们进入无信号控制交叉口时的驾驶行为的认知信息处理流程图,得到了影响驾驶人的危险驾驶行为的驾驶人个体的内在因素。最后从这些影响因素中找出了 15 个影响驾驶人操作行为的内在因素,将驾驶行为分为 8 个主要组成部分,揭示了这些内在因素之间及其与驾驶行为之间的联系,建立了包含这些影响因素在内的驾驶人模型,通过利用驾驶模型可以模拟不同种类的驾驶行为并评价其危险程度。

Jan Tornros 通过实验,测试了各种实际道路情况(乡村道路、城市道路、复杂行车环境、简单行车环境)下驾驶人脑负荷,认为外界环境复杂度与驾驶人脑负荷有直接关系,并对其影响度进行了排序;Bor-Shong 通过对 12 名 16～29 岁驾驶人在实验室、普通道路及交叉口的分组测试,用正确操作率与平均反应时间为指标,证实了使用手机对紧急驾驶过程中反应时间的影响;Sonia Amad 将驾驶过程中的手机通话与车内人员对话对驾驶人注意力的影响进行了对比分析,研究表明二者对驾驶人注意力的分散作用没有本质性差别,但对话内容复杂性与注意力分散有密切关系;John D 分析了环境与驾驶人心理压力的关系,认为造成驾驶人心理压力的主要因素为天气、可见度及驾驶任务的复杂性。

Brehmer 通过对驾驶失误的进一步研究,发现缺乏驾驶技能和经验的驾驶人极易产生系统失误,而且这种失误较为容易评估和控制,但作为严重影响交通安全的随机失误却极难预测;Brown 注意到驾驶人对交通系统中危险因素识别的不足和对自己驾驶技能的过高估计降低了驾驶行为的安全阈度,并且驾驶失误的产生也与驾驶人在失误状态的恢复能力的低下具有很强的相关性,但 Groege 的研究却得出驾驶人对失误状态的过分强调极易引起不注意而导致错误的反应。

三、我国驾驶行为理论模型的研究

我国对交通安全的研究大多停留在各种宏观和经济学角度的分析,缺乏行为角度的实证研究。各类学者提出的多种建议也没有实证研究结果的基础,而大多根据事故统计资料进行简单描述和分析。有部分学者利用国外的理论框架探究我国交通背景下的驾驶行为。如丁靖艳(2006)以计划行为理论为框架,研究我国文化背景下的驾驶行为,结果发现我国驾驶人的态度、主观规范和知觉到的行为控制通过行为意向的中介对侵犯驾驶行为进行有效的预测。也有学者发现 A 型人格与侵犯性违章关系显著相关,感觉寻求是预测不安全驾驶行为非常重要的因素,这与国外的研究结果是类似的,可是没有发现国外研究中的年龄和驾龄与风险驾驶行为的关系。

在影响交通安全的因素方面,我国与西方国家之间也存在显著差别,如道路条件、交通标志、信号灯等驾驶环境因素,执法的规范性、对交通流量的实时控制与调度等交通管理因素。因此,国外的理论框架是否可以应用到我国背景下的交通安全领域,还需要进一步的证实。另外从宏观的角度来说,文化因素对驾驶行为也有影响。Xie 和 Parker(2002)对中国驾驶人的研究显示,与中国文化相关的两个因素(社会层级感和人际网络)显著提高了对驾驶违章行为的预测。对计划行为理论在其他领域的研究也发现,社会规范影响的效应量在不同文化背景下存在差异,来自中国的被试表现出的社会规范与行为意向之间的关系最强。具体到交通行为过程中,情境因素对我国与西方驾驶人的驾驶行为的影响是否有显著差异还需要进一步的研究。这里的情境因素包括交通道路使用者在交通行为过程中遇到的可能的外部情境,如警察是否在场、是否有摄像头、是否有他人在车内等。

北京工业大学陈永胜(2001)在其博士论文中对驾驶行为的描述指标进行了研究,主要包括:驾驶信息表述指标和驾驶信息量的度量指标,并提出了驾驶行为中的信息处理模型,给出了驾驶行为中的两个特征指标:驾驶期望和反应时间。

吉林大学管欣等(2002)提出了"驾驶人方向与速度综合控制模型的研究"这一课题,并建立了驾驶人最优预瞄加速度模型。该模型详细分析了驾驶人的操纵行为特性及驾驶人、汽车和道路三者之间的相互关系。在驾驶人操纵行为特性和汽车动力学响应特性分析的基础上,综合预瞄跟随理论、广义预测控制理论、系统模糊决策理论、非线性系统控制理论中的描述函数法和系统辨识理论,提出了驾驶人稳态预测动态决策假说,并以此建立了一个全面描述驾驶人如何控制汽车油门踏板、制动踏板和转向盘转角的驾驶人方向与速度综合控制模型,收到了良好的效果。

国内学者马肖亮(2007)在"Behavior Measurement, Analysis, and Regime Classification in Car Following"中提出了一种数据采集方法,作者在一个项目中应用它来建立微观交通仿真环境中的驾驶人行为建模。一个先进的装有仪器的车辆用来在瑞典道路上收集驾驶人行为数据，主要是采集跟驰和车道变换模式信息。为了消除采集车辆在车辆跟驰模式下的测量噪声，卡尔曼平滑算法被应用到采集车辆和被跟驰车辆的空间状态物理模型（加速度、速度和位置）中。去噪的驾驶模式被用来分析在跟驰阶段的驾驶人属性。为了进一步对车辆跟驰行为进行建模，文中提出并实施了综合模糊聚类的算法，从预处理的数据中分类跟驰状态的不同阶段。这种算法考虑了采集的驾驶行为模式的时间连续性，当典型的模糊 C-均值算法给出不明确的结果时，这种算法可以更可靠地用于连续的车辆跟驰阶段的分类中。

哈尔滨工业大学崔胜民等（2001）利用人工神经网络系统的非线性函数逼近能力建立了一个驾驶人神经网络模型。郭孔辉院士等（2002）将“预瞄”的概念引进到人工神经网络中，建立了一个预瞄最优人工神经网络模型（POANN）。它在汽车驾驶人闭环系统中采用遗传算法代替 BP 算法、采用理想跟随轨迹中的数据代替实验数据进行最优训练。这样它就避开了 BP 算法不便应用于存在滞后的驾驶人—汽车系统中的困难。

王武宏、孙逢春等人（2001）编著的《道路交通系统中驾驶行为理论与方法》一书从道路交通系统安全化功能、道路交通事故致因生成原理、驾驶行为及其形成模式、驾驶差错状态恢复能力、驾驶可靠性分析方法、驾驶安全性定量分析、驾驶行为对交通流影响的评测、道路交通系统安全性动态分析方法的角度，详细深入地论述了驾驶行为的理论与方法。戴冠军（1989）采用线性回归、fuzzy 方法进行了驾驶人 6 项生理指标的分析与对比；李江（1995）采用多元统计分析方法对 8 项生理指标、2 项心理指标进行了分析；王武宏采用可靠性数学对驾驶人的可靠性与适应性进行了评价。

西南交通大学金键（2002）在博士论文《驾驶疲劳机理及馈选模式研究》中重点研究驾驶作业中驾驶疲劳产生的致因因素，所致疲劳因素交互作用，疲劳过程、规律及机制，驾驶疲劳影响分类，建立驾驶疲劳评价体系及测试系统，构筑危险状态下疲劳效应辨识模式等问题，提出驾驶疲劳形成、蓄积和变化过程的机制。建立驾驶疲劳的静态和动态测试与评价模式，为预防和减少交通事故提供理论依据。

浙江大学的罗仕鉴（2005）在博士学位论文《基于生物学反应的驾驶舒适度研究》中通过主观评价方法、静态环境多关节舒适度以及动态舒适度三个系列的实验，基于人体主观心理感受和客观生物物理测量，对出租车驾驶人驾驶舒适度问题进行研究，提出人机工程评价系统框架，在 CAXA 基础上构建基于舒适度的人机工程评价系统，为人—车系统中人性化设计提供理论依据。

重庆大学廖传锦（2005）在博士论文《以人为中心的汽车主动安全预警信息系统研究》中提出汽车主动安全技术“以人为中心”的理念（以驾驶人的安全为中心、以驾驶人的认知特性为中心和以驾驶人的操作特性为中心），分析了行车过程中信息的特点与流程，以及驾驶过程的三个阶段，即：感知、决策和操作；探讨了汽车—驾驶人—环境这一闭环系统中，三者之间的相互作用关系，并以此得到了汽车—驾驶人—环境简易模型；提出了以人为中心的汽车主动安全预警信息系统的功能结构，结合安全预警的需要，提出了面向安全预警的以人为中心的汽车—驾驶人—环境模型。

吉林大学于增亮（2005）在硕士论文《基于仿真环境驾驶人临界反应能力的研究》中利用固定式汽车驾驶模拟器对驾驶人的临界反应能力进行了研究。综合研究获取的各种数据，将驾驶人的反应时间与各影响因素进行了线性回归分析，得出各影响因素与驾驶人反应时间呈线性关系的结论。

王晓原教授(2008)在“基于决策树的驾驶行为决策机制研究”中构建了驾驶决策识别模型;王海勇、焦昆等人通过驾驶形成过程的描述构建了驾驶疲劳形成过程的概念性模型;金键(2002)从生理学的角度对驾驶过程中的感知疲劳机理、信息处理疲劳机理、作业疲劳机理进行了分析研究,并通过失衡性测定构建了驾驶疲劳测评体系。

在外界环境对驾驶行为影响性方面还有:王健通过对瑞典、荷兰、英国、比利时等六国事故资料的对比分析认为,限速标志的设置能有效降低事故的发生;吴立君、王永君分析了道路线形与驾驶行为的相关关系,从道路警示性标志及防护性措施方面提出了相应对策;张殿业以驾驶人心率和驾驶稳定性为指标,分析了道路标线对驾驶行为模式的影响。

在对驾驶负荷与驾驶任务匹配性方面的研究有:陈斌在抽象道路交通系统各因素与驾驶人能力和系统任务要求关系的基础上,研究驾驶人能力与系统任务的状态水平。通过对驾驶人能力水平与系统任务匹配状态的研究,揭示系统在不同匹配状态下的安全性,给出系统安全性的匹配准则。

哈尔滨工业大学黄秋菊(2007)在其硕士论文中研究了车道变换行为主体——驾驶人的反应、知觉、注意特性与车道变换用时的定量关系;计算了不同类型驾驶人的心理期望速度并对违章心理进行了分析;在此基础上计算并分析了不同性别、年龄段驾驶人在车道变换各阶段的平均失误率。

东南大学潘福全等分析了交叉口交通系统,给出了影响交叉口驾驶行为的具体因素。在驾驶行为三阶段基础上,研究了交叉口驾驶行为模型,分析了交叉口驾驶行为特征和交叉口驾驶行为与交通事故发生的一般关系,并针对驾驶失误和不安全驾驶行为给出了防止措施,以减少交叉口交通事故。

吉林大学李英(2008)在其硕士论文中围绕驾驶人模型的应用需要,在预瞄优化人工神经网络驾驶人模型的基础上进行改进,引入车辆状态参考器的修正,使驾驶人模型对车辆特性和行驶工况具有一定的自适应性,适用于某些复杂路面下的极限工况。

北京理工大学陈雪梅(2007)采用驾驶人行为反应研究平台和聚类分析技术,建立了生理反应与最大制动踏板力、制动时间之间的结构模型,研究了紧急情况下驾驶人生理、心理反应的特点应用模糊适应神经网络技术,依据生理数据预测了紧急情况下驾驶人给出的制动参数值。实验结果表明,紧急情况下驾驶人驾龄越长,生理指标变化越小。

吉林大学高振海(2000)通过分析包括前方道路可行区域、驾驶人体力负担及道路交通法规在内的众多因素对驾驶人开车的影响,利用模糊决策理论建立了驾驶安全性、驾驶轻便性和驾驶合法性三个评价指标,并进行了在几种典型路况下的驾驶人—汽车—道路闭环系统仿真计算,有效地描述了驾驶人在开车时动态决策汽车预期轨迹的行为。

吉林工业大学高振海(2000)提出了一种驾驶人确定汽车预期轨迹的模糊决策模型。这一模型可以用来仿真驾驶人在操纵汽车的过程中,根据前方道路交通的可行区域决策汽车未来期望走行轨迹的控制行为特性,并可描述驾驶安全程度、驾驶人体能极限等诸多指标。数字仿真结果表明,所提出的模型还可以描述驾驶人的最优预瞄加速度决策行为特性,并直接用于驾驶人—汽车—道路闭环系统的仿真。

西安交通大学高振海(2001)针对驾驶人开车行为的特点,利用系统模糊决策理论建立了多个描述驾驶人根据前方道路信息和自身考虑进行预期轨迹决策的模糊评价指标及其隶属函数，并仿真计算了驾驶人在不同道路环境下的轨迹决策行为。

吉林大学曹健永在其硕士论文中以预瞄跟随理论为基础，在总结前人方向控制驾驶人建模的基础上，结合驾驶人模型的实际应用需要，通过与 UniTire 的联合应用及横向稳态增益的修正，实现驾驶人模型在低速车辆模型表现为非线性工况时的应用。进一步在任意路径跟随的方向控制的基础上，建立任意速度的纵向跟随模型，建立方向与速度控制的驾驶人模型，并在 CarSim 中的复杂车辆模型进行应用。在此基础上，探讨了在复杂路面工况下的驾驶人模型的研究，引入侧向加速度对转向盘的修正，简化驾驶人模型的参数，进一步完善驾驶人模型体系。

北京交通大学杨玲玲(2007)在其硕士论文中从期望跟驰间距、期望速度和换车道倾向性系数方面建立出租车的跟驰和换车道模型，并对出租汽车换车道意图的产生进行了模拟。结果表明，用车道变换倾向性系数表示驾驶人的不同特征对于换车道行为的影响是可行的。

国内学者王晓原等在《回顾驾驶行为仿真模型的发展》一文中从驾驶行为分析的角度，对基于控制理论的与人的因素有关的车辆跟驰模型的发展进行了回顾。随着现代交通领域的最新研究，主要从三个方面预测了驾驶行为仿真模型的发展趋势：应用领域的专业化、研究手段的多样化和所建模型的实用性。在研究目前模型的缺点和驾驶行为仿真模型的发展趋势的同时，我们应该意识到交通仿真和驾驶行为研究在国内并没有足够的基础实验数据，目前已有的研究并没有集中在驾驶行为上。因此，在复杂的信息环境中，未来应同时考虑多资源信息刺激和以任务为中心的驾驶行为的合作反应机制。而且，需对于人—车—路—环境的相互作用进行进一步的研究。文中最后指出了应该建立描述国内交通状态的驾驶行为仿真模型。

同济大学李静等在"Dynamic Drivers Behavior under the Effect of Advanced Traveler Information and Guidance Systems"中对信息或导航信息对驾驶人行为的影响进行了分析。文中首先分析了 ITS 中的 ATIS(先进的交通信息系统)和 DRGS(动态路线导航系统)，随后详细分析了在信息或导航信息影响下的驾驶人行为，同时和控制系统、网络模型和驾驶人行为一起进行了分析。一些基本的概念和详细的模型被用来估算 ATIS 和 DRGS 的效益。驾驶人面临的动态的选择机制和选择等级被分别提了出来。

北京工业大学李德慧(2006)在介绍 AutoSim 模拟舱的基本组成、功能的基础上，从交通系统组成的人、车、路的角度，提出了利用驾驶模拟舱进行驾驶行为研究的参数选择、数据库的结构、场景定制等关键技术，并提出了可行的技术路线和实验方案。

西北工业大学李晓玲等在"Research of Driving Safety Based on Human Body Biological Response"中对导致疲劳的原因进行了研究，并且建立了能够使用有限元法计算人体部分行为可能的力学人体模型，这种方法也能够被应用于分析头部和颈部、脚踝等，这将为座位、转向车轮、操纵杆和仪表板布局的设计和优化提供科学理论依据，为进一步研究特殊环境下的力学特性和驾驶安全确立了基础。

北京交通大学黄岚在"Safety and Reliability Analysis of Automated Vehicle Driving Systems"中从系统可靠性的角度，分析了自动化车辆驾驶系统中驾驶人功能的变化，并探讨了自动化车辆如何影响驾驶人的认知、决策的制定和控制。决策控制决定了人的可靠性。基于上述工作，依赖于人—机—环境的协调的自动化车辆驾驶系统的安全和可靠性评价指标被提了出来。有了上述评价指标后，就可以分析和评价自动化驾驶系统中的两种驾驶模式。

第三节　基于驾驶人的驾驶行为理论模型简介

一、计划行为理论

计划行为理论认为，非个人意志能完全控制的行为不仅受行为意向的影响，还受执行行为的个人能力、机会以及资源等实际控制条件的制约，在实际控制条件充分的情况下，行为意向直接决定行为；行为意向是由对意向行为的态度（指该行为在多大程度上是有吸引力的或有用的），与行为有关的主观或个体规范（指该行为在多大程度上被社会或个体接受），以及知觉到的行为控制（指个体认为自己实际上能在多大程度上执行该行为）三者决定的。知觉到的行为控制对行为也有直接作用。该理论各因素之间的具体关系如图 3-2 所示。对计划行为理论研究的元分析发现：态度、主观规范和知觉到的行为控制可以解释 39%～50%的行为意向的变异，行为意向和知觉到的行为控制可以解释 20%～40%的行为变异。

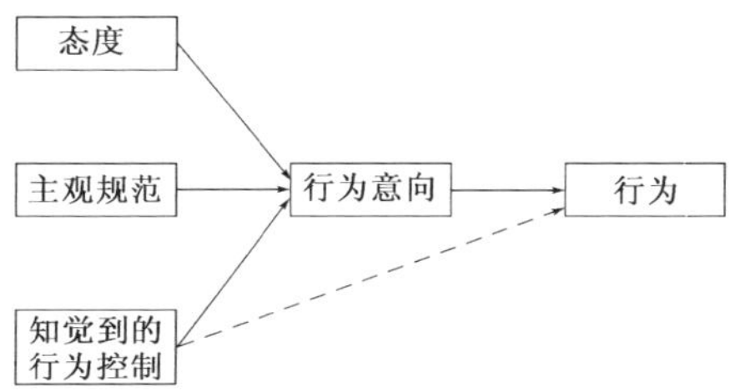

图 3-2　计划行为理论各因素之间的关系

计划行为理论已经在饮食行为、艾滋病预防行为、锻炼、吸烟、饮酒等健康相关行为和卫生保健研究中得到了广泛的应用。在交通安全领域，计划行为理论主要用于解释和预测酒后驾驶、超车、超速等驾驶行为。如 Parker 等（1992）发现，计划行为理论变量可以解释 32.4%的危险超车行为，42.3%的酒后驾驶行为，47.2%的超速驾驶行为。Elliott 等（2003）发现计划行为理论的变量可以预测 3 个月后的驾驶超速行为。

然而，对计划行为理论的批评也一直存在。不同研究之间行为意向对行为的预测结果存在着一定的分歧，这可能是由于所使用的研究方法、具体目标行为的不同和文化差异所致。另外，也有学者批评计划行为理论对影响行为的因素概括不全面。这些因素包括：

（1）过去行为或习惯。Conner 等人（1998）认为，过去的行为对将来行为有一定的预测作用并减弱了行为意向—行为关系，在考虑了行为意向和知觉行为控制之后，过去的行为可以增加对行为 13%的变异解释量。Aarts 等人（1998）发现，习惯可能是计划行为理论变量和行为之间的中介变量。

（2）情绪。情绪可以影响态度和行为选择。Richard 等人（1995）认为，预期的情绪反应可以增加计划行为理论的解释力。他们对性行为的研究发现预期的情感反应可以显著且独立地预测未来的避孕行为。Sheeran 和 Orbell（1999）则发现，预期后悔增加了行为意向与行为之间的一致性。

（3）TPB 理论对于主观规范的界定存在一定模糊性。在有关社会规范的研究中，学者们经常将主观规范（subjective norm）与示范性规范（descriptive norm）、指令性规范（injunctive norm）3 个术语交替使用，实际上它们是相互独立的，而不同规范类型对个体行为的影响作用不同。Cialdini 等人将规范划分为示范性规范和指令性规范。在控制态度、主观规范和知觉到的行为控制后，示范性规范对理论解释力有增进作用。Rivis 和 Sheeran 对示范性规范在计划行为理论中的作用进行元分析发现，示范性规范与行为意向相关系数达到 0.44。

Ajzen 认为，道德规范独立于主观规范，并与态度、主观规范和知觉行为控制对行为的影响是平行的。

(4)TPB 理论对个体差异以及情境也很少考虑。在驾驶研究中，直接的环境因素，如乘客、时间压力，间接的因素，如驾驶行为相关的文化因素都会影响个体的行为表现。人格特质，如感觉寻求、冲动性等，对驾驶行为都有较强的预测作用。

因此，在使用 TPB 理论时，若能考虑上述因素，尤其全面考虑各种不同社会规范，可能会更好地预测不安全驾驶行为。

二、威慑理论

该理论又称为惩罚规避，已被广泛用来指导道路安全政策的发展和评估。它从社会学/犯罪学的视角来研究法律威胁对行为的作用。该理论认为，人们因为知觉到的风险和对法律惩罚的恐惧而没有实施或者终止实施犯罪行为。法律威胁的有效性是知觉到惩罚的确定性、快速和严重性的函数。即当人们知觉到以下几点时，法律的威胁是最有效的：行为很有可能被察觉、逮捕、起诉、定罪和惩罚；最终的惩罚是严重的；惩罚被迅速执行。该理论认为威慑有两种操作过程：具体的和一般的威慑。具体的威慑是指利用对进一步惩罚的害怕来阻止违规者，一般的威慑通过让一般大众接触到惩罚的威胁(并不一定必须惩罚他们)来阻止他们。Stafford 和 Warr 在 1993 年提出 4 种经验可以影响威慑过程：直接的惩罚经验、直接的逃脱惩罚经验、间接的惩罚经验、间接的逃脱惩罚的经验。他们认为无论是否直接，惩罚和逃脱惩罚的经验对于个体知觉的惩罚确定性和再次违法的行为意向的作用方向是相反的。威慑理论所提及的一般威慑与心理学中社会学习理论存在一定的一致性，即个体通过观察、替代强化等完成间接经验学习的过程。

在道路安全领域，威慑理论主要用于违章和违法行为的预测，如酒后驾驶、无照驾驶、超速和危险超车等，以及交通安全政策的制定对减少违章驾驶行为的作用。

有研究者批评威慑理论过于关注法律制裁的作用。如 Vingilis(1990)认为，威慑理论没有包括一系列非法律的但对法律服从有影响的因素，例如：对法律的道德承诺和实施犯罪的机会等。除此之外其他对违法行为可能产生影响的因素有：首先是文化因素，文化对违法行为有重要的作用，如某些文化中对某种行为(如酒后驾驶)的容忍和接受程度较高，可能会造成观察到他人逃脱惩罚的可能性增加，进而影响其知觉到的威胁；其次是与违法同辈群体的联系，与有违法行为却逃脱惩罚的同辈群体的经常接触，不仅会降低个体对惩罚确定性的知觉，也可能限制知觉到的惩罚确定性对违法行为的制止作用，因为与违法的同辈群体联系的个体更有可能会受到同辈群体的压力或者诱惑而实施违法行为。其他对违法行为有影响的变量如下：道德信念、自我控制和社会控制的水平、个体的行为问题(如酒精成瘾)等。

三、事故原因模型

事故原因模型由 Reason 在 1990 年提出，用于解释核电民航等复杂社会技术系统中的事故原因。他认为，只有多种人误、违章或技术失效在时间上重合，才可能共同引发事故。所有这些因素都是事故的贡献因素，具体可分为 4 个层次：不安全行为、不安全行为的前提条件、不安全的监督、组织影响。不安全行为分为失误(error)和违章(violation)，不安全行为的前提条件是不安全行为为何会发生的原因。这 4 种层次的失效可以分为两种形式，即显性失效和隐性失效。前者会对系统造成即时负面影响，后者不会对系统造成即时负面影响，具有延滞性，它是人误或人误的结果。

该模型提及的潜在错误和显性错误的理念现在也被引用到一般安全，如交通安全研究中。交通行为是基于公共管理情景下的行为，与此对应的是交通监管部门的交通警察。作为监管人员，他们对于交通安全的承诺及监管的卷入，以及对道路使用者不安全行为的惩罚，可能会影响道路使用者的行为。此模型大量考虑了行为者的环境因素，却很少考虑行为个体的因素，如个性、心理状态乃至个体人口统计变量等对安全行为可能的影响。另外这个模型关于各个层次的描述对于实践人员来说过于抽象，在应用时有一定的局限性。

四、情境中介模型

情境中介模型认为人的因素与事故倾向有关。事故倾向强调事故倾向人格在事故卷入中的作用。与事故卷入或者不安全驾驶行为有关的人格特质包括：冒险性、感觉寻求和攻击倾向等。人格可以和其他因素产生交互作用，如情境因素增加了事故卷入的风险。在这个模型中，按照与事故卷入直接和间接的关系，把对事故卷入有影响的因素区分为周边情境因素和中心情境因素。中心情境因素是指可以直接增加事故风险的因素，包括与事故倾向有关的稳定和不稳定的因素，其中相对稳定的因素包括与驾驶风格有关的因素和关键态度行为因素，如速度选择和超车的倾向；不稳定的因素，如酒精和药物的使用等。周边情境因素包括一般文化因素，社会人口学因素，相对稳定的人格特质、态度和信念，生活方式需求和选择（如时间压力）等。周边情境因素导致驾驶人产生不安全驾驶行为，而这些不安全行为可以直接导致驾驶人的事故卷入。

对这个模型的批评主要集中在：人格特质、驾驶风格和驾驶行为之间的关系需要重新检验，驾驶技能和危险驾驶行为之间的关系可能不是线性的。另外该模型中对于周边情境因素和中心情境因素的区分比较模糊，也忽视了其他潜在的对驾驶行为有影响的因素。

五、驾驶人安全行为模型

Verschuur 和 Hurts（2008）借鉴 Reason 的 ACM 理论，并结合 TPB 理论，建立了驾驶人安全行为模型，如图 3-3 所示。该模型认为事故卷入可以由不安全行为直接预测，其中不安全行为包括违章、疏忽失误和危险失误。不安全行为的前提条件分为心理的前提条件和生理的前提条件，心理的前提条件是指驾驶人在驾驶过程中暂时的心理状态，如受到酒精的影响或者疲劳；生理的前提条件指在驾驶人驾驶过程中相对稳定的心理和生理状态，如疾病或者生理残疾的存在。疏忽失误和危险失误分别受到心理的和生理的前提条件的影响。另外，该模型还增加了致因行为因素（causal behaviors），包括策略和计划行为理论变量。策略是指在驾驶之前驾驶人作出的与驾驶相关的决策的质量，它影响不安全行为的生理和心理方面的前提条件。计划行为理论中的态度、主观规范和知觉行为控制与违章行为有关。致因行为与 Reason 模型中的潜在失效类似，但是这个模型强调了潜在失效的行为方面，而不是情境方面，所以称之为致因行为。

对这个模型的批评是它对不安全行为的前提条件分类不清晰且不全面。如生理方面的前提条件既包括驾驶人驾驶过程中的生理状态，也包括稳定的心理状态。该模型也忽视了一些重要的对驾驶行为有影响的因素，如人格特质和情境变量。另外因为涉及的变量众多，反而很难凸显对安全行为有影响的因素。

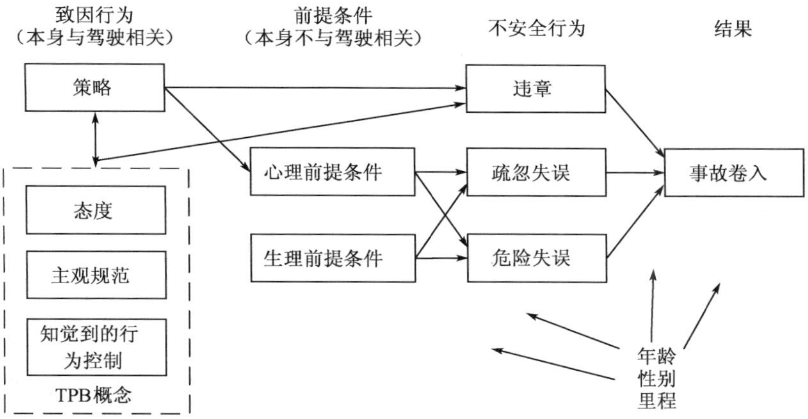

图 3-3　驾驶人安全行为模型

第四节　驾驶行为理论研究的前景

由于驾驶人的不安全驾驶行为的复杂性，虽然对它的研究已经持续了几十年，但仍然存在很多争议。对驾驶人不安全行为的研究在未来的发展中可以从以下角度进行：

（1）驾驶行为本身比较复杂，所涉及的变量众多，且这些变量对不安全驾驶行为的预测缺少广泛的一致性，难以建立适合所有驾驶者和不安全驾驶行为的统一理论。很多理论的提出都存在不足之处，有待进一步整合。因此理论上对不安全驾驶行为的预测需要明确不同的不安全驾驶行为特征，从而找出相对应的最佳预测源。

（2）如前所述，社会和文化因素对驾驶行为有重要的影响。因此有必要探讨在中国当前的道路环境和文化背景下，个人统计变量、个性、认知、态度以及情境变量对个体驾驶行为的影响以及这些变量之间是否存在中介或者调节作用。

（3）由于不同国家在规章制度、文化背景下存在一定差异，所以研究时要区分社会文化对不安全驾驶行为的影响，而不同文化下驾驶人驾驶的相关认知和行为的差异可通过跨文化研究来比较。

（4）研究示范性规范对不良行为的影响。在交通安全领域，研究示范性规范对不安全驾驶行为的预测作用对于预防和安全宣传，从心理学的整合角度来降低驾驶人的不安全驾驶行为和事故卷入有重要意义。

（5）在工作中的驾驶行为也受到组织文化的影响，组织中的安全规则，管理者对安全的承诺，驾驶安全在组织内部的沟通与驾驶行为显著相关。安全文化的方法在企业和组织的应用中已较为深入和广泛。基于安全文化对组织安全绩效的积极促进作用，可以将安全文化的观点引入到交通安全实践中，通过行为科学的方法，包括促进管理者的支持、个体的积极参与，来建立一个安全的交通文化，改善交通安全。

第四章　驾驶人信息加工过程

驾驶人的工作是一种不断感知信息、处理信息的劳动，信息是驾驶人安全行驶的保证。在行车中，驾驶人不断接收来自外界的各种行驶条件的信息和车辆自身行驶状况的信息，凭借自己的理解（驾驶经验），在头脑中进行分析和处理，并发出指令，传向运动器官（手和脚），从而对转向盘、操作杆等操作装置进行操作，使汽车正常运行。汽车行驶的轨迹、相对于道路的适应程度、车辆的振动、速度等行驶状态以及各种操作后车辆的变化，这些信息回馈给驾驶人；与此同时，驾驶人仍接收道路状况及行驶环境的信息。这样，驾驶人在大脑中把信息模型转化为观念模型，结合出行的目标，不断驱使运动器官调节操作。如此循环，直到实现预期目标，安全完成人、机位置的转移。

驾驶人的行车过程就是一个信息加工的过程。各国研究学者利用信息处理的有关理论对驾驶人的信息加工过程进行了分析，建立了信息加工模型。信息加工模型包括信息的接收、处理、存储和提取等一系列阶段，涉及知觉、决策、选择反应及行为反应等心理过程。驾驶人依据经验、知识和刺激（信息）的某些特征，对输入的信息进行判断分析的过程，即为信息加工过程。在对信息加工后，得出一个与外界环境相适应的决策，这个决策信息就可以通过人的效应器官（手脚）作用在车辆上，使车辆按驾驶人的期望轨迹运行。

驾驶人驾车在路上行驶时，其驾驶行为是信息感知、判断决策和动作所组成的一个不断往复进行的信息加工处理过程，即感知作用于判断决策后影响动作。首先是道路上来往车辆、行人、道路交通标志、路面状况以及汽车本身的运行工况等外界信息，通过驾驶人视觉、听觉和触觉等感觉器官传入驾驶人的大脑，驾驶人依据其经验予以加工后，作出相应的判断和决策，然后再通过手脚等运动器官发出调整方向和速度的指令，从而改变汽车运动状态和操纵目的。而汽车行驶轨迹、相对道路的适应程度、振动、速度以及各种操纵后汽车的行驶变化再通过上述过程反馈给驾驶人，同时驾驶人仍在不断接收道路及环境信息，调节自身驾驶状态以适应新的道路环境信息，确保汽车的操纵稳定性、可靠性和安全性。

第一节　信息加工的心理学理论

现代认知心理学的发展受现代语音学和信息科学的影响，一般用信息加工的观点来解释人类的认知与行为，并将人的认知系统与计算机进行模拟。所以，我们可以把认知过程看成信息加工处理的过程，主要包括：输入、编码、加工、存储与输出。人的信息加工过程可用图 4-1 所示的模型来表示。这个模型描述了人的信息加工的各个基本过程及其相互关系。图中的方框表示信息加工的各个环节，箭头线表示信息流动的路线和方向。

感觉登记是人接收信息的第一步。信息加工的这一步主要在外界感受器内进行。在这里，作为信息载体的光、声等作用于分布在感受器内的神经末梢，引起相应的神经兴奋状态，实

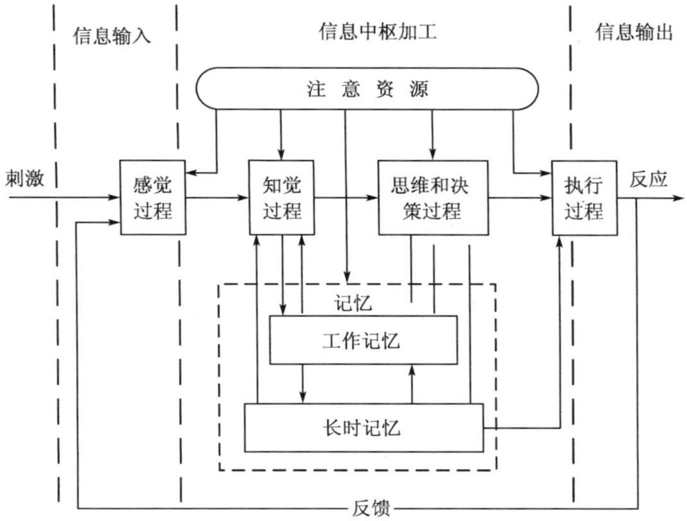

图 4-1 人的信息加工过程模型❶

现信息载体由光、声等物理过程转化为神经冲动的过程。这个过程称为感觉登记。信息在感受器内加工的时间很短,一般以毫秒计。信息若在这里得不到强化和进一步加工,就会很快衰减和消除。若感觉登记中的神经兴奋达到一定程度,它就会把信息传向神经中枢直至大脑。信息的中枢加工,主要表现在知觉、记忆、思维决策等过程中。知觉是在感觉基础上进行的,它是多种感觉综合的结果。知觉过程就是当前输入信息与记忆中的信息进行综合加工的结果。正是由于记忆过程的参与,才使知觉具有反映客体整体形象的特点,使人在碰到一个客体时能立即知道它是什么。信息经知觉加工后,或存入记忆中,或进行思维加工。思维过程是更复杂的信息加工过程。思维活动需在知觉和记忆的基础上进行。在思维中通过比较、分析、综合、判断、推理等活动,排除与解决问题无关的信息,在与问题有关的信息中探寻信息间的因果联系,最后找到问题的答案。思维过程也是不断进行决策的过程,例如在解决问题过程中,首先要对有关信息与无关信息作出决策,确定有关信息后,则要对何为主要信息何为次要信息作出决策,确定主要信息后又要对如何运用主要信息、解决问题的步骤或方案进行决策,直至问题最后解决。将决策付之行动的过程就是信息的输出过程,它表现为各种随意运动。若人的随意运动与预期达到的目的有所偏离,就会将偏离的信息通过反馈回路输入大脑,经中枢加工后作出修正运动的决策,并将修正运动的决策信息传向运动器官,如此往返直至达到目的。

根据现代认知心理学的研究,人的信息加工方式可分为三种类型。

一、自下而上与自上而下的加工

人的信息加工既依赖于感官直接输入的信息,也依赖于记忆系统中所保存的信息,即人们已有的、有组织的知识经验。前者称之为自下而上的信息加工方式,后者称之为自上而下的信息加工方式。驾驶人在刚刚开始学习交通法规时,由于是初次接触法规的条文、图形、符号,需

❶朱祖详.工程心理学教程.北京:人民教育出版社,2003.

要仔细、认真地辨别、记忆这些对象的属性，完成信息加工过程，这个学习过程是自下而上的信息加工方式；当掌握了这些对象特性以后，便形成了知识经验，熟练掌握驾驶技术后在实际道路上驾驶时，再遇到类似对象，对这个对象的加工过程就属于自下而上的方式。

二、系列加工与平行加工

人在客观环境中要同时面对多种信息，当对输入的信息是一个一个地加以处理时叫做系列加工方式，当对输入的信息是同时处理时叫做并行加工方式。

传统的认知心理学把人的心理过程看成一系列串行的信息处理过程，即前一阶段的信息处理完成后就进入下一阶段，也就是只受刺激所影响的处理方式。现代一些心理学家则对此怀疑，并提出一种新的信息处理方式，即人的信息处理不仅受刺激的影响，还受过去经验和知识的影响，甚至有人认为这些处理是同时进行或者是部分重叠的，存在着并行处理的现象。后者的观点目前已得到诸多心理学家的赞成和验证。

三、控制性加工与自动化加工

人有目的地获取某种信息时的加工方式叫控制性加工，这种加工方式受人的目的与意图的控制，如搜索限速标志或指路标志的过程。在没有注意的条件下，人们也能够获取信息并进行加工，这种方式称为自动化信息加工。这种加工不受人的目的与意图的控制，往往是不自觉的，用于训练熟练的技能，例如有经验的驾驶人在处理红灯信息时的制动操作一般是自动完成的。

第二节 驾驶人信息加工的特点

汽车驾驶人信息加工的特点是由其任务、性质和工作环境决定的。汽车驾驶工作是一种不断地感知信息、处理信息的劳动。它既不像体力劳动那样消耗大量体力，也不像智力劳动那样消耗大量的脑力。它要求汽车驾驶人在行车中集中注意力，对路面情况、车辆情况及时准确地加以感知和判断，并根据这些判断随时调整自己的操作，确保行车安全。驾驶人的信息加工与其他劳动相比，具有以下几个显著的特点。

一、信息输入、输出量大

汽车在行进中，驾驶人与车内外环境的信息交流时时刻刻都在不停地进行。汽车驾驶人要对车内外的交通信息进行及时感知；对道路交通标志、交通信号以及行人和其他车辆等各种情况进行准确判断，并作出相应的反应。国外的一项研究表明，汽车每行驶 1km，会遇到约 300 起事件。所谓事件，是指那些可能给驾驶人带来影响的各种刺激，如一只鸟飞过、一个人走过等。车辆每行驶 1km，被汽车驾驶人注意到的事件约 130 起，需要作出反应的事件约 13 起。由此可见汽车驾驶人需要加工的信息量巨大。

二、信息动态不断变化、复杂多变

汽车驾驶是在高速行驶和道路交通情况不断变化的动态环境中进行的。汽车驾驶人在行驶过程中，车内外的各种信息都随着车辆的运行在不断地变化，如车辆行驶中道路的宽窄、弯曲、凸凹是在不断变化的，在道路上的各种车辆和行人的运动方式、行进的路线、速度和行为特征也各不相同。一般来讲，汽车驾驶人需要处理的信息主要有以下四种类型。

1. 突显信息

指突如其来的情况变化所形成的信息。如前后两车在同一路线向同一方向行驶，当车距较近时，前车突然停止、自行车突然在车头前侧倒地、行人突然在车前横穿马路等。在这种环境下，汽车驾驶人必须具有较强的应变能力，才能处理好随机事件，否则，就有可能导致严重事故。

2. 微弱信息

指外界信息刺激量微小，不易辨别，或容易疏忽，甚至产生错觉的信息。如夜间穿着灰、黑色衣服的行人，月光下接近公路的农田、弯道和上下坡等。

3. 已现信息

指客观存在，且已被觉察到的信息。如车辆带故障出车，酒后开车，违章操作，超速行驶等。

4. 潜伏信息

指具有一定的隐蔽性，不易被发现的信息。如在雾中或视线受到阻挡的道路上行驶，在路面附着系数低、容易引起侧滑的初雨或冰雪路面上行驶等。

以上各种交通信息变化快，随机性强，呈现出瞬息万变、千差万别的状况，以致汽车驾驶人难以捕捉或无法预先作出正确的估计和判断。如处理不当，就会给安全行车带来影响。

三、信息观察具有专业性特点

观察是对客观事物有目的、有准备、有计划的感知。车辆行驶过程中，车内外的一切信息，汽车驾驶人都是靠观察反映到大脑里的。如汽车驾驶人用眼睛观看交通环境、交通信号和行人动态，用耳朵听发动机及车外的声音，用嗅觉闻燃油气味，用自身的本体感觉体会车辆行驶的情况等。汽车驾驶人的观察具有以下特点：

1. 指向性

汽车驾驶人在行车中进行的观察，并不完全受外界环境的影响，主要是由当时的驾驶任务决定的。如在行车过程中，汽车驾驶人并不像乘客那样东张西望，他既不去观看商店橱窗内琳琅满目的商品，也不理睬人行道上穿着时髦的行人，更不去欣赏街头播放的动人乐曲。为了驾驶安全，他观察仪表指针的变化、行人车辆的动向、交通信号的变换等。这些客观事物，才是汽车驾驶人感知的主要对象。汽车驾驶人往往对上述与完成任务密切相关的事物感知清晰，而对其他事物感知则比较模糊。

2. 系统性

汽车驾驶人的观察不是随意的、杂乱无章的，而是在人、车、路这一复杂系统中，按照一定的顺序去感知。如汽车启动时，汽车驾驶人总是先观察车辆前、后、两侧是否有人员或其他障碍物，看车门是否关好、乘客是否坐稳，然后才启动；汽车发动后，汽车驾驶人要倾听发动机的响声是否正常，观看仪表所显示的油压、气压和电压情况，以便及时发现影响汽车安全行驶的迹象。如果不按一定顺序观察，就可能使一些不安全因素被忽略，以致发生交通事故。

3. 经验性

有经验的汽车驾驶人，能观察到其他人所不能发现的细小变化。例如，可以从车辆的运转声或噪声中，感知发动机工作是否正常，这对于一个没有驾驶知识的乘客来说是无法做到的；在行车中，有经验的汽车驾驶人看到有儿童在路旁玩耍或进行打闹等，就会提醒自己减慢车速，而无经验的汽车驾驶人往往忽视这些潜在的危险因素。

四、信息加工失误率高

汽车是先进的交通工具，驾驶得当有益于社会，驾驶失误也会给社会造成一定的危害。前苏联的一项研究表明：汽车每行驶 3km，驾驶人可能有一次判断失误出现，这种失误不是指多么严重的错误，而是指类似加速踏板踏得晚一些，或转向盘转得稍过了一点，或对交通情况判断不够准确等。但有时小小的失误也会酿成灾祸。汽车驾驶人每驾驶 800km，可能会遇到一次非常危险的情况，如果驾驶人疏忽大意、惊慌失措或操作失误等，就可能发生交通事故。汽车驾驶人在行车中不断产生危害的概率较高，而且危害程度非常大，因此一旦发生交通肇事，其破坏性就很大，极易造成人员伤害或物资损失。

第三节　驾驶人信息接收的途径

驾驶人对于交通信息的接收即其感知觉过程，这其中涉及一系列的神经传输过程。以驾驶人获取视觉信息为例，就包括外界光线到达人眼视网膜、视网膜细胞产生兴奋、神经将兴奋传到视觉中枢、从视觉中枢传到运动中枢等一系列复杂的过程。对于驾驶人信息接收过程的研究，一般包括两个方面：一是探讨交通环境中的哪种刺激能够引起驾驶人的注意，这包括驾驶人感觉阈限的研究及注意选择性的研究；另一个方面是探讨驾驶人获取信息的分类，这有利于对驾驶人的信息处理过程进行深入的探讨。

驾驶人所接收信息的分类有很多种：依据接收信息感觉器官的不同，可以将驾驶人获取的交通信息分成视觉交通信息、听觉交通信息、嗅觉交通信息和皮肤感觉交通信息等，这其中视觉交通信息最为重要，一般而言驾驶人所获取信息的 80%多来自视觉，所以针对驾驶人静、动视觉特征的研究尤为重要。依据驾驶人获取信息来源的不同，可以将交通信息分为道路交通信息、车辆信息、行人交通信息和环境交通信息等。

对于道路设计者而言，应在尽可能的条件下，设计出诱导性好的道路，为驾驶人提供易于觉察的需求信息，交通标志标线的设计应尽可能明显，清理道路两侧的无关广告信息，减少驾驶人负荷；对于车辆设计者来说，仪表等显示器的设计要有利于驾驶人观察，车辆设计尽量不影响驾驶人视野，并为驾驶人提供良好的感知信息的环境。

一、驾驶人的视觉

视觉是由于光的刺激，光线透过眼的折光系统到达视网膜，并在视网膜中形成物像，同时兴奋视网膜的感觉细胞，然后兴奋沿着传入神经到达大脑皮层的神经中枢而产生的。汽车驾驶人在行车过程中，近 90%的信息来源于视觉。对驾驶有影响的视觉特征包括：视敏度、对比敏感度、视野、深度速度知觉、可适应性、明暗适应和色觉。

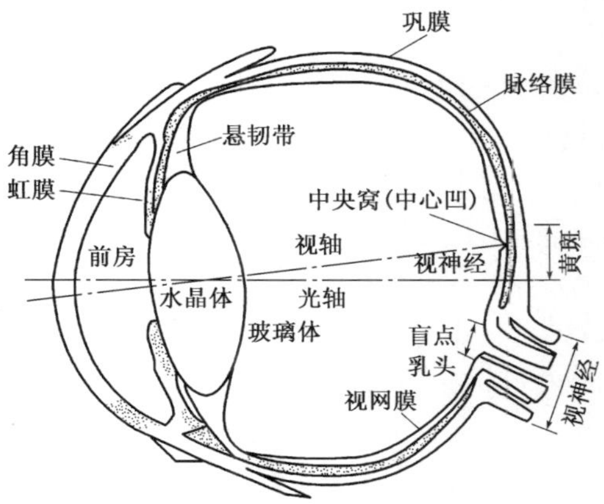

图 4-2　人的右眼球的水平断面

1. 人的视觉系统

人的眼睛是视觉系统的外围感受器。人眼的外形接近球形，称为眼球，图 4-2 是人的眼球断面图，眼球直径约为 25mm，重约 7g。

眼球壁分为三层，最外层是纤维膜，中层是血管膜，内层是视网膜。最外层的纤维膜厚而坚韧，外层前六分之一主要是由透明无血管的结缔组织构成，这层透明组织叫角膜。光线从角膜进入眼内。眼球外层的其余部分是不透明的巩膜。纤维膜起着保护作用。

眼球壁的中层是血管膜，位于巩膜内面。血管膜又分为脉络膜、睫状膜和虹膜三部分。脉络膜位于眼球壁的后三分之二，其主要功能是供给眼球营养，吸收眼球内散射的多余光线。睫状体的前方连接虹膜根，后与脉络膜相延续。虹膜为血管膜的前部，是圆盘状的薄膜，中央有一圆孔，叫瞳孔，是光线进入眼球的通路。瞳孔借助虹膜的括瞳肌和缩瞳肌来括张和缩小，借此控制进入眼内的光量。

视网膜是眼球壁的最内层。视网膜由三层神经细胞组成，第一层是光感受细胞，主要包括锥状细胞和棒状细胞。锥状细胞接受强光及色光刺激，主要在白天视物时起作用。棒状细胞对弱光很敏感，在暗光时起作用。驾驶人在夜间的视觉主要依赖棒状细胞，锥状细胞提供色彩和分辨空间位置的能力。锥状细胞主要分布在视网膜的中央凹附近，越靠近视网膜边缘锥状细胞越少。相反，棒状细胞在视网膜中央凹附近少，离中央凹 20°的地方最多。视网膜的第二层是双极细胞和其他细胞，第三层是节状细胞，它与双极细胞连接。

眼内容物包括房水、晶状体和玻璃体，三者都是透明的。光线从外界进入眼球，通过角膜、房水、晶状体和玻璃体到达视网膜，使物体射来的光线发生折射而成像。为使外界物体正好在视网膜上成像，焦点的调节是通过晶状体的曲率变化来完成的。瞳孔是虹膜中央的一个圆形小窗，它的直径是由入射光量来调节的。要使看到的目标物的像正好落在视网膜中央，就得旋转眼球，这种眼球活动是靠外眼肌来进行的。经角膜和晶状体等折光系统射入视网膜的光线通过视细胞的感受，将光学信息转换为神经信息，然后输入大脑皮层的枕叶即产生视觉。

2. 视敏度

视敏度是眼睛分辨两物点间最小距离的能力，又称之为视力，它决定了驾驶人在一定距离内看清事物细节的多少。视敏度又可从静视力和动视力两个方面表现出来。

静视力是指静止时的视力。我国通用的国际标准 E 型视力表，测定的就是静视力。在正常视力情况下，一般距离 10m 左右的物体所发出的平衡光，都能聚集在视网膜上，有清晰的视觉。当注视过远或过近的物体时，眼睛会自动调节水晶体的曲度，使物体光聚集在视网膜上。不同年龄的人眼睛的曲度调节力是不同的，10 岁时的调节曲度为 14，40 岁时降为 4.5，60 岁时只有 1.65，调节范围随着年龄的增长而降低。

一项研究表明，在理想的条件（白天、高对比度文字、无时间限制）下，拥有正常视敏度的人，在 57ft（1ft＝0.304 8m，下同）的距离能够看清字高为 1in（1in＝0.025 4m，下同）的字母。也就是说，在上述条件下，正常视敏度的人可以在 57ft 的距离处看清字高为 1in 的字母，在 114ft 处只能看清字高为 2in 的字母，依此类推。根据这一结果，为确保 95％以上的年轻驾驶人和 75％～85％的老年驾驶人在一个比较宽泛的驾驶条件下的需求，驾驶人的视力往往被假定为在高速公路上 40ft 的距离只能看清楚标志上 1in 高的字母。

动视力是指人和注视目标处于运动（其中的一方运动或两方都运动）时检查的视力。根据运动主体的不同又分为人动视力、物动视力和全动视力三种。人动视力是指人在运动而视觉对象不动时的视力，物动视力是指人不动而物体在运动时的视力，全动视力是指人与视觉对象都在运动时的视力。这三种视力均比静态视力低。

一般来讲，静视力好是动视力好的先决条件，但静视力好并不保证动视力好。因为动视力还与运动速度、环境的照度以及驾驶人的年龄等因素有关。我们知道，速度越快，视力越差，感觉越危险。车速越高，则物体的相对移动速度也越高，因而眼睛的转动角速度也相应加快。在测量动视力时，通常以眼睛转动的角速度来表示。动视力与上述三因素有这样的关系：行驶速度增加即眼睛转动的角速度相应增加，动视力降低；对于同一速度，照度增加，动视力提高（图 4-3）。根据运动视觉心理学的分析，动视力比静视力低 10％～20％，特殊情况下低 30％～40％。

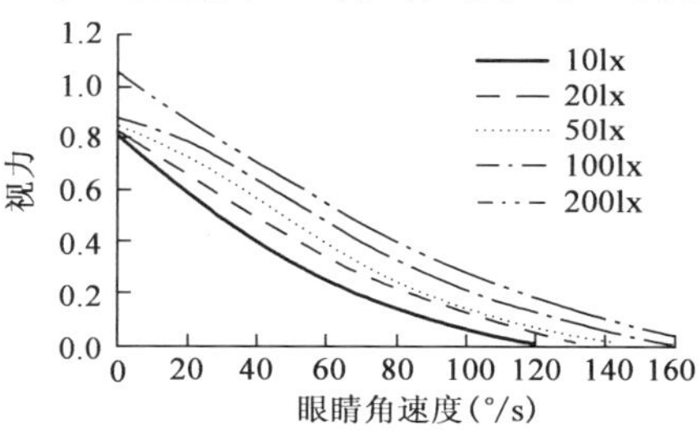

图 4-3　动视力与眼睛角速度的关系

此外，大量的研究表明，视敏度可能不是独立地影响安全，视敏度的缺陷极有可能结合其他视觉特性和差的道路条件，提高事故发生的概率。如在行车过程中，由于受车辆的颠簸、震动、噪声等因素的影响，汽车驾驶人对外界事物的感知能力下降，容易造成错觉或注意力转移困难，对刺激的反应时间延长，判断往往滞后，致使汽车驾驶人处置操作的及时性和准确性下降。这些都是高速行驶容易肇事的重要原因。

3. 对比敏感度

就安全而言，对比敏感度的重要性可能会超过视敏度。对比敏感度是指在低亮度下从背景中识别客体的能力。目标客体的亮度值越低，所需要的对比敏感度就越高。目标客体有可能是路侧、碎片或者行人。对比敏感度具体包括以下几类：

1)觉察敏感度

觉察敏感度指从黑色或白色背景上察觉细小视标的能力，通常将白色背景上的一条黑线或一个黑点作为视标，能察觉的视标越小，觉察敏感度越高。

2)解像敏感度

解像敏感度指辨别两个视觉元素微小间距的能力，通常以能分辨相邻两直线或两黑点的最小间距表示，能分辨的间距越小，解像敏感度越高。

3)微差敏感度

微差敏感度指区分两线段微小侧位移的能力，能分辨的侧位移越小，微差敏感度越高。

4)认知敏感度

认知敏感度指能辨认一个微小视觉对象的能力，如辨别一个字母或一个汉字，一个人能辨认的对象越小，他的认知敏感度就越高。

好的视敏度并不就意味着有好的对比敏感度。拥有正常视敏度的人，由于对比敏感度的差异，他们识别夜间道路上模糊客体的距离可能有 5 倍的差异。视力正常但对比敏感度低的驾驶人只有在非常接近低对比的目标时才会觉察到。实验研究表明，即使事先被告知任务的驾驶人，也要在 30ft 的距离才会觉察到站在路边的穿黑衣服的行人。一般而言，行人总是认为驾驶人在夜间能比较容易地看到自己，其实，驾驶人往往只能在行人所认为自身可视距离的一半处才能真正看到行人。正因为如此，行人往往认为驾驶人已经注意到他们，于是开始加速通行，而驾驶人又会比较惊讶，来不及制动，从而引发碰撞行人或差点撞到行人的事故。

4. 视野

视野是指人的头部和视线固定时，两眼所能够看到的空间范围。人在静态下的视野是非常开阔的，水平线以上 55°，水平线以下 70°，左右 90°。但是，视野中只有很小的一片区域可以投射在视网膜的中央凹上，从而被精确地注视，这一区域通常被称为中心视野，它以注视点为中心形成一个 2°～4°的圆锥形区域。在中心视野的范围内，人眼分辨力最强，偏离这一范围的视野叫周边视野。在周边视野中，随着偏离中央凹角度的增大，视力急剧下降。研究表明，离中央凹 2°，视力下降 50%。视网膜不同区域的视敏度见图 4-4。

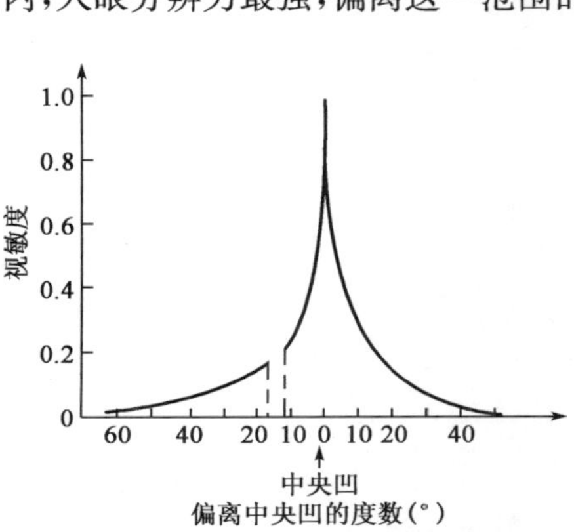

图 4-4　视网膜不同区域的视敏度

尽管周边视野中人眼不能清晰地辨识物体，但人眼对突出的物体、移动着的物体、闪烁的光源或从视野外突然进入视野的物体特别敏感。这些出现在周边视野中的物体一旦被察觉到，眼睛就会迅速调整，以便使目标进入高视敏度的视网膜中央凹的注视范围。因此，对于中心视野来讲，周边视野相当于一个警报系统，如果有什么不安全信号突然从旁边出现，首先要依靠周边视野来发现。

周边视野在驾驶过程中尤为重要，一方面它能够帮助驾驶人察觉周边的危险，另一方面周边视野中物体的相对运动也是驾驶人估计自身车速的依据。研究发现，新手驾驶人在行车时主要依靠中心视野来观察，而老练的驾驶人则能运用周边视野感受车辆周围的一些情况，减轻中心视野视觉的负担。

在驾车行驶时，驾驶人的视野大小是有变化的。当汽车高速行驶时，驾驶人会感到外面景物不断从两侧向后运动，越近的物体移动越快，这就使得近处物体的映像在人眼视网膜停留的时间很短，来不及成像，而模糊不清。为了能对物体辨认清楚，驾驶人自然会将注视点向远方延伸，这样物体的映像在人眼和视网膜上停留的时间较长，可以完成成像，能分辨物体的细节。

在驾驶车辆过程中，随着车辆速度的提升，驾驶人的动态视觉会产生以下变化：

(1)驾驶人的视野随速度提高而变小。

(2)驾驶人的远视点(驾驶人关注的最远的位置)随速度的升高而逐渐向前延伸。

(3)驾驶人的近视点(驾驶人能清晰识别的最近的位置)随速度的升高而逐渐远离车辆。

驾驶人的动态视角是指驾驶人水平方向上能够清晰辨识视觉区域左右边界线的夹角。速度与驾驶人动态视角之间的关系能够用下面的线性模型表示：

$$F_v = 142.4 - 1.01v(R^2 = 0.993\,5) \tag{4-1}$$

式中：F_v——驾驶人视野(°)；

v——行车速度(km/h)。

根据式(4-1)，可以根据车辆运行速度计算出驾驶人的动态视角(图 4-5)。由于驾驶人的动态视角是由人眼睛的生理结构决定的，因此与车辆的类型无关。

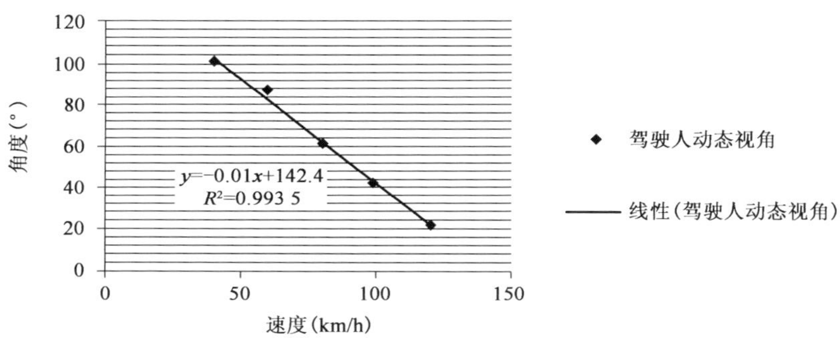

图 4-5 驾驶人视野与行车速度的关系

根据计算模型，驾驶人的动态视野与车速的关系见表 4-1。

动态视角与速度之间的关系 表 4-1

车速(km/h)	0	20	30	40	50	60	70	80	90	100	110	120
视野(°)	142	122	112	102	92	82	72	62	52	41	31	21

驾驶人的动态远视点是指驾驶人在高速行驶过程中，驾驶人视线关注的最远点至驾驶人眼睛处的距离。

驾驶人远视注意点的位置与行车速度之间的关系模型同样是一个线性模型：

$$D_f = 6.445v - 82.4 (R^2 = 0.9737) \tag{4-2}$$

式中：D_f——驾驶人远视注意点距离(m)；

v——行车速度(km/h)。

根据式(4-2)，可以根据当前的车辆运行速度计算出驾驶人的动态远视点(图 4-6)。但是值得注意的是，在驾驶人的动态视野之内，不是所有的事物都能引起驾驶人的注意，根据相关研究，在动态远视点处的交通环境对驾驶人的驾驶行为没有影响。在驾驶人的动态视距之内存在着一个驾驶人警觉距离，警觉距离是指障碍物或其他影响驾驶行为的因素能够引起驾驶人注意，并采取相应操作的距离。这一距离比远视注视点距离近，根据有关研究，警觉距离按12s 行程计算，即：

$$D_a = 3.333v \tag{4-3}$$

式中：D_a——驾驶人警觉距离(m)；

v——行车速度(km/h)。

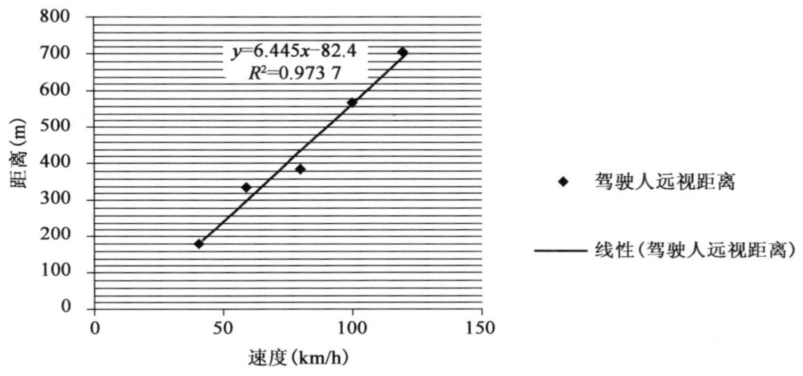

图 4-6 驾驶人远视距离与行车速度的关系

其物理意义是，当影响因素距离驾驶人距离等于或小于警觉距离时，才能够被驾驶人感知，驾驶人才能够采取相应的操作。实验研究证明，驾驶人对于速度的操作主要受远视点和警示距离的影响(表 4-2)。

警觉距离与速度之间的关系 表 4-2

车速(km/h)	40	60	80	100	120
远视点(m)	180	335	377	564	710
警觉距离(m)	133	200	266	333	400

所以，随着车速的提高，驾驶人的注视点会前移，有效视野越来越窄。有研究给出了视野随车速的变化关系，如图 4-7 所示。

一般情况下，驾驶人在视野内觉察一个目标约需 0.4s 的时间，需要约 1s 的时间清晰辨认。在高速运动时，视野变小，同时外界景物的相对运动速度也增加，从而导致物体在视野内的作用时间变短。如果在视野内的作用时间小于 0.4s，驾驶人就无法发现目标，达不到 1s 就无法分辨目标的细节。驾驶人视野变窄，周界感变差，即视野缺损，意味着缺损区无法感知交通信息，视野敏感度下降说明视区感知信息能力降低，极易造成交通事故。

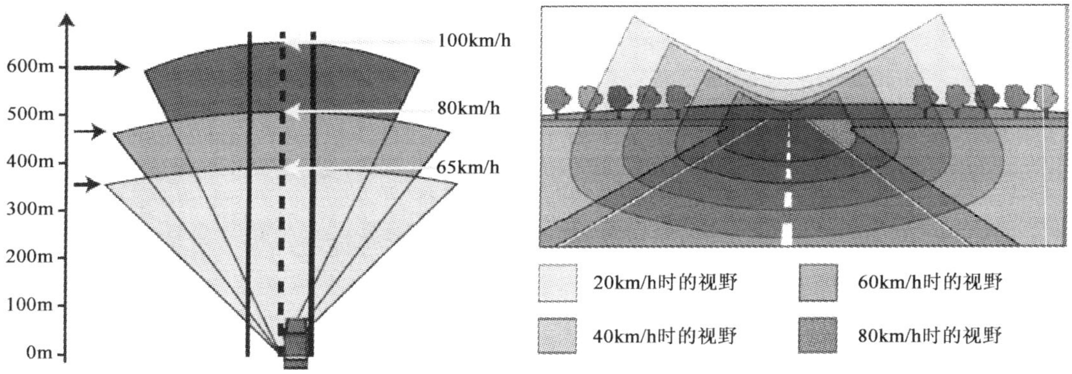

图 4-7　驾驶人视野随车速的变化图

为了保证驾驶安全，驾驶人需要有宽阔的视野。因而在驾驶过程中，驾驶人会通过转动眼睛来增加自己的视野。通过转动眼睛，驾驶人所获得的视野比一般的静视野左右方向宽约15°，上方宽约10°，下方宽度稍有增加。这一空间范围也称为动视野。

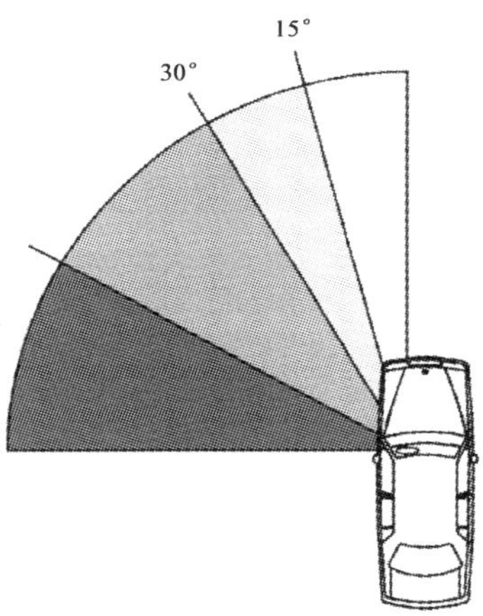

图 4-8　驾驶人周边视野物体觉察能力示意图

当周边视野中出现了驾驶人感兴趣的物体时，驾驶人也会优先选择转动眼睛，使该物体落在中心视野内。只有在转动眼睛仍无法看清物体时，驾驶人才会通过转动头部来调整视野。

驾驶人周边视觉需要察觉的目标包括交叉道路上的车辆、行人、标志以及信号等。一般而言，周边视觉中距离中央凹注视区较近的目标，与背景亮度、颜色、字体有明显区别的目标，较大体积的目标以及正在移动的目标最易被驾驶人察觉到。研究表明，在距离中央注视点15°范围内的多数目标都能被察觉到，但是在超过30°以外，即使目标很显眼，也不容易被注视到。图4-8说明了距离眼睛水平线15°和30°的范围内视力减弱的情况。

周边视觉中目标的知觉同样受驾驶人当前驾驶任务需求的影响。驾驶任务需求越多，能够注意的视觉范围或有用的注视区就越窄，驾驶人就越不容易察觉周边视觉中的客体。

另外，在行车过程中，随着车速的增加，驾驶人的空间辨别范围缩小，注视点前移，两眼凝视远方并集中于一点，形成“隧道视觉”，从而使外界刺激物减少，只注视单调的路面。在交通环境变化不大的情况下，单调信号对大脑皮层某些点的重复刺激，会导致神经细胞呈现抑制状态，形成“道路催眠”。

5. *颜色视觉*

颜色视觉是由不同波长的光波决定的。人眼大约能分辨150多种光波，可以产生多种颜色视觉。颜色有一些基本的属性和特征，即色调、饱和度和明度。色调是颜色彼此相互区别的特性。光谱中不同波长的辐射引起的视觉就是色调，如红(640～760nm)、橙(600～640nm)、黄(550～600nm)、绿(480～550nm)、蓝(450～480nm)、紫(400～450nm)。如果将几种主波长的光按一定的比例混合,则产生不具有任何色调的感觉,即白色。饱和度是指色彩的纯洁度。当光谱色中掺入白光成分越多时,就越不饱和。明度是色彩的明亮程度。它是由彩色物体的反射系数决定的,反射系数越大,明度越大。以上三种属性在颜色视觉中形成一个统一的整体效果,决定着颜色视觉的各种变化和层次。

在道路交通系统中,各种色彩信号装置、交通标志,都应根据这三种属性对汽车驾驶人的刺激—反应特点进行科学设计,使之达到最优信息传递效果。不同的色彩具有不同的心理作用。例如,红色非常醒目,视认性很好,会在人心理上产生强烈的兴奋性和刺激性,故用做禁令标志信号;黄色对人眼能产生比红色更高的明亮度,与黑色组合是视认性最高的色彩组合,特别能引人注意,用做警告色。

6.夜视力

夜视力是指在黑暗中人眼辨别物体细节的能力。由于视力与照度有关,因而夜间视力与白天视力相比有明显差异。

1)傍晚驾驶人视力的变化

研究表明,日落前公路上的照度为数千米烛光,日落后 30min 降到 100m 烛光,再过 20min 降为 1m 烛光。汽车如开小灯可增至 80m 烛光。由于照度的突降,直接导致驾驶人的视力比日落前低 50%。这也是道路交通事故多发生于黄昏的原因。

2)驾驶人夜间的颜色视觉

前面讲到人眼球中视网膜上有锥状细胞和棒状细胞。锥状细胞接受强光及色光刺激,能感知不同波长的色度,主要在白天视物时起作用。棒状细胞不能分辨颜色,但对弱光很敏感,在暗光时起作用。白天看起来非常鲜艳的红、橙、黄等颜色,在夜晚则被感知为灰色,白天并不鲜艳的白色反而惹人注目。研究表明,夜晚穿白色衣服的行人,当距车 82.5m 时,汽车驾驶人就能发现他,离车 42.9m 时就能确认是一个行人,离车 19m 时其动向也能看清楚。但是穿黑色衣服的行人,则要离车 42.8m 时,才能被汽车驾驶人发现;离车 9.6m 时,汽车驾驶人才能看清其动向。因此,在车灯照明的情况下,人眼所能发现的各种颜色的最远距离以及能够分辨物体的距离是不一样的。白色物体在较远距离就可以被发现,而黑色物体则要在最近距离才能被发现。

3)驾驶人夜间对路面的感知

夜间由于车灯直射,稍有坑凹的路面就会显得阴影重重。如果远处的黑影在车子驶近时消失了,可能是浅坑;阴影不消失,可能是深一些的坑。月夜,路成为灰白色,积水为白色的反光面;在无月光的夜晚,路面为深灰色。行驶中若前面突然发黑,则可能是道路急转弯。这些视觉规律看起来很普通,但对于保障夜间安全行车是很重要的。

4)驾驶人夜间对物体的感知

由于汽车前灯光线较弱,在会车时又要将行驶光束变为会车光束,致使光线降得很低,从而使汽车驾驶人较易发现在车辆前方且位置很低的物体,而对远处即使很大的物体也不易发现。这就为交通标志的设置提供了指导,设置标志时要突出交通标志颜色的对比度,使其清晰醒目,同时在保证白天不会被前方车辆遮挡的同时,适当降低标志的高度,以便驾驶人夜间行车的观察。

5)驾驶人夜间对行人的感知

研究表明,白天在道路中间的行人容易被驾驶人发现,而路旁的行人常常被忽略。但是在夜间行车时,由于车灯照度较低,汽车驾驶人的视线多数在车灯前或右边巡视,以避免开出路面,这样就容易忽视道路中间及左边的行人,很容易发生交通事故。据瑞典不幸事故预防研究所的一项研究,在一昼夜,白天与夜晚车撞行人交通事故比例为 1:9。

7. 视觉适应

1)暗适应和明适应

适应是指感受器在刺激物的持续作用下所发生的感受性的变化。当人由明处突然进入暗处时,眼睛开始看不见东西,经过一段时间的适应,视力恢复,能逐渐辨认黑暗环境下的物体,这种对黑暗环境的视觉适应现象就是暗适应。反之,人由暗处到光亮处,特别是在强光下,最初一瞬间会感到光线刺眼发眩,几乎看不清外界事物,几秒钟之后逐渐看清物体的过程,就是明适应。

明适应的时间很短,最初约 30s 内,感受性极具下降,之后感受性下降逐渐缓慢,大约在 1min 左右明适应就全部完成。暗适应则比明适应需要更长的时间,在暗适应最初的 5～7min 内,感受性提高很快,之后感受性继续缓慢上升,整个暗适应有时需持续 30min。

当驾驶人从明亮的道路驶进黑暗的隧道时便产生暗适应,当驾驶人驶出隧道后又面临着明适应,道路上的光线强度与隧道内的光线强度差异越大,适应所需时间越久。因此,在设计道路时应考虑隧道进出口的朝向;同时可采取增加隧道入口段亮度,降低隧道出口段亮度,在隧道进出口设置遮光设施等措施,以避免隧道内与进出口的光线亮度差异过大,从而避免驾驶人因视觉无法适应而发生事故。

2)眩光

眩光又称眩目,它是由于在眼球内角膜之间媒介质中引起的光散现象所造成的耀眼感。驾驶人夜间行车受到对向来车前照灯照射所引起的眩光,路面反射的亮点以及前照灯照耀路面不平处的积水所引起的间断性眩光,称为生理性眩光;由于街道照明灯的反射,给驾驶人一种不舒服的感觉的眩光,称之为心理性眩光。眩光会使驾驶人的视力突降。在出其不意的对向车前照灯的照耀下,驾驶人将在相当长的时间内丧失视觉。在会车时,眩光持续时间在 12～40s 之间波动。眩光程度取决于影响光的强度,视线与光线之间的夹角,以眼睛的视线为中心,30°的角度范围叫做“眩目带”。

为了预防对向车前照灯引起的眩光,各国学者研究了若干种有效的方法,如日本的研究认为戴防眩眼镜或服用防眩药物均有效果。另外,还可以在道路中央隔离带设置防眩网、种植植物等,以遮挡对向车的光线。

8. 视觉搜索

驾驶任务需要对不断变化的道路场景进行主动的搜索。研究证明驾驶人注意些什么,他们的视觉搜索模式如何,都由特定的驾驶任务所决定。而驾驶人以外的道路使用者的视觉搜索模式则随潜在危险的变化而变化。通过了解道路使用者在各种情形下的视觉搜索模式以及眼睛注视位置,可以将信息以最有效的方式呈现在合适的位置。正如前面所述,快速有效的信息加工能力会影响道路使用者的安全。

使用专门的摄像机记录驾驶人眼动数据的研究揭示了驾驶人是如何在众多复杂的任务中分散注意力的，并且发现驾驶人对每一个目标的注视都非常的短暂。

在一项实车实验中，驾驶人被要求90%的时间注视正前方上下左右4°范围的区域。结果发现，在这90%的时间内，驾驶人只是偶尔会将注视点移动到道路右侧设有标志的位置。这证明驾驶人的视觉搜索是非常集中的，这也是驾驶人为什么总是漏掉距离路侧很远或设置在道路上方很高位置的标志的原因。

驾驶人只有很短的时间去搜集和获取信息。注视的时间受任务难度的制约，简单任务如确定车道位置仅需0.1s，而类似需要视认一块复杂指示标志的任务则需2s。由于注视时间太短，驾驶人在加工道路信息时需要依靠熟悉的模式和先前的经验。

另一个会改变视觉搜索模式的驾驶任务是平曲线。在平直路段，驾驶人可以通过向前看整合道路和路侧信息。在平曲线处，驾驶人的视觉需求会成倍增加，不仅要呈现位置信息，也要同时呈现车道信息。眼动研究发现驾驶人往往在曲线开始前几分钟就改变其搜索行为。因此，有关曲线的标志最好设置在接近区域的开始处，而不应该设置在曲线的起点，因为驾驶人早已开始视觉任务行为。

其余的道路使用者，如行人和骑车者，同样有视觉搜索任务。行人的视觉搜索可以通过观察其在进入车行道前，头部是否转向来车方向研究。视觉搜索包括三个方面：后方、前方以及边上的车辆。8%～25%的行人在城市道路没有声音信号的交叉口都不能同时注意到这些危险。后方来车需要行人头部转动角度最大，但搜索最少，然而却仅有30%的行人会做这种搜索。行人对于侧面和前方车辆的搜索比较频繁，分别有50%和60%的行人会进行这些搜索。

驾驶人的视觉检索过程分为注视和扫视（图4-9），其中扫视行为是驾驶人对动态视野内影响驾驶行为要素检索的过程，注视是驾驶人以相对多的时间关注外部因素。实验研究发现扫视行为决定驾驶人的速度和轨迹；而注视行为决定驾驶人的具体操作行为，包括方向操作和速度操作。

图4-9　驾驶人扫视和注视过程

根据相关研究，驾驶人在通过视觉搜索外部信息的时候有以下基本特点。

（1）优先知觉自己关心的、想要注意的事物，例如驾驶人很容易发现在前面行驶的自己同伴的汽车。

(2)容易知觉曾有过亲身体验的事物,例如行车中曾见过同方向行驶的自行车掉头猛拐,以后对同方向行驶的自行车便格外注意。

(3)对于外界事物容易按照自己设想的方向去知觉,例如在路口前看见前车向左侧靠,便认为前车想要左转弯,而实际上前车很可能是在为右转弯做准备。

(4)对于自己认为关系重大的事物容易知觉,例如在路口转弯时,有的驾驶人注意其他的机动车辆而忽视了行人。

(5)对于移动的、变化的事物容易知觉,例如闪烁的灯光比亮度不变的灯光更易引起注意。

9. 驾驶过程中驾驶人注视点的变化规律

驾驶过程中驾驶人的注视点表明了驾驶人在视觉筛选过程中感兴趣的外部交通环境信息,而且,驾驶人在驾驶过程中总是试图使车辆“跟随”视线注视点逐步前进,即所谓的手随眼动,车随眼走,因此驾驶人注视点的变化规律也揭示了部分路段上特殊驾驶行为产生的原因。

实验研究发现,虽然由于不同驾驶人之间的差异过大,很难对驾驶人注视点的变化规律进行定量的描述,但是驾驶人在驾驶过程中目光关注点轨迹还是遵循着一定的规律性。

1)山区公路无干扰状态

山区公路的无干扰路段是指路况和天气状况良好,行车视距有保障,公路线形平顺、指标合理,无其他车辆、行人干扰的状态。在山区公路无干扰状态下,驾驶人的驾驶负荷较低,驾驶人行驶的安全度较高。

(1)直线段

在直线段上,当车辆行驶在无干扰状态中时,驾驶人目光基本平行射向前方,由于干扰驾驶人驾驶的因素很少,因此驾驶人的扫视特征不明显,即偶尔上下或左右扫视一下,而且浮动时间都很短。驾驶人注视点的位置并不是在视野的远处,而是在大部分时间内集中在距离车头位置 15~40m 范围内。这是因为在无干扰状态下,驾驶人需要关注的信息较少,控制速度的操作比较少,此时比较近的注视点位置有助于驾驶人更准确地操作转向盘。直线段驾驶人注视点位置见图 4-10、图 4-11。

图 4-10 直线段驾驶人注视点位置(远)

图 4-11 直线段驾驶人注视点位置(近)

(2)曲线段

在视线良好的曲线路段上,当车辆行驶在无干扰状态中时,驾驶人视线基本平行射向前方，注视点一般位于中心标线上，也有少数驾驶人视点位于路侧边缘线或路侧护栏上，这是因为轮廓清晰的线状物体能够更容易地被驾驶人识别。曲线段驾驶人注视点位置见图 4-12。

图 4-12　曲线段驾驶人注视点位置

由于曲线段驾驶人驾驶的专注度更高，因此与直线段相比，驾驶人的扫视特征极不明显。曲线段上驾驶人注视点的位置相对于直线段而言更靠近车辆，一般位于十几米的位置。这是因为曲线段上驾驶人操作转向盘的动作需要更加精确。

由于曲线段上驾驶人的扫视行为不明显，驾驶人能获取的信息也比较少，因此平曲线处应避免横向干扰和设置接入口，交通标志等指示信息也不宜设置在曲线段上。同时由于曲线段上驾驶人的注视点比直线上更近，因此在曲线上的标线或者交通诱导设施更为重要，而且密度需要进行适当的增加。

2)平曲线视距不良路段

在山区公路上，由于平曲线内侧山体的遮挡，经常会出现视距不良的问题，视距不良路段也是山区双车道公路上交通事故发生频率较高的路段。

(1)右转弯平曲线

在车辆前方车道上没有人、车、畜、路障等干扰的情况下，车辆行至右转弯平曲线时，驾驶人目光注视点沿着车行道方向落在前方道路边缘最远点，在临近弯道处，目光注视点逐渐转移至弯道处视距最远点，目光注视点紧随着此最远点移动，即目光注视点紧贴着弯道内侧前移，直至视距通透良好，才会把目光注视点移至道路前方。在视距不良路段上的驾驶过程中，驾驶人时刻关注在视线不及处是否有车辆驶出，这表明驾驶人更多关注的是自己行车道前方的交通情况，而对道路线形的关注度下降。

同时，驾驶人的注视点位置较正常情况下提前，注视点也不再集中在公路标线上，这对车辆保持在车道内行驶会产生不利的影响，注视点的远移拉平了行驶轨迹的曲率。由于在驾车过程中，驾驶人对方向的操作模式是将注视点位置作为目标点调整转向盘的，因此在视距受限的右转弯平曲线上，驾驶人常常占用右侧硬路肩行驶，这正是驾驶人的驾驶行为追随注视点的结果。

如图 4-13 所示，驾驶人的注视点在弯道消失处，虽然此时向左偏移能够获得更好的视距条件，但是由于注视点位置对驾驶人操作转向盘的影响，车辆的实际位置向右偏移，甚至占用了部分硬路肩。事故资料表明，部分驾驶技能不高的驾驶人有可能会因此出现陷入内侧边沟等事故。

1. 车辆位于平曲线起点，车辆行驶的横向位置处于行车道中心	
2. 车辆进入平曲线，驾驶人注视点与车辆相对位置导致车辆行驶轨迹曲率增大，车辆向车道右侧偏移，占用部分硬路肩	
3. 车辆位于平曲线之内，仍然看不到曲线终点，车辆向车道右侧偏移，占用更多的硬路肩	
4. 离开平曲线，驾驶人注视点恢复正常，车辆回到车道中心线位置	

图 4-13　右转弯平曲线驾驶人注视点变化过程

(2)左转弯平曲线

在车辆前方车道上没有人、车、畜、路障等干扰的情况下，车辆行至左转弯平曲线时，驾驶人目光注视点沿着车行道方向落在前方道路视距最远点，在弯道行驶过程中一直保持此种注视状态，直至视距通透良好，才会把目光注视点移至正常视觉范围内。在此行驶过程中，驾驶人不但要关注自己车道前方交通状况，而且还要密切关注对向车道交通状况。驾驶人的注视点位置较正常情况下提前，注视点的远移拉平了行驶轨迹的曲率，因此在视距受限的左转弯平曲线上，驾驶人常常占用对向车道行驶。左转弯平曲线驾驶人注视点变化过程见图 4-14。

1. 车辆位于平曲线起点，车辆行驶的横向位置处于行车道中心	
2. 车辆进入平曲线，驾驶人注视点与车辆相对位置导致车辆行驶轨迹曲率增大，车辆向车道左侧偏移，车辆跨越中心线	
3. 车辆位于平曲线之内，仍然看不到曲线终点，车辆继续向左侧偏移，占用更多的对向车道	
4. 离开平曲线，驾驶人注视点恢复正常，车辆回到车道中心线位置	

图 4-14　左转弯平曲线驾驶人注视点变化过程

(3)弯道跟车

在视距受限的弯道上，如果前方有车辆行驶，驾驶人操作车辆在弯道上跟车行驶时，驾驶人视线注意点主要位于前方车辆的弯道一侧，在关注前方车辆的行车情况的同时也兼顾弯道一侧的交通情况，直至跟车过程结束。弯道跟车驾驶人注视点变化过程见图 4-15。

3)交叉路口路段

在接近交叉路口前，驾驶人会有意识地放慢车速，先观察一下支路口交通情况，并根据支路上交通状况，对其驾驶行为进行调整。其间，驾驶人目光注视点在支路和道路前方之间切换进行，若支路中无干扰主路交通运行的因素存在，驾驶人目光注视点会在扫视完支路口情况后迅速转移至车行道前方；若支路中有干扰主路交通运行的情况存在，则驾驶人会更多地关注支路中交通状况，对支路口处的人或车等移动物体关注的次数也会增多，直至驾驶人确认已可以安全通过交叉路口时，才会把目光注视点移至车行道前方。无干扰交叉口路段驾驶人目光注视点变化过程见图 4-16。交叉口会车路段驾驶人目光注视点变化过程见图 4-17。

图 4-15　弯道跟车驾驶人注视点变化过程

图 4-16　无干扰交叉口路段驾驶人目光注视点变化过程

图 4-17　交叉口会车路段驾驶人目光注视点变化过程

4)穿村镇路段

山区公路上穿村镇路段很多,在这些路段上人、车混行,车辆、行人占道现象严重,行人、家禽、牲畜等时常会闯入行车道中,干扰主路上正常的车辆行驶。此时驾驶人的视觉检索以扫视为主,对于扫视中发现的影响驾驶的对象重点关注,而且驾驶人的注视点距离收缩,当同时有多个需要关注的对象时,驾驶人基本上关注距离自己较近的几个。在穿村镇路段,驾驶人的驾驶工作负荷明显增加,扫视行为和注视行为必须兼顾,而且可能同时关注多个目标。村镇路段驾驶人注视点见图 4-18。

图 4-18　村镇路段驾驶人注视点

5)双车道公路超车

双车道公路超车是经常发生的驾驶行为,也是发生交通事故概率较高的驾驶行为。

当驾驶人决定超车的时候,会先观察前车的车型、速度和装载情况等,判断其行驶状况,目光多关注于前方车身。驾驶人依据自身行车经验,当其认为满足超车条件时,将会把目光从前方车辆身上转移至车身左侧前方路段,确定超车时,驾驶人目光关注点在前方车辆和其左前方交替转移,但更多的目光注视点仍在前方车辆身上,直至超车行为结束,才会把目光注视点转移至道路前方正常的视野范围内。双车道公路超车驾驶人注视点变化过程见图 4-19。

6)双车道公路会车

双车道公路会车时,驾驶人会先观察对向来车的车型、速度和装载情况等,判断其行驶状况,目光多关注于对向车辆的行驶轨迹,驾驶人目光注视点在对向车身和其车道前方交替变换,随着两车间距的接近,其目光关注点侧重于对向车身的左侧,直至确认两车顺利交会,驾驶人目光才转移至车行道前方。双车道公路会车驾驶人注视点变化过程见图 4-20。

当会车过程发生在半径较小的平曲线上时,驾驶人注视点会迅速转移至对向车辆,判断其是否会占道行驶或是否有车速过快的情况,若有此情况,驾驶人会对其驾驶行为进行调整,减

图 4-19　双车道公路超车驾驶人注视点变化过程

图 4-20　双车道公路会车驾驶人注视点变化过程

速或是避让。在处理此系列操作过程中，驾驶人注视点在对向车辆和自己车行道前方来回迅速交替关注，会车完毕，驾驶人目光会移至行车道前方最大视距处。另外一种会车情况就是驾驶人依据对向来车的车型、速度和装载情况，从经验上判断此次会车是安全的，则可以不用过多考虑对向来车的行驶情况，目光关注点会迅速从对向来车身上移至道路前方视距最大处。小半径平曲线上会车驾驶人注视点变化过程见图 4-21。

图 4-21　小半径平曲线上会车驾驶人注视点变化过程

7)凸曲线视距不良路段

行至凸曲线视距不良路段时,驾驶人视线注视点落在车行道前方凸曲线顶端视觉最远处,且随着车辆的行进,目光关注点也一直紧随凸曲线顶端最远处前移,并会关注对向车道情况,目光关注点在凸曲线顶端两车道间交替扫视,直至视距通透,驾驶人目光又会回到车道前方。凸曲线视距不良路段驾驶人注视点变化过程见图 4-22。

图 4-22　凸曲线视距不良路段驾驶人注视点变化过程

二、驾驶人的听觉

听觉是指听觉器官接受外界声波刺激产生的感觉,是对声波物理性质的反应。听觉具有音高、音响和音色三种属性。音高是指我们听到的声音的高低,它主要是由声波的振动频率决定的,声波的振动频率越大,我们听到的声音也就越高。音响是指我们所听到的声音的强弱,它主要是由声波的振幅决定的,振幅越大,声音的强度也就越大。音色就是由不同的发音体所发出的不同的声音,它是由声波的波形决定的,我们平时听到警车、救护车、消防车等各种车辆不同的鸣号,就是由于各种车辆的发音体所发出的特殊声波的波形产生的。

人的听觉器官主要包括外耳、听觉传导神经通路和相应的听觉中枢。这三个部分中任何一部分的障碍都会使听觉功能下降。在行车过程中,驾驶人不仅要能听到声音,还要能辨别音响持续的时间,分析声音节奏旋律的变化,并由此分辨声音的方位和远近,以弥补视觉的不足。如对会车时按喇叭的声音,对特种车紧急要求避让发出的音响,对交通指挥人员发出的信号,以及其他音响等都要迅速听清、准确判断和及时处理。

听觉是驾驶人在行车过程中仅次于视觉的重要感觉，在交通环境中与交通有关的信息都是靠听觉获得的，汽车驾驶人由听觉获取的信息约占信息总量的10%～15%。

1.听觉的掩蔽现象

两个声音同时到达耳朵相混合时，人对于一个声音的听觉因受到另一个声音的影响而减弱的现象叫做听觉的掩蔽现象。听觉掩蔽现象是道路环境的一种特性，车辆在多数情况下是在具有多种多样干扰觉察信号能力的噪声中行驶的。噪声是一种通过固体、液体或气体传导，在音频范围内随意振荡而产生的声音，是人们不喜欢不需要的声音。在行车过程中，凡是影响驾驶人工作效率的声音都是噪声，包括车内噪声和车外噪声两种。驾驶人要在这样的环境中听出所需要的声音，就得把想听到的声音与背景声音中起掩蔽作用的噪声区分开来。

由于掩蔽的影响，要能听到某种声音，就必须提高该声音的强度，叫做掩蔽效果。掩蔽效果等于掩蔽后能听到的声音提高的强度减去安静背景下能听到的该声音的强度。如在安静背景下只要60分贝就能使驾驶人听到的汽车喇叭声，在各种噪声背景下要100分贝才能听到，此时汽车喇叭声的掩蔽效果为40分贝。掩蔽现象不仅限于同时出现的声音，还表现为一种倒行掩蔽，即一个短促的声音被后面出现的另一个短促声音所掩蔽。倒行掩蔽效应受到两个声音的强度、长度及两者间隔时间长短的影响。如一辆汽车按一下短促的喇叭声，另一辆汽车紧跟着也按一下强度相等的短促喇叭声，那么前车的喇叭声就会被后车的喇叭声掩蔽。根据听觉掩蔽原理，驾驶人在噪声大的道路上行车，为了引起其他车辆或行人的注意，就要增加喇叭音量。

2.听觉的定位

对于汽车驾驶人而言，紧紧听到声音是远远不够的，辨别声音发出的位置才是其听觉的根本。在没有其他感觉参与时，听觉定位有以下规律：

(1)声音在左右两侧时，对它们的位置最容易辨认。

(2)正前方、正上方、正后方与两耳等距离的声源容易使人发生听觉定位错误，即容易把前方的声音误认为是它对称的正后方的声音。道路交通中由于违章超车造成的事故，听觉定位错误是其中的原因之一。驾驶人往往不仅没有看清前面的来车，而且也对对向车的喇叭声定位错误，把前车的喇叭声误听为后车的喇叭声。所以听觉定位错误是道路交通事故的一种潜在因素。

3.听觉适应与听觉疲劳

在声音刺激长时间连续作用之后，听觉感受性会有所降低，一般表现为对这种刺激的声音及其频率相近的声音的敏感度降低。但这种降低是暂时的，在刺激声音停止作用后的一段时间，一般为10～15s，听觉器官的敏感度就会恢复正常，这一现象称为听觉适应。当听觉刺激强度太大、持续时间太长时，由于听觉器官受到过度的刺激，听觉敏感性会显著下降，在声音刺激停止作用后，还需要较长的时间方可恢复，这一现象叫做听觉疲劳。在安静的环境中，听觉疲劳能逐渐消除，但需要较长时间。

汽车产生的噪声达到一定强度或持续一定的时间，会使驾驶人产生听觉疲劳，使听觉的敏感性下降。汽车驾驶过程中，车辆噪声、风声等都会引起驾驶人的听觉疲劳，同时也会使驾驶人产生不舒服感和消极情绪，因此长途行车的驾驶人应注意进行适当的休息，在恢复体力的同时消除听觉疲劳。

4. 听觉与安全行车

人所能听到的声音的频率最低不能小于16Hz，最高不能超过20 000Hz，对于1 000Hz的声音的感受性最高。随着年龄的增加，人对声音频率的感受性逐渐降低。

驾驶人的听觉能弥补视觉的不足，当视野受到阻挡时，听觉的作用就更为明显。如当由于陡坡、弯道、雾天、房屋遮住了视线，或后车要超车时，前车的驾驶人看不到后车等情况下，常用喇叭声来引起对方驾驶人的注意。与视觉信息相比，听觉信息有两个明显的特点：一是反应快，听觉为0.12～0.16s，视觉为0.15～2.0s；二是刺激强，当驾驶人发现行人和自行车靠近或在近距离内横穿道路时，就用高音喇叭引起他们的注意。有经验的驾驶人在行车过程中，还能根据车内异常响声而推断车内某个机件发生故障，及时采取措施，保证行车安全。所以驾驶人的听觉感受性对行车安全有重要意义。驾驶人驾车行驶在道路上，时刻有多种声音刺激听觉器官，驾驶人必须对有关刺激产生优先反应，排除无关刺激的干扰。如会车时，对向汽车形状、大小、速度是由视觉反应的。超车时，在白天主要是对喇叭声的反应，夜间是对断续灯光的反应。总之，驾驶人对视野达不到的信息，或因眼睛来不及看到的信息，是依靠听觉来反应的。驾驶人对声音信息精细分辨能力越强，即听觉的感受性越高，就越利于行车安全。驾驶人对声音的分辨能力，无论是对声音最小强度的感受还是最小差别的感受，是可以通过不断的听觉锻炼而提高的。人的实践活动可以提高对客观刺激的感受性，如音乐家能在钢琴的两个相邻的键之间辨别出20～30个中间的音来，经验丰富的驾驶人对汽车发动机极细微的声音差异也能辨别得出来。

根据听觉的有关规律，驾驶人正确地使用喇叭有助于安全行车，所以鸣喇叭要适情。在接近弯道、桥梁或是遇到雾天、雨天、黄昏视线受阻或视线不良的情况下，一定要提前鸣喇叭，引起对方车辆或行人的警觉。喇叭声要清晰，音量要适中，鸣喇叭要适时，要在距对方一定的安全距离时鸣，鸣早了，引不起对方的注意，鸣晚了，又失去了提醒的作用。鸣喇叭要适量，对正常在路边行走的行人或行驶的自行车，可用断续的喇叭声，提醒他们不要行向道路的左边，不要突然横穿公路；对于在道路中间行走的行人或行驶的自行车，不宜用连续高音喇叭，否则会使他们举足不定；对于大型牲畜，则不能鸣喇叭，以免引起它们的惊慌乱窜。

三、驾驶人的其他感觉

驾驶人的感觉通道除视觉、听觉外，还有皮肤感觉、嗅觉以及机体内部感觉，驾驶人通过这些感觉，不断获得驾驶环境的信息，以采取正确的驾驶操作。

1. 皮肤感觉

皮肤感觉包括触压觉、温度觉和痛觉。其中，触压觉在人操纵汽车内的装置时起重要作用，温度觉对驾驶人的反应状态起影响作用。

触压觉是由非均匀分布的压力在皮肤上引起的感觉，包括触觉和压觉两种。刺激物接触到皮肤表面时的感觉为触觉；当刺激加强，使皮肤引起明显形变，就引起压觉。一般而言，触觉是对皮肤按压引起的感觉，后者是手的动觉与肤觉的结合。由于手的主动参与，触觉又称主动触觉，而压觉则称被动触觉。汽车上装有各种手控操纵器，如转向盘、变速器操纵杆、驻车制动器、分动器操纵杆、转向灯总开关、灯光总开关等。在行车中，驾驶人随时都在用手控制着汽车的转向盘和操纵杆，这时主要凭借触觉（而不是视觉）来感知它。驾驶人不仅借助于双手的触觉正确操纵转向盘，还可以通过触觉及时发现机械故障。当转向盘、离合器等出现故障时，驾驶人可以凭借手和脚的不同感觉，及时发现并抓紧检修，避免机件损坏引起交通事故。

皮肤表面温度的变化，是温度觉的适宜刺激。一种温度刺激引起的感觉，是由刺激温度与皮肤表面温度的关系来决定的。皮肤表面的温度称为生理零度。高于生理零度的温度刺激，引起温觉；低于生理零度的温度刺激，引起冷觉；刺激温度等于生理零度，不产生温度觉。位于德国北莱茵—威斯特法伦州的乌帕塔尔联合大学受德国联邦公路局的委托，开展了一项研究计划。根据提交的研究报告，不但诸如雨、雪和冰雹等直接的外部天气现象影响着汽车的行驶安全性，而且像驾驶室高温等间接的天气效应也会使交通事故发生的可能性明显增加。在对联邦德国 25 个气象站 8 年多记录的数据进行统计处理后得到以下结论：当驾驶室内的温度上升到约 27℃时，交通事故的数量增加了 11%；当驾驶室的温度上升到约 32℃时，交通事故的数量就不成比例地翻了一番，达到了 22%。韩国大宇公司的一项调查报告也显示，当汽车驾驶室内的温度达到 35℃时，驾驶人的反应时间与 25℃时相比会延长 20%。有关撞车事故的统计数据也表明，即便是在中等程度的高温天气下，与正常舒适的温度相比，撞车事故的风险会增加 6%，当驾驶室的温度特别高时，撞车事故的风险将会猛增 18%。

交通事故数量急速增加的原因在于人类器官的自然反应能力减弱。当空气温度高于 27℃时，人类身体的热平衡就只能通过流汗来维持了，而在车内，座椅及衣服使汗水的蒸发受到限制，破坏了人体的热平衡。根据德国莱茵兰—法耳茨州首府美因兹的汽车工业医学研究所伯恩哈德研究员的研究结果，当空气的温度为 40%时，驾驶室内的最佳温度值为 19～24℃。当车内温度升高，超过 24℃时，驾驶人的压抑感增重，心跳加快，身体温度也明显升高。当驾驶人在具有最佳温度的驾驶室内开车时，与处于温度为 30℃的驾驶室的驾驶人相比，能够更好地集中精力，驾驶错误会比较少，反应时间也较短，能更敏锐地观察所处的行车环境。

2. 内部感觉

内部感觉又称机体觉，是相对于视觉、听觉等这些反映外部环境的感觉而言的，指反映机体内部状态和内部变化的感觉，包括运动感觉、平衡感觉和内脏感觉。其中，人体平衡的感觉，主要是依靠触觉、深感觉、视觉及耳内前庭功能的协调来完成的，其中以前庭器最为重要，它是通过反射作用维护身体平衡的。人通过前庭器官能够感知物体运动的速度和方向，使人认识到自身在空间的位置。行车中，当行车制动、超车、侧滑或转弯时，平衡觉能感知和传递这些信息。人在行进中对速度的判断，是通过内耳半规管接受角加速度的刺激来感知的。汽车驾驶人在做超车、通过交叉路口、绕过障碍物等操作时，只有正确地判断速度，才能使驾驶动作准确而恰当。

第四节　驾驶人信息的储存

信息储存是驾驶人将感知过的事物、体验过的经历、做过的行动、思考过的问题以一定的形式保留在头脑中形成记忆的过程。汽车驾驶人在行车过程中，不断地注意道路上的各种信息，如道路是否平坦、路标是否清晰、转弯等标志物是否明确等，当再次接受在同一路段的行车任务时，依然能够回忆起上述情况，这就是信息的储存，也就是记忆。作为汽车驾驶人，这种前、后经验的记忆是构成安全行车的重要因素。如果没有记忆，一切心理活动的发展都是不可能的。

一、记忆的概念及分类

记忆是在头脑中积累和保存个体经验的心理过程。运用信息加工的术语讲，就是人脑对外界输入的信息进行编码、存储和提取的过程。人类通过记忆把前后经历、体验或知识联系起来，使心理活动成为一个发展、统一的过程，有了记忆人类才能积累经验，增长知识。记忆联结着人们的心理活动的过去和现在，是人们学习、工作和生活的基本机能。因此，记忆在认知心理学中占有很重要的地位，心理学家认为人类获得知识与应用知识的过程实际上是记忆的过程。

根据角度不同，可将记忆进行不同的类别划分。

1. 情景记忆和语义记忆

情景记忆是指人们根据时空关系对某个事件的记忆，与个人亲身经历分不开，驾驶人在开车过程中的危险记忆都属于情景记忆。而语义记忆则是指人们对一般知识和规律的记忆，与特殊的地点、时间无关，它表现在单词、符号、公式、规则、概念等形式中，驾驶人针对交通法规和交通规则的记忆属于语义记忆。

2. 外显记忆和内隐记忆

内隐记忆是指在个体无法意识的情况下，过去经验对当前作业产生的无意识的影响，有时又叫自动的无意识记忆。外显记忆是指在意识的控制下，过去经验对当前作业产生的有意识的影响。它对行为的影响是个体能够意识到的，因此又叫受意识控制的记忆。

3. 感觉记忆、短时记忆和长时记忆

根据信息保持时间的长短进行区分，当客观刺激停止作用后，感觉信息在一个极短的时间内保存下来，这种记忆叫感觉记忆或感觉登记。它是记忆系统的开始阶段，储存时间大约在0.25～2s。短时记忆是感觉记忆和长时记忆的中间阶段，保持时间大约在5s～2min，包括两个成分：一个成分是直接记忆，即输入的信息没有经过进一步的加工，它的容量有限，大约为(7±2)个单位；另一个成分是工作记忆，即输入信息经过再编码，使其容量扩大。长时记忆是指信息经过充分的和有一定深度的加工后，在头脑中长时间保留下来，是一种永久的储存，保存时间较长，从1min以上到许多年甚至终身，容量没有限度。

4. 程序性记忆和陈述性记忆

根据记忆内容，记忆还可以分成程序性记忆和陈述性记忆。陈述性记忆是指对有关事实和事件的记忆。它可以通过语言传授而一次性获得，其提取往往需要意识的参与。程序性记忆是指如何做事情的记忆，包括对知觉技能、认知技能和运动技能的记忆。这些记忆往往需要通过多次尝试才能组件获得，在利用这类记忆时往往不需要意识的参与。

交通信息的记忆更多的是一种自传体式的场景记忆。这种记忆的特点是把自己经历过的事情以一定的场景形式进行储存，更容易被提取。信息提取主要是从记忆中提取处理当前信息所需的以往信息的过程，包括之前工作记忆中储存的临时信息以及长时记忆所形成的经验信息等。

二、记忆结构及其加工过程

按照现代信息加工的观点，记忆是一个结构性的信息加工系统。所谓结构性是指记忆在内容、特征和组织上有明显的差异。记忆结构由三个不同的子系统构成：感觉记忆、短时记忆和长时记忆。这些子系统虽然在信息的保持时间和容量方面存在差别，但它们处在记忆系统的不同加工阶段，因此相互之间有着十分密切的联系。信息首先进入感觉记忆，那些引起个体注意的感觉信息才会进入短时记忆，在短时记忆中存储的信息经过加工再存储到长时记忆中，而这些保存在长时记忆中的信息在需要时又会被提取到短时记忆中。人类记忆的模型见图 4-23。

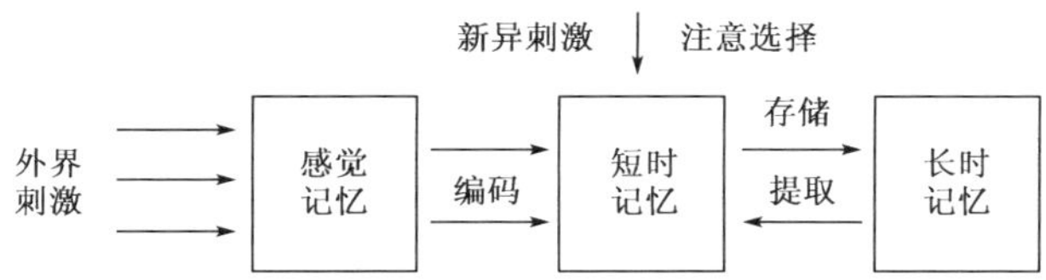

图 4-23　人类记忆的模型

另外，记忆又是一个过程，它是在一定的时间内开展的，可以区分为前后联系的一些阶段。编码、储存和提取是记忆的三个基本过程，任何外界信息只有经过这些过程，才能成为个体可以保持和利用的经验。

在交通系统中，要减少交通事故，除了需要驾驶人具有良好的对驾驶经验的信息储存外，还要通过各种途径使驾驶人对交通路线与交通环境有良好储存。在交通事故的分析中，不难发现外埠车辆的肇事率较高，其原因一方面是长时间外出疲劳，另外一个重要因素就是对新到地区交通路线、交通环境信息短缺。因此，对于外埠驾驶人来说，去一新地区完成运输任务时，应预先研究自己的行车路线，熟悉交通情况，存储必要的交通信息，这样才能避免不必要的交通事故的发生。作为交通安全部门，应为驾驶人了解交通信息提供方便，尽可能编制道路路线图、行车建议图、限速路线图、路线危险地点图、路段事故通报等。道路上应完善指路标志，以保证驾驶人具有良好的信息感知系统，储存必要的交通信息。

第五节　驾驶人信息的处理加工

驾驶人依据经验、知识及刺激信息的特征，对输入的信息进行判断分析的过程，就是信息加工。它是安全行车的重要环节，驾驶人只能在掌握了可靠信息的基础上才能作出正确决策去控制车辆。驾驶人信息处理往往受到时间限制。行车安全不在于接收了多少信息，而在于正确处理信息的数量。信息加工过程贯穿整个行车过程，如：汽车驾驶人在行车中，经常会遇到超车、会车、行人横过马路以及红色交通灯等情况，因此，必须对车速、距离、方向等及时作出估计、分析和判断，以便果断地采取正确的处置方式。汽车驾驶人在行车途中遇见红灯，其信息加工分为以下五个阶段：一是灯光进入到汽车驾驶人的视觉系统；二是汽车驾驶人感觉到是一盏红色的交通信号灯；三是这盏红灯引起汽车驾驶人的注意；四是汽车驾驶人必须检索和利用过去储存在脑中的记忆，即红色交通灯的有关知识；五是汽车驾驶人要利用记忆中的一条规则，即见到红色交通灯时要停车。由此可见，汽车驾驶人驾驶车辆行驶的过程，是一个不断接收信息、操作车辆、融脑力劳动和体力劳动于一体的复杂过程。这一心理活动过程是由感觉器官感受外界各种信息，通过上行的神经组织把信息传递到大脑，经过大脑的分析、综合、判断和推理最后作出行动的决策，再经下行的神经组织将来自大脑的指令传递到肌组织，采取操作行动控制车辆完成的。

一、思维的概念与分类

汽车驾驶人对信息的加工过程，也称汽车驾驶人的思维过程。思维是借助语言、表象或动作实现的、对客观事物的概括和间接的认识，是认识的高级形式。它能揭示事物的本质特征和内部联系，并主要表现在概念形成和问题解决的活动中。思维不同于感觉、知觉和记忆。感觉、知觉是直接接受外界的刺激输入，并对输入的信息进行初级的加工。记忆是对输入的刺激进行编码、储存、提取的过程。而思维则是对输入的刺激进行更深层次的加工，它揭示事物之间的关系，形成概念，并利用概念进行判断、推理，解决人们面临的各种问题。但思维又离不开感觉、知觉、记忆所提供的信息。人们只有在大量感性信息的基础上，在记忆的作用下，才能进行推理，提出种种假设，进而揭示感觉、知觉、记忆所不能揭示的事物的内在联系和规律。

从不同的角度可将思维进行不同的分类：

1. 直观动作思维、形象思维和逻辑思维

这种分类主要是根据思维任务的性质、内容和解决问题的方法来进行的。

直观动作思维：又称实践思维。它面临的思维任务具有直观的形式，解决问题的方式依赖于实际的动作。

形象思维：是指人们利用头脑中的具体形象（表象）来解决问题。

逻辑思维：当人们面对着理论性质的任务，并要运用概念、理论知识来解决问题时，这种思维称为逻辑思维。

2. 经验思维和理论思维

人们凭借日常生活经验进行的思维活动叫做经验思维。由于知识经验的不足，这种思维易产生片面性，甚至得出错误或曲解的结论。

理论思维是根据科学的概念和论断，判断某一事物，解决某个问题。这种思维往往能够抓住事物的本质，使问题得到正确的解决。

3. 直觉思维和分析思维

直觉思维是人们在面临新的问题、新的事物和现象时，能迅速理解并作出判断的思维活动。这是一种直接的领悟性的思维活动，具有快捷性、跳跃性的特点。

分析思维也就是逻辑思维，它是遵循严密的逻辑规律，逐步推导，最后得出合乎逻辑的正确答案或得出合理的结论。

4. 辐合思维和发散思维

辐合思维是指人们根据已知的信息，利用熟悉的规则解决问题，或者从给予的信息中，产生逻辑的结论。它是一种有方向、有范围、有条理的思维活动。

发散思维是指人们沿着不同的方向思考，重新组织当前的信息和记忆系统中存储的信息，

产生出大量、独特的新思想。这种思维方式在解决问题时，可以产生多种答案、结论或假说。但究竟哪种答案最好，则需要经过检验。

5. 常规思维与创造思维

常规思维是指人们运用已获得的知识经验，按现成的方案和程序直接解决问题。这种思维的创造性水平低，对原有的知识不需要进行明显的改组，也没有创造出新的思维成果，因而称之为常规思维或再造性思维。

创造性思维是重新组织已有的知识经验，提出新的方案或程序，并创造出新的思维成果的思维活动。创造性思维是人类思维的高级形式，它是多种思维的综合表现，既是发散思维和辐合思维的结合，也是直觉思维与分析思维的结合；既包括理论思维，又离不开创造想象等。

二、驾驶人思维的过程

思维是通过一系列比较复杂的操作来实现的。人们在头脑中，运用存储在长时记忆中的知识经验，对外界输入的信息进行分析、综合、比较、抽象和概括的过程，就是思维过程，或称之为思维操作。

1. 分析与综合

分析与综合是思维的基本过程。分析是指在头脑中把事物的整体分解为各个部分或各个属性。人们对事物的分析往往是从分析事物的特征和属性开始的。综合是在头脑中把事物的各个部分、各个特征、各个属性结合起来，了解它们之间的联系，形成一个整理。综合是思维的重要特征，只有把事物的部分、特征、属性等综合起来，才能把握事物的联系和关系，抓住事物的本质。

分析与综合是相反而又紧密联系的同一思维过程的不可分割的两个方面。分析是把部分作为整体的部分，从它们的相互关系上来进行分析。只有这样，分析才有意义，才有方向。综合是通过对各部分、各特征的分析来实现的，所以分析又是综合的基础。任何一种思维活动既需要分析，又需要综合。

2. 比较

比较是把各种事物和现象加以对比，确定它们的相同点、不同点及其关系。比较是以分析为前提的，只有在思想上把不同对象的各个部分或特征区别开来，才能进行比较。同时，比较还要确定它们之间的关系，所以比较又是一个综合的过程。另外，比较除了是重要的思维过程之外，还是一种重要的思维方法。

3. 抽象与概括

抽象是在思维上抽出各种事物与现象的共同特征和属性，舍弃其个别特征和属性的过程。在抽象的基础上，人们就可以得到对事物的概括的认识。概括有初级概括和高级概括之分。一般认为初级概括是在感觉、知觉、表象水平上的概括，这种概括水平相对较低；高级概括是根据事物的内在联系和本质特征进行的概括。

三、驾驶人思维的特征

思维有以下一些特征：

1. 概括性

思维的概括性是指在大量感性材料的基础上，把一类事物共同的特征和规律抽取出来，加以概括。概括在人们的思维活动中有着重要的作用，它使人们的认识活动摆脱了具体事物的局限性和对事物的直接依赖关系，这不仅扩大了人们认识的范围，也加深了人们对事物的了解。所以概括水平在一定程度上表现了思维的水平。另外，概括是人们形成概念的前提，也是思维活动能迅速进行迁移的基础。

2. 间接性

思维的间接性是指人们借助于一定的媒介和知识经验对客观事物进行间接认识。由于思维的间接性，人们才可能超越感知觉提供的信息，认识那些没有直接作用于人的感官的事物和属性，从而揭示事物的本质和规律。

3. 思维是对经验的改组

思维是一种探索和发现新事物的心理过程。它常常指向事物的新特征和新关系，这就需要人们对头脑中已有的知识经验不断进行更新和改组。思维活动往往是由一定的问题情景引起的，并试图解决这些问题。所以思维不是简单地再现经验，而是对已有的知识经验进行改组、构建的过程。

汽车驾驶人的思维过程具有以下四个主要特征：一是具有持续性。只要车辆在运行，前方道路、交通情况就会不断地发生变化，这些不断变化的信息就要及时地被加工、处理。因此，汽车驾驶人的思维活动贯穿驾驶活动的始终。二是具有被动性。在行车途中，人、车、路的状况会不断地变化，汽车驾驶人要随时依据变化的情况，通过思维判断，正确地解决问题。思维是随输入信息的刺激和操作动作的要求被动进行的。三是具有敏捷性。一方面汽车驾驶人对行驶中的道路交通信息要有快速的反应能力，利用已有知识迅速作出判断；另一方面，驾驶人对思维完毕的信息要有快速的输出能力，对交通信号的感知、分析、判断、操作，要在瞬间完成。四是具有预见性。由于道路交通事故往往发生在一瞬间，所以汽车驾驶人的预见性对行车安全有着重要影响。这就要求汽车驾驶人要熟悉所开车辆的车况，经常检查方向和制动，对车辆的性能、特点、长短、高低、宽窄等都要掌握。预见性还表现在及时发现和预料可能出现的情况，有计划、有准备地提前采取措施，以应付可能在瞬间发生的意外情况，确保安全行车。

四、驾驶人信息加工的差异

驾驶人信息处理能力取决于驾驶人的智力、驾驶经验以及驾驶人的生理、心理条件。一般来说，驾驶人智力越高、驾驶时间越长、经验越多、生理与心理条件越好，则信息处理能力越高，反之则越低。研究驾驶人信息处理能力发现，肇事率高的驾驶人的信息处理能力明显低于不肇事的驾驶人。

汽车驾驶人由于年龄、驾龄、行车经验、感知能力及心理状况的不同，对信息的加工是有差别的。这种差异性主要表现在以下方面：

1. 对距离判断的差异

对距离的判断与汽车驾驶人的经验有关，经验越丰富的驾驶人对距离的估计越准确。

2. 对道路地形判断的差异

汽车驾驶人有时会对一些特殊形状的道路判断失误，如往往低估弯道曲率。在山区道路行驶，打算上坡时，就不断地踩加速踏板加速；但是当坡度已经发生了变化时，往往又易产生错觉，导致事故。

3. 对车速判断的差异

在诸多感觉信息中，对车速的估计起重要作用的是视觉信息。视觉观察到的景物移动情况，是进行速度估计的重要依据。速度的感觉是通过视网膜边缘景物的移动而获得的，景物移动多而丰富或少而单调，就会分别感到车速的快或慢。所以，一般来讲，汽车驾驶人在市区道路上对车速高估多于低估；在郊外道路上对车速低估多于高估；对迎面车的速度，汽车驾驶人容易把高速估低，把低速估高；年龄大的汽车驾驶人有把速度估计偏低的趋势。

4. 恶劣天气对距离、速度估计的影响

雨、浓雾、大雪会使汽车驾驶人产生错觉。一是距离估计偏大，原因是能见度差，看不清前方的物体；二是容易将车速低估，原因是不容易看清视野边缘作为衬托移动的景物；三是在大雪的天气，强烈的反光对汽车驾驶人的深度知觉产生影响。另外，强光照射下，汽车驾驶人戴深色太阳镜，会使视觉里的外界景象光度变低，造成感觉失真，对车速估计的偏差增大。

此外，驾驶人信息处理过程需要心理能量的参与。一般而言，行车速度越快，单位时间内需要处理的信息越多，驾驶人的信息负荷过多，超出处理能力，迫使降速行驶时，则会加剧驾驶人的疲劳；当信息负荷过小时，则易分散驾驶人的注意力，或因单调而瞌睡。因此，应在道路设计和交通管理中，保证驾驶人适当的外界刺激，使其处于最佳精神状态，以利于安全行车。

第六节　感知反应时间

感知反应时间(PRT)包括识别目标、对信息进行加工、作出决策以及最终实施反应的时间。尽管 PRT 一般被认定为 1.5～2.5s，但是它并不是固定的。PRT 的大小受到前面所讲到的人的各种因素的影响，包括信息加工、注意、驾驶预期以及视觉等。

一、觉察

PRT 开始于对客体、危险或障碍物的觉察。在这一阶段，驾驶人需要明确在他们所关注的视野范围内是否有物体存在，如果有，是什么。在驾驶人开始其他水平的认知活动之前，他们在觉察阶段仅仅注意到那些会引起他们反应的物体。

对于驾驶人视线中出现的事先预期的或者高度清晰的客体，觉察可能是在瞬间完成的。相反，对于夜间出现在车灯外很远地方的物体，由于与背景夜色很难区分开，觉察可能需要一段较长的时间。只有客体与背景间的对比大于驾驶人的区分阈限，客体才能被觉察到。而对于这种客体，驾驶人有可能太近才觉察到，因而无法停车。

不容易被觉察到的客体通常包括：驾驶人视线以外的客体，与背景之间的对比太小的客体，体积过小的客体，在耀眼的地方出现的客体，静止的客体，未预期的或者没有被驾驶人主动搜索的客体。

二、辨识

一旦客体或障碍被觉察到，它就会马上被辨识出来。在知觉和反应过程中，客体或障碍物的细节必须被加工，以便驾驶人能有足够的信息来作出决定。如果客体是驾驶人不熟悉的或没有预期到的，辨识也会被延迟。比如，一个低床、夜间没有反光材料的阻断道路的挂车是驾驶人没有预期的，辨识也就比较困难。

三、决策

当一个客体或障碍已经被觉察，并且获得了足够的信息来辨识它时，驾驶人就可以对需要的反应作出决策。决策不包含任何动作，只是中枢神经的一个加工过程，明确对环境的了解以及作出将要有什么反应的决定。

决策时间与当前环境所需作出决策的困难程度或紧迫程度有关。当需要的反应很明确时，很多决策是瞬间的。比如，当驾驶人距离交叉口较远时，信号灯变成了红色，他们所需作出决策的时间是很短的。然而，当驾驶人离交叉口很近，信号灯变成了黄色时，驾驶人就出现了两难选择：是停车让行以避免风险等待绿灯通行还是继续前行穿过交叉口呢？当有两种可能的选择和更多的信息需要加工时，作出停车还是继续前行的决策所需的时间就会较长。

当驾驶人所寻找的信息不存在，而获取的信息需要解释时，或当有大量的信息（包含多个目的地的指示标志）需要加工时，决策时间也会增长。另外，当驾驶人需要对不清晰的信息，如夜间道路上的一个影像作出决策时，时间也会增加。这种影像有多种可能性，如碎片或停止的不同类别的车辆等。

四、反应

当驾驶人完成了信息的收集、加工，并且作出了一个决策后，剩下的就是需要时间来作出生理上的反应了。当驾驶人靠近一个危险时，他可以作出简单或复杂的各种反应。简单的反应就是紧急制动，而复杂的反应可能是迅速地减速，开到路肩上以绕开客体，然后再小心地驶入车行道。反应越复杂，驾驶人执行起来所需的时间就越长。

研究表明，随着高速行驶时驾驶人在单位时间内接受信息量的显著增多，驾驶人反应错误的比例增大，表 4-3 是信号出现次数与驾驶人错误反应比例的研究结果。

信号出现次数与驾驶人的错误反应比例　　表 4-3

信号出现次数（次/min）	错误反应比例（%）	信号出现次数（次/min）	错误反应比例（%）
75	25	120	87
95	58		

五、感知反应时间的估计

PRT 的影响因素众多，因而其数值并不是固定的，而是受每一种环境的细节的影响。一项有关“停车视距”环境下感知反应时间的研究，探讨了驾驶人在清晰地看到前方道路中间有危险的情况下的反应情况。研究中，驾驶人在没有任何提醒的情况下开车到达一个坡顶，而此时有一个 6in(0. 152 4m)高、3ft(0. 914 4m)宽的障碍物拦住道路。结果发现多数驾驶人(85%)在 1. 3s 内作出了反应,95%的驾驶人在 1. 6s 内作出了反应。

在随后的实验中,驾驶人被清晰地告知他们将遭遇到客体。每次实验,在上坡和下坡的不同位置重复呈现客体。在被告知的情况下,驾驶人的反应时间明显加快,85%的驾驶人在0. 9s 内作出了反应,95%的驾驶人在 1. 1s 内作出了反应。这项研究中的实验环境是比较简单的,白天,驾驶人正在爬坡,并且一旦客体障碍物进入视野他们就能马上觉察到。

1994 年 Fambro 等人研究了驾驶人对从路侧载货汽车上滚下的一个桶的非预期客体的反应情况。实验中,一批驾驶人被试驾驶他们自己的车辆参与实验,另一批驾驶实验车参与实验,但两种车辆均为载货汽车,且均是在安静的乡村道路上行驶。通过实验,Fambro 等人发现在任何实验条件下,被试的 PRT 都在 2. 0s 以内。

不同的光照条件下,客体能够被觉察并被驾驶人启动 PRT 是不同的。正如前文所述,尽管客体在驾驶人视野内上百英尺距离外,但由于汽车前照灯照射不到,客体与背景的对比较低,因而驾驶人也不能注意到。所以,除非客体已经达到驾驶人的视认需求并被觉察到,否则 PRT 是不会启动的。客体能否被驾驶人所觉察,受到驾驶人个体特征和期望状态的影响。所以,尽管如 Fambro 等人一样,很多研究结论为 PRT 提供了依据,但也应当充分考虑道路环境和驾驶人的人为因素。

一项研究采用模拟驾驶器探讨了驾驶人对低、高两种目标的 PRT。研究中,已经预知刺激的驾驶人需要对路边高、矮两个行人目标作出反应。行人目标呈现在相对视觉 700ft(213m)的距离处,并随着驾驶人的靠近而变大,驾驶人车速为 55mile/h(88km/h)。结果发现,对高个行人,被试的平均反应时间为 1. 4s,85%位为 1. 8s;而对于矮个行人,平均反应时间为 2. 8s,85%位为 4. 3s,充分证明了目标高矮对 PRT 的显著影响。但是这项研究的实验条件与正常不同,实验数据是在驾驶人被事先告知了实验条件下搜集得到的,因而其反应时间较正常状况下可能略短。

以上内容主要论述了 PRT 不是一个固定的数值,它由危险源的可视性、需要作出反应的复杂程度以及反应的紧急程度等众多因素共同决定。

第五章　驾驶人的心理特征及其局限性

有关事故中人的因素的研究已经使人意识到，驾驶人的心理因素与生理因素有着重要的地位，在心理因素中，有相对稳定的特征，如能力、性格和驾驶技能等；也有一些偶然的因素，如情绪、疲劳等。一般而言，道路交通事故的发生很多时候与人心理特征的局限性密不可分。

第一节　驾驶人的知觉特征

知觉是人脑对直接作用于感觉器官的客观事物的各个部分和属性的整体反应。它是比感觉更为复杂的认识形式，是在感觉的基础上，对事物各种属性的综合反应。

一、知觉的特性

1. 人的知觉特征

人的知觉过程是一个有组织、有规律的心理活动过程。这些规律表现为知觉整体性、知觉选择性、知觉理解性和知觉恒常性。

1)知觉整体性

知觉整体性是指人根据自己的知识经验把直接作用于感官的客观事物的多种属性整合为统一整体的组织加工的过程。知觉是在知识经验的基础上对感觉信息的整合过程，知觉整体性就是人把事物各部分属性综合起来，从而能够整体地把握该事物。如图 5-1 所示，当我们看到这幅图片时，我们往往将其知觉为三个黑色圆圈上面有两个一正一倒的正三角形。这就是知觉的整体性。

2)知觉选择性

知觉选择性是指人根据当前的需要，将外来刺激物有选择地作为知觉对象进行组织加工的过程。由于人的知觉选择特性，对同时作用于感觉器官的所有刺激并不进行反应，而只对某些刺激加以反应，这样才能够使人把注意集中到某些重要的刺激或刺激的重要方面，排除次要刺激的干扰，从而更有效地感知外界事物，适应外界环境。如图 5-2 所示，这幅图片中的梅花鹿通常是我们知觉的第一选择。

图 5-1　知觉的整体性

图 5-2　知觉的选择性

图 5-3　知觉理解性

3)知觉理解性

知觉理解性是指人以知识经验为基础对感知的事物进行加工处理,并用词语加以概括、赋予说明的组织加工的过程。知觉理解性主要受到个人的知识经验、言语指导、实践活动以及个人兴趣爱好等多种因素的影响。如图 5-3 所示,当你看到这幅图片时,你是把它看成一个花瓶还是两幅人脸？这主要是受到你的知识经验的影响。

4)知觉恒常性

知觉恒常性是指人能在一定范围内不随知觉条件的改变而保持对客观事物相对稳定特性的组织加工的过程。我们周围的世界在不停地变化着,它向我们的知觉系统输送的刺激信息也在不停地改变。我们看到的物体有时离我们近,有时离我们远;有时在我们正前方,有时在我们的两侧;有时处在阳光下,有时又处在阴影中。但是这些变化对我们认识物体并不会产生过大的影响,这就是知觉的恒常性。

2. 驾驶人的知觉特性

驾驶人在驾驶过程中,面临大量复杂的客观信息,驾驶人不可能对所有的信息都进行反应,只能选择其中的少数事物成为知觉对象,对其余的事物则知觉得比较模糊,表现出知觉的选择性。未被知觉或知觉较模糊的事物称为知觉的背景。驾驶人的知觉有一定的特性:

1)时空接近性

凡是在时间和空间上和驾驶人驾驶的车辆接近的一切事物,都会成为驾驶人知觉的对象。驾驶人要对这一切事物都保持清晰的知觉,才能避免与这些事物在时间和空间上发生冲突,酿成事故。如有对向车迎面驶来,对向车就成为驾驶人的知觉对象,而同时驾驶人车辆附近前、后、左、右的车辆、障碍物等也是知觉对象,驾驶人必须在这一有限的时间、空间内完成避让、交会、通过等一系列驾驶行为。

2)对象运动性

运动的视物比静止的视物优先成为知觉的对象。由于运动的对象无论是机动车还是行人,都有决定自身运动速度和方向的特点,因此这些运动的事物之间本身就存在相互冲突的危险。运动的事物预测性难以把握,如果按正常行驶路线,一般发生事故的可能性很小,但一旦有突发情况,事故发生的风险概率则很大,如突然横穿马路的行人、摩托车等。因此,驾驶人要首先知觉道路上运动的事物,并保持高度的注意,才会对突发事件有一定的行为准备。

3)对象的复杂性

驾驶过程中,复杂的对象一般变化多、危险性大,驾驶人也应把这些事物提前作为知觉对象。如在车辆行驶至交叉路口时,应随时注意从交叉路口驶出的车辆,因为交叉路口驶出的车辆与驾驶人直向行驶的车辆成直角相交,易形成交触点,发生碰撞。再如行驶至桥梁、涵洞时,需仔细观察交通信号标志及对向车、路面、桥面情况,谨慎驾驶。总之,驾驶人在驾驶中需注意观察,对有可能发生的障碍优先知觉。

4)对象的理解性

驾驶的过程也是驾驶人知觉理解视觉对象的过程。驾驶人对知觉对象的理解主要是知觉对象的运动变化趋势，一般是快速的直接理解，知觉的同时，便迅速作出决策、行动。驾驶人对知觉对象的理解，首先受自身知识经验的影响，经验丰富的驾驶人对知觉对象的理解迅速、准确，此外心理定势也是影响知觉对象快慢的因素。

5)对象和背景的变化性

驾驶人驾驶车辆在道路上行驶，知觉的对象和背景总在不断地交替变化。当安全地通过已知觉的对象后，这些物体便成为背景，新的复杂的物体成为之前的知觉对象，当再安全通过这些知觉对象后，这些物体便又成为知觉背景，再产生新的知觉对象，如此循环往复，直至行驶至目的地。

二、知觉的分类

与驾驶有关的最主要的知觉有空间知觉、时间知觉和运动知觉。

1. 空间知觉

驾驶人的空间知觉是驾驶人对道路交通环境中的客体空间特征的反应。它包括客体的空间大小、形状、距离、立体、方位的反应。一切道路交通事故都是由客体空间的相互冲突造成的。不论是动态与动态之间的冲突事故还是动态与静态之间的冲突碰撞，都是驾驶人空间知觉失误造成的。所以，驾驶人要保证行车安全就必须有正确的空间知觉。

1)大小知觉

驾驶人对道路上有关物体的大小知觉，是由物体本身的大小以及物体的距离两个因素决定的。在驾驶人离物体距离相等的条件下，视像与物体的大小成正比，物体大，视像大；物体小，视像小。视像大小是大小知觉的一个重要信息。大小知觉与物体的距离成反比，同一物体，处在远处，视像小；处在近处，视像大。驾驶人在行车过程中，对有关物体大小知觉是大脑对视网膜上映像的大小和有关距离远近的信息进行综合分析产生的，具有稳定性、恒常性。

2)形状知觉

驾驶人对物体的形状知觉是对物体各部分排列组合的反映，主要是靠视觉和动觉的协同活动而形成的。物体的形状不同、驾驶人观察的角度不同，在驾驶人视网膜上的成像也不同。一般而言，形状规则的物体更容易被驾驶人所知觉。

3)深度知觉和距离知觉

人们不仅能够知觉物体的大小和形状，而且能够知觉物体的深度和距离。大小形状知觉属于二维空间的知觉，而深度知觉涉及三维空间的知觉，即不仅能够知觉物体的高和宽，而且能够知觉物体的距离、深度、凹凸等。距离知觉更是驾驶人确定前方障碍物距离，采取相应措施的基础。驾驶人距离知觉的线索包括：

(1)中间物的遮挡。一个物体部分或全部掩盖了另一个物体时，距离知觉在一定时间内不能产生。如弯道、桥梁挡住对面来车，房屋、树木的阻挡等。

(2)线条透视。同样大小的物体，在视网膜上的视像大，则为近；在视网膜上的视像小，则为远。

(3)空气透视。物体的清晰程度作为估计距离知觉的一种信息，受空气透明度的影响。天气晴朗，空气透明度大，物体清晰，知觉时感觉得近些；反之，由于天气阴暗，物体清晰度相对较小，知觉时觉得远些。

(4)运动视差。周围环境固定,观察者的头或身体移动时,由于在某一单位时间内不同距离的物体的视角变化差异,便引起相对运动知觉。近的物体被知觉为向相反方向运动,最近的物体向后移动较快,较远的物体向后移动较慢,遥远的物体向观察者相同的方向运动。视野中物体运动速度和方向的差异,成为物体所处距离的信号。人们根据物体相对运动速度和方向来判断物体的距离。

(5)双眼视轴辐合的快慢。所谓辐合就是指两眼视轴对注视对象的合拢。在看车辆时,两眼视轴同时对准物体交合在一点,才能获得清晰的单一视像。驾驶人双眼必须对前进中的障碍物产生较快的辐合,才能获得准确清楚的距离知觉。

除以上几点外,距离知觉还与驾驶人的心理状态密切相关。如果驾驶人注意力集中,情绪稳定,精力充沛,则距离知觉清晰明确;反之,注意分散,身体疲劳,距离知觉便会模糊、不准确。

4)方位知觉

方位知觉是驾驶人对物体在空间所处的位置和方向的知觉。方位知觉有上下、左右、前后三度。人对外界事物的方位知觉是以自己为中心来定位的。方位知觉是人将各种感觉,如视觉、听觉、动觉和平衡觉等信息综合起来而形成的。方位知觉表现为对自己车辆的位置和对交通标志及标线等的感知,这方面的感知失误就有可能产生违章行为或事故。

2.时间知觉

事物和现象不仅存在于空间中,而且存在于时间中。它具有自己的过去和现在、开始与终结。时间知觉是对客观事物运动和变化的延续性和顺序性的反应。时间知觉有四种形式:

(1)对时间的分辨。例如,行车过程中先看到一块交叉口警告标志,紧接着到达交叉口,然后顺利驾车经过交叉口,能够按顺序把这些活动区分开来,就是对时间的分辨。

(2)对时间的确认,如知道今天的日期、现在的时刻等。

(3)对持续时间的估量,如已经驾车3个小时等。

(4)对时间的预测。如从A市驾车前往B市需要1个小时,与对向来车会车估计在3s后等。

四种时间知觉在驾车中起着不同的作用,其中对持续时间的估量以及对时间的预测更为显著,因为人总是通过某种衡量时间的标准来反映时间,且常有过高估计较短的时间间隔和过低估计较长的时间间隔的倾向。人判断时间间隔准确性的时间知觉能力存在很大的个体差异。心理学研究表明,用计时器测量出的时间和人对时间的主观估计存在着差异。一般情况下对于1s左右的时间间隔,人的主观估计最准确,短于1s的间隔常被低估。时间间隔越长,人对时间的估计错误越大,同时个体差异也十分明显。

人的时间知觉与自身活动的内容、情绪、动机、态度有密切联系。内容丰富易引起人兴趣的活动,使人觉得时间很快;内容贫乏、枯燥的活动,使人觉得时间很慢;积极的情绪使人觉得时间短,消极的情绪使人觉得时间长;期待也使人觉得时间过得慢。如在山区一般道路行驶,虽然道路线形不如高速公路,但宜人的环境会使驾驶人不易产生疲劳;再如车辆中的音放装置等,都是为了使驾驶人不易感觉单调,产生疲劳。

3.运动知觉

我们周围的世界是不断运动、变化着的。物体的运动特性作用于人脑,为人们所认识,就是运动知觉。速度知觉是最重要的运动知觉，是人对物体相对空间位移快慢的知觉，它常与空间知觉、时间知觉密切联系。人的速度知觉直接取决于物体运动的速度。物体运动速度太快或太慢都不能使人产生运动知觉。如人不能察觉手表上的时针运动，也不能直接觉察出光的速度。

对于驾驶人而言，运动知觉的直接反映就是速度估计，这是对驾驶安全很有影响的一种知觉行驶，也是驾驶人感知觉判断最常见的形式。驾驶人在行车过程中，由于速度估计错误而肇事的现象屡见不鲜。“十次事故九次快”就是由于驾驶人所控制的车速与当时交通环境不相适应而引起事故。如弯道上行驶速度过快冲下悬崖，超车时的正面冲突，正常行驶时的追尾及与障碍物的碰撞等，均与驾驶人的速度估计有关。在驾驶适应性检测中，速度估计是一项重要的检测内容。

三、速度估计

速度估计是运动知觉的一种，是指对速度感知判断的准确性及过高或过低估计车速的倾向。在很多驾驶情况下，需要驾驶人预估移动或接近速度，以完成避让、超车、会车等驾驶行为。比如，在交通流中紧跟前方车辆，选择一定的安全空隙以完成左右转弯，以及逆着对向交通超车等。驾驶人的速度估计包括两个方面：对自身车速的估计及对被超车的车速估计。对自身车速的估计受行车条件和环境的影响，但也与驾驶人的个人素质和经验有关，即使是在同样的驾驶环境条件下，不同驾驶人对速度的估计偏差也不一样。在驾驶过程中，驾驶人对车辆距离间隔和对相对速度的估计往往比对自身速度的估计更为重要。高估前车的相对速度，容易造成追尾；会车时速度估计偏低或距离估计偏大，也会造成正面碰撞。

驾驶人对速度的感觉，主要通过边缘视区中景物的移动来获得。无论是在面临对向车辆时左转，还是在执行超车时，对向车辆的影像大小都是驾驶人用来确定他们接近另一辆车或行人速度的主要依据。

正如图 5-4 所示，视认距离与影像大小并不是简单的线性关系。这种非线性关系导致很多驾驶人很难进行接近速度的精确预估。

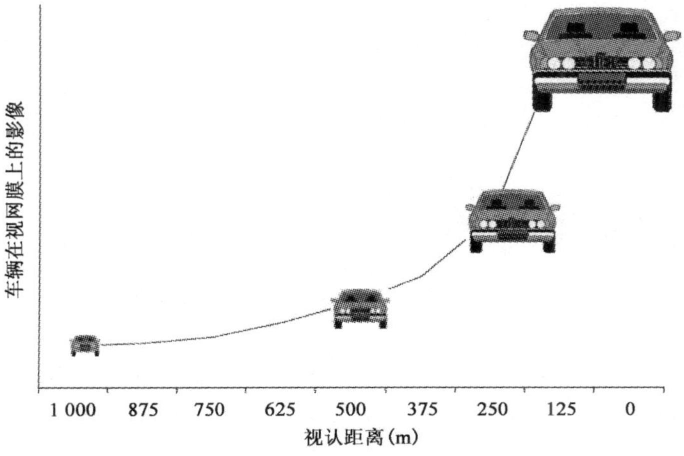

图 5-4　视认距离与视网膜影像关系示意图

除非车辆在视觉中的角度改变速率超过 0.2°/s，驾驶人才能觉察到影像的大小。这一点在双车道公路驾驶人准备超车时非常重要，因为他们需要觉察对向车辆的速度。很多时候，如果对向车辆距离较远，驾驶人对于它们速度的觉察就会远远低于其实际值，因为过远的距离使得车辆在视觉中的移动速度低于 0.2°/s。在这种情况下，驾驶人在超越前方高速行驶的车辆时就会感觉到没有足够的时间空隙。

当驾驶人在高速公路上行驶碰到停止或减速车辆时，他们对深度移动或接近速度的觉察局限也会带来安全问题。当驾驶人没有想到会有慢速或停止车辆时，安全隐患更加严重。有很多独特情况会引发此问题。举例来说，在双车道乡村道路上，一辆车为了左转有可能会需要停下来以便寻找对向车辆给予的时间空隙，这时另一辆高速行驶的车辆就有可能觉察不到这一停止车辆。这时，停止车辆及时使用左转灯或制动灯就能使其自身可视性增加。

此外，周边环境对驾驶人的速度估计也有着显著的影响，如图 5-5 所示，右图中红色车辆驾驶人对交叉道路黄色车辆速度的估计明显优于左图。

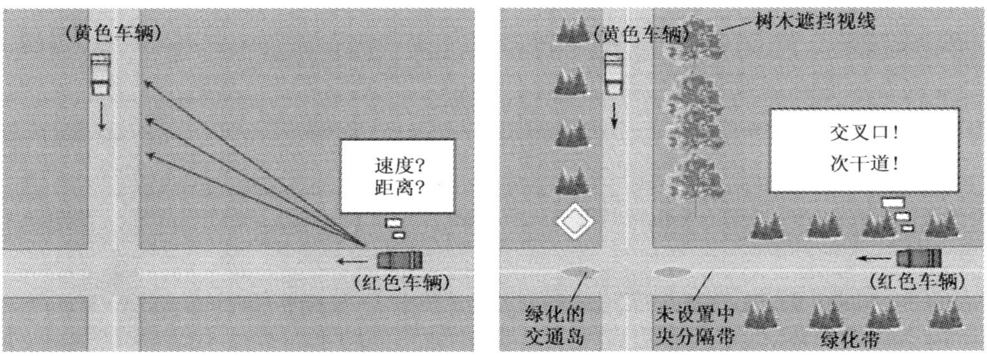

图 5-5　设施环境能够帮助驾驶人进行速度估计

四、速度的选择

交通安全中的一个重要方面就是驾驶人的信息选择。高车速会提高事故发生后伤亡的概率。速度限制以及速度估计并不是影响驾驶人车速选择的唯一或最重要的因素，驾驶人更多依据知觉和道路信息线索来确定车速。认识到这些线索的重要性，可以帮助道路建设者在没有限制或限制很少的条件下自定车速。

1. 知觉线索

驾驶人选择车速的主要依据来源于其周边视觉。一项研究表明，在限制驾驶人周边视觉时（只能使用中央视觉来决定车速），他们对速度估计的能力会很差，这是因为视觉在道路场景中转换得非常慢。然而，如果限制驾驶人的中央视觉，而让他们依靠周边视觉来估计车速，他们就能较好地完成任务。

驾驶人周边视觉里的流动信息是其速度知觉的主要因素。也就是说，如果一个刺激在周边视觉内向驾驶人运动，那么驾驶人会感觉其速度快于另一个以同样速度正面向其运动的刺激。在一项研究中，驾驶人被要求在速度计覆盖的情况下以 60mile/h(96.56km/h)行驶，在空阔的道路环境下，其平均速度为 57mile/h(91.73km/h)，而在路侧有树的道路情况下，其平均速度为 53mile/h(85.30km/h)。实验中路侧的树木就是驾驶人周边视觉的刺激，使得驾驶人总感觉车速较快。

噪声也是影响驾驶人车速选择的一个重要因素。大量的研究通过使用耳罩来改变噪声或采用其他方式来减少驾驶人的噪声，从而观察噪声对车速的影响。结果显示，当驾驶人被要求以一定的车速行驶时，在正常的噪声情况下，他们通常会低估自己的车速并以高出要求速度 4～6mile/h(6.44～9.66km/h)的速度行驶。要降低车速，就要为驾驶人提供安静的道路环境、平整的道路条件。这些因素能够使驾驶人的知觉速度降低到他们的正常速度。

另一个影响速度选择的因素是速度适应。在高速公路上长时驾驶后就会产生这一现象，进入城市干道时，驾驶人往往无法适应限制速度要求。一项研究中，主试首先要求驾驶人在高速公路上行驶 20mile(32.19km)，然后让他们在城市干道上降速到 40mile/h(64.37km/h)行驶，结果发现驾驶人在城市干道上的平均速度为 50mile/h(80.47km/h)。这一速度明显高于实验的要求，尽管这些驾驶人非常明确实验要求，而且他们也曾努力控制车速。这一现象一直持续到驾驶人离开高速公路后的 5～6min。

2. 道路信息线索

有人曾对驾驶人感知风险与车速的关系进行了研究。图 5-6 描述了风险感知、车速、其他几何元素和控制设备之间的关系。这些关系来自一项实验研究，在这项研究中，首先记录被试驾驶人在一段道路上的车速，然后另一名驾驶人载着被试在同一路段上行驶，要求被试不断地对道路事故发生的风险进行评估。通过分析驾驶人对于道路事故风险的评估与车速的关系，可以看出，一般而言，驾驶人对当前道路风险评估越高，其车速就越低。

正如图 5-6 所示，道路几何线形会提示驾驶人调整其对于风险的评估。驾驶人在急弯、视距不良路段、纵坡顶端会减速，而在平面交叉口却不会减速，尽管平交路口的实际事故风险更大。

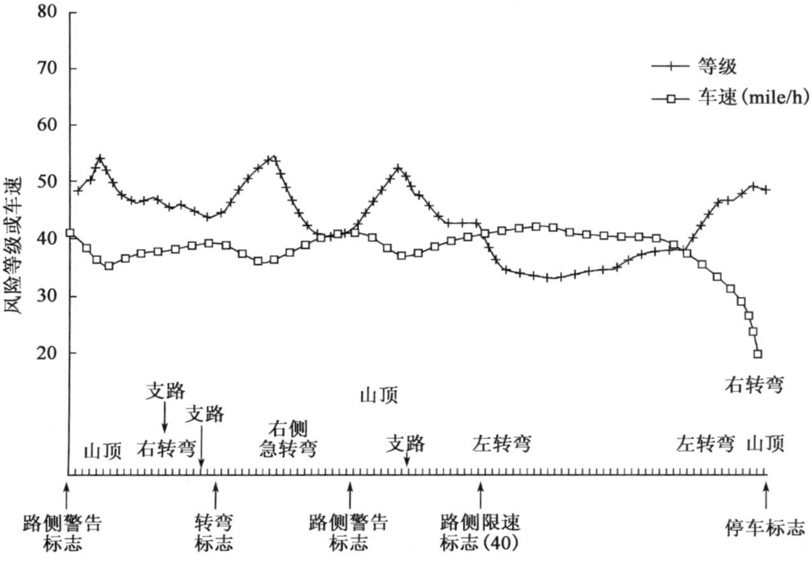

图 5-6　事故发生概率及速度的预测图

注：1mile/h＝0.44704m/s。

图 5-6 表明相对于真实存在的事故风险，驾驶人对于道路几何线形的信息需求对驾驶人的风险评估、转弯以及速度选择更具有影响。事实上，研究表明在弯道处，驾驶人通常(80%的概率)能够依据弯道的半径、长度和偏角较好地预估速度。

道路横断面同样影响驾驶速度。驾驶人将道路信息理解为一个整体。一条有多个车道、较宽路肩以及较宽路侧净区的道路给驾驶人的信息是“快速驾驶”；而一条较窄的、没有路肩或路侧为悬崖的道路给驾驶人的信息则是“慢速驾驶”。乡村道路平直路段的车速受到道路横断面和其他因素的影响，如平直路段之前或之后的弯道半径、有效视认距离以及地形状况等。

加拿大一份有关无限制车速控制方法的研究报告同样证明了道路信息的作用。这项研究涵盖了 30 个在过去速度限制均为 30mile/h(48.28km/h)的地点。其中的 10 个路侧有行人或自行车的干扰，这些地点取消速度限制后，其 85%位车速仍然为 30mile/h(48.28km/h)；其余的 20 个地点没有路侧影响，其 85%位车速高了很多，为 39mile/h(62.76km/h)。尽管限制的速度是相同的，却有 9mile/h(14.48km/h)的差距。

事实上，弯道前方设置的警告标志中的建议速度对弯道处车速的影响很小，这或许是因为驾驶人感觉他们已经从道路本身获得了足够的信息，并且依据弯道和几何线形选择了速度。一项研究中记录了 40 名不熟悉路况的驾驶人开车经过有无建议速度标志弯道时的速度。尽管实验中驾驶人的眼动数据被记录了下来，分析也发现驾驶人确实注意过警告标志，驾驶人所选择的速度仍然与标志所建议的速度无关。

相反，一项针对 36 个城市干道平直路段的研究表明，限制速度对驾驶人速度选择有一定的影响，但却没有发现道路设计因素的影响。研究所涉及路段包括的限制速度为25～55mile/h(40.23～88.51km/h)不等。速度限制对车速起到 53%的影响，但横断面、中央隔离带以及路侧因素对驾驶速度的影响却不显著。

理论上，限速措施应该能对降低驾驶速度有效。而事实上，在道路特殊路段设置限速标志对车速的影响很小。

一项大型研究在乡村双车道公路对速度限制采取了局域化的调整。这些速度最高比平均值高 15mile/h(24.14km/h)，最低比平均值低 20mile/h(32.19km/h)。需要注意的是，这只是对 98 个地点限速标志的改变，并未改变其他交通工程设施和控制措施。实验前后的结果对比发现，这些地点的车速变化并不明显，有些地点甚至出现了与过去限制速度相反的情况。仅仅改变限速标志对车速几乎毫无影响，因为当地的道路基本信息并未得到改变。

高速公路上对于限速值的大幅调整与一般道路上特殊路段限速值的改变不同。已有研究证明，如果高速公路的限速值被大幅提高，那么车速就会增加。但是车速变化的平均值并不等于限速值的变化。文献研究的结果发现，平均交通速度的变化大体是限速变化的四分之一。相同的结论也曾被加拿大的研究证明。

五、错觉与幻觉

1. 错觉

错觉是在特定条件下所产生的对外界事物歪曲的知觉。这种知觉带有固定的倾向，主观的努力难以克服。在驾驶活动中，汽车驾驶人可能遇到各种不同的错觉，如视错觉、听错觉、空间定位错觉、运动错觉、速度错觉、倾斜错觉等。视错觉是对视觉对象错误的知觉，如误把路上的行人看成货物、看错行车标志等。听错觉是对听觉内容的歪曲。空间定位错觉是汽车驾驶人对行车的方向、位置出现了错误的知觉，如把东方向误认为其他方向等。运动错觉是指无法正确感知车辆是处在运动状态还是停止状态，例如车辆已经停下来，自己仍然有在运动着的感觉。速度错觉是指不能正确感知自己的车速或正确估计他人的车速。倾斜错觉是对自己身体或物体倾斜度产生的不真实的知觉，例如在一段较长的下坡路上，汽车驾驶人有时会把下坡路看成是上坡路，猛踩加速踏板，结果酿成事故。错觉产生的原因是很复杂的，有生理的因素，也有心理的因素，也可能是由于生理功能障碍，甚至是病理性因素所致。

相对于静止状态，驾驶人在运动的车辆中的视知觉会有很大的不同，甚至出现错觉，常见的驾驶人错觉包括：

(1)距离错觉：对于路上各种类型的车辆，驾驶人有时会对来车的车长、会车间距、跟车距离产生错觉，使会车的距离不够或跟车的距离过近而导致事故的发生。常见的有：同样距离，白天看起来近，而在夜间较昏暗时感觉远；前面是大车时感觉距离近，是小车时感觉距离远。

(2)速度错觉：行车过程中驾驶人大多是将观察到的景物移动作为参照物来估计车速的，并不是完全依靠车辆自身车速表的指示针来判断。路边景物多时易高估车速，景物少时易低估车速。长时间以某一速度行驶后会对该速度产生适应，对其余速度易于错估，特别是误将高速低估是非常危险的。机动车从郊区驶进城区易发生追尾撞车事故，就是这个原因。

(3)弯度错觉：驾驶人在公路上行驶的快慢，经常随公路的弯度而改变。变速的程度如何也会造成错觉。一般对于夹角小于 π 的圆曲线，驾驶人往往感觉到的曲率半径总是比实际的小，曲线的长度越短，驾驶人会感到曲率半径越小。在连续转弯的山道上行驶，驾驶人会感到山区比平地容易转弯，所以在行驶中高速连续急转弯是很危险的。

(4)颜色错觉：在市区等交通复杂路段，周围景物五颜六色，相互交错，容易分散驾驶人的注意力，特别是在夜间，容易将路口红绿灯当成霓虹灯，把停驶车辆的尾灯当成行驶车辆的尾灯，把前车的制动灯错看成尾灯等。另外，夏季戴墨色太阳镜时易将浅色物体“滤”掉，产生错觉。

(5)光线错觉：太阳光、反射物体的亮光、车头迎光、夜间远光灯强光等会使驾驶人的视觉一时难以适应，如平头车的明亮车窗、阳光下路旁树木交替变换的阴影、原野上积雪的反光、进出隧道时光线的变化等，都容易使驾驶人产生眩晕，形成光线错觉，从而导致操作失误。

这些错觉都是在有速度的情况下产生的，而且通常而言，速度越高，产生这些错觉的可能性越高，因此速度是对驾驶人视觉影响较大的客观因素。

交通心理学研究证明，汽车驾驶人对各种错觉加以注意，有助于防止和减少交通事故。

2.幻觉

幻觉是指在客观现实中并不存在某种事物的情况下，却感知它的存在，是一种虚幻的知觉。在临床上，幻觉是诊断某些精神障碍病人的重要临床症状之一。正常人在下列情况下，也可能出现幻觉：一是身体过于疲劳，处在觉醒和睡眠之间的蒙眬状态时；二是服用了某些可以导致幻觉的药物；三是由于受到了强烈的精神刺激，可能有幻觉的发生。

第二节　驾驶人的注意特征

心理学上所谓的注意，是指心理活动对一定对象的指向和集中，是心理状态的一种表现形式。汽车驾驶人的注意，是指汽车驾驶人在驾驶过程中的心理活动有选择地指向并保持集中于一定的道路交通信息。驾驶人的感知觉离不开其注意能力的参与，只有通过注意，驾驶人才能从众多的信息中选取有用的信息进行加工。注意是汽车驾驶人顺利准确地获得道路交通信息、保障安全行车的必要前提，是汽车驾驶人的一种重要的心理能力。所谓指向，是指汽车驾驶人在行车过程中，其心理活动朝向与驾驶安全有关的对象，如交通标志、交通信号、行人和车辆等，而不去注意与行车无关的其他事物。所谓集中，是指心理活动在选定的某个事物上聚集起来，即全神贯注于最重要的事物，而对无关紧要甚至起干扰作用的其他活动的抑制。注意的指向和集中，是注意密不可分的两个特性。没有指向性，就不可能达到集中；没有集中性，指向性也失去了意义。指向越广，集中程度就越低；指向越窄，集中程度就越高。

注意的品质包括注意的广度、注意的稳定性、注意的分配和注意的转移。为了达到安全行车的目的，驾驶人需要具有良好的注意品质，能够合理地分配注意，主动地转移注意。实践证明，汽车驾驶人的注意品质是保证行车安全的一个重要心理因素。据检测，事故多发的汽车驾驶人的注意集中、注意稳定、注意分配等能力显著低于安全行驶的汽车驾驶人。因此，对注意的研究，有助于保障汽车驾驶人的行车安全。

一、注意的基本理论和规律

1. 容量分配理论

认知心理学将人的认知系统看成一种信息加工系统，系统的处理能力是有限的，这个处理能力也叫做认知容量，人类应合理地分配自己的认知资源。注意是需要占用认知容量的，不同的注意信道占用的认知容量也不相同，就认知容量资源的效度而言，将认知容量分配给多个信道的效度要大于单一通道。奥尔波特(Allport，1972)用双作业实验证明了用听觉和视觉两个信道来记忆单词的成绩(准确率90％)明显优于单一的听觉通道。

2. 单一资源理论

单一资源理论也叫中枢容量理论，是卡里曼(Kahneman，1973)提出的一种注意容量分配理论。这一理论认为：人们在完成一项作业时，认知资源是有限的。这种限度使人们必须把有限资源有控制地分配到不同的活动或同一种活动的不同方面去。一般来说，简单的活动要求的资源少，复杂的活动要求的资源多。认识这一理论对指导我们的实际应用很有帮助。例如，我们可以将一块包含地点、距离和确认信息的大型复杂交通标志，按照地点、距离、确认信息分设为三块简单的标志，更有利于驾驶人的认读与理解。

3. 无意识注意及特点

没有预定目的，自然而然地对某个对象产生的注意叫做无意识注意。引起无意识注意的原因有以下几种：

(1)刺激物的刺激强度。例如郊区公路上夜晚的强光、异常声音、庞然大物。

(2)刺激物的新颖性和奇特性。例如新型的木护栏、黄绿色的荧光标志。

(3)前景背景突出。例如文章中黑色字体、舞台灯光照射的演员。

(4)运动变化的物体。例如夜晚天空的流星、商店变化着的霓虹灯、汽车转弯时的转向灯。

除了以上刺激物的特点外,注意主体的兴趣爱好、情绪状态和精神状态也影响无意识注意的成绩。

二、驾驶人注意的分类

注意是一种伴随着各种心理过程的非独立状态,并通过外部行为或多或少表现出来。如人们在注视一个事物时,注目凝视;在注意听一种声音时,把耳朵朝向声源;当沉浸于思考和回忆时,目光"呆视"前方等。根据注意是否具有目的性以及是否需要意志努力,可将注意分为不随意注意、随意注意、随意后注意三种。

1.驾驶人的不随意注意

不随意注意又叫无意注意,是事先没有预定的目的,也不需要意志努力的注意。不随意注意是由事物外部特点所引起,是人们自然而然地对那些强烈的、新颖的和感兴趣的事物所表现的心理活动的指向与集中。如强烈的光线、巨大的声响、浓郁的气味、新颖的外形等,都可以引起人的不随意注意。

驾驶人的不随意注意在驾驶行为中表现为:在某些道路环境信息的直接作用下,驾驶人不由自主地把感受器官朝向这些刺激,如驾驶中对道路前方、左右两侧车辆、行人的注视。不随意注意从生理机制而言,是种定向反射活动,通过这种定向反射活动,驾驶人能及时了解车辆、行人的时空位置,避免车祸的发生。

驾驶人在行驶过程中,道路环境的各种刺激物都是在不断变化的,驾驶人要及时地反应这些刺激,因而作为知觉这些刺激的不随意注意就显得很重要。环境刺激信息不断变化,通过感觉器官作用于驾驶人的大脑皮层,大脑皮层维持一定的兴奋状态,保持一定的觉醒水平。但环境刺激物如果数量太多、太复杂,超过了驾驶人的注意能力,注意的有效分配和转移产生困难,就容易发生事故;若环境刺激物太贫乏,刺激量太少,大脑皮层就会由兴奋转为抑制,警觉水平降低,漏失有效的交通信息,使得事故的风险概率增加。

2.驾驶人的随意注意

随意注意是有目的的,需要一定意志努力的注意,相应于无意注意,又可称为有意注意。这种注意的集中,不是仅仅指向那些情绪上令人愉快、使人感兴趣的东西,而是指向那些需要去注意的东西。随意注意受人的意识的自觉调节和支配,有两个显著的特点:第一,目的性,注意的对象不是由刺激物本身的特点所决定,而是由预先目的所决定;第二,意志性,为了实现目的,需要一定的意志努力,克服困难。所以,随意注意是注意的高级形式。

人在活动中,必须经常把自己的注意主动地服从于既定目的任务,并有意识地调节保持在作业上,"举目凝视"、"侧耳倾听",才能达到预期目的。汽车驾驶人的随意注意与他对驾驶活动要达到安全行车的目的和意志的努力相联系,也就是说,汽车驾驶人的随意注意是一种自觉的、经过一定意志努力的注意,是一种特有的心理现象,是由其意识控制的注意。其注意对象不是由信息刺激决定的,而是由预先目的,即由安全行车的目的和为达到这一目的而付出的努力所决定的。它是汽车驾驶人及时发现和正确处理险情,防止和减少失误的重要条件。可见,汽车驾驶人在行车过程中,具有明确的预定目的,有助于维持汽车驾驶人的注意,使其在车辆行驶时不分心、不出差错。

驾驶人的随意注意贯穿驾驶过程始终,驾驶人对当前对象的视知觉、对潜在危险的感知和预测、驾驶中避让动作的完成都是随意注意的结果。

3.驾驶人的随意后注意

随意后注意是指事先有预定目的,不需要意志努力的注意,是注意的特殊形式。它既不像不随意注意那样无明确目的,又不像随意注意那样耗费大量生理能量,是随意注意的一种高级发展形式。如驾驶人刚开始单独行车时,由于技术不熟练,对行车中的操作动作需要保持高度紧张的随意注意。当经过一段时间的实践,驾驶技术熟练后,操作起来就会得心应手,这时随意注意就会逐渐转化为随意后注意。

不随意注意、随意注意和随意后注意在实践活动中紧密联系,协同作用,是安全驾驶的保证。在不随意注意时,注意指向驾驶安全距离内与车辆行驶有关的事物。在随意注意时,驾驶人的注意集中在某个特定事物上,如在超车、会车时,把注意集中在被超车或交会车的车速与距离上。同时,驾驶人的三种注意也总是处于不断交替转化的状态。由于不随意注意没有明确的目的,注意范围广,驾驶人是被动接受刺激,因而要求驾驶人需根据客观刺激的变化,及时调整注意的目标,充分发挥意识对注意的调节和控制,可见不随意注意中包含着随意注意。同样,驾驶人的随意注意中也包含着不随意注意,如在会车时,注意除了集中和指向对向车,还要注意车辆前、后、左、右的行人及障碍物。三种注意形式有机结合是驾驶人注意的一个特点。

由于随意注意容易引起疲劳,不随意注意不容易引起疲劳,两种注意的交替也利于减轻驾驶人的疲劳。驾驶人注意的紧张和放松取决于道路交通信息的数量和复杂程度,当信息量少,内容单调时,注意可相应放松,为了维持大脑皮层的兴奋状态,驾驶人的注意就可能转向与当前交通无关的信息,从而干扰正常驾驶工作。若注意的信息量多,需要驾驶人较多的随意注意时,由于不随意注意的资源限制,驾驶人就可能忽略一些有用的信息。

除以上三种分类,根据注意持续时间以及其特点,还可以将注意分为选择性注意、分配性注意和持续性注意三种。

选择性注意是指人们在面临两种或两种以上的刺激输入时,能够选择其中的一种信息,并对这种信息作出反应,而对其他的信息则不加工处理。例如,驾驶人在复杂的道路环境中行驶时,选择与驾驶有关的信息过程。

分配性注意是指人们在面临两种或两种以上的刺激输入时,能够同时注意这些信息刺激,并对这些信息刺激作出反应。但是人的注意资源是有限的,受容量的限制,不可能对过多的刺激同时作出反应。

持续性注意是指在一段时间内,将注意保持在某个目标或活动上,例如驾驶人在超车过程中,保持注视前方的一段注意。

三、驾驶人注意的品质

驾驶人注意的品质直接关系到道路交通信息采集的范围、质量,是确保安全驾驶的一个重要心理因素。驾驶人在驾驶过程中,与驾驶安全有关的主要注意品质包括:

1. 注意的集中

注意的集中是指汽车驾驶人对行车对象的集中程度。汽车驾驶人根据驾驶任务和安全行车的需要，把全部注意力集中到所从事的驾驶活动中，应当具有稳定的注意集中能力。因此，注意的集中也称为注意的稳定。与汽车驾驶人注意集中有关的因素有以下几种：

(1)注意的集中与汽车驾驶人的责任感有关。如果汽车驾驶人不但对其工作的意义有明确的认识，而且又认识到造成车辆事故的危害，那么，他在驾驶车辆时，就会有高度的责任感，切实做到驾驶车辆时思想集中，保持有意注意，不受外界的干扰。

(2)注意的集中与注意的内容有关。一般来说，人们感兴趣的内容最能引起注意，也最能集中注意。对有节奏的发动机声、陌生的行人，汽车驾驶人一般没有兴趣，但是，如果发动机的声音发生了变化、发动机运转失常或行人要横越道路时，这些信息危及安全行驶，汽车驾驶人就可以产生"兴趣"。这种对事物结果的兴趣，称为间接兴趣。在驾驶工作中，要较长时间集中注意，就需要有间接兴趣支持。不过，靠间接兴趣的支持，强制自己的心理活动集中在单调事物中，容易疲倦，也难以持久。如果我们能把间接兴趣转化为直接兴趣，即把对事物结果的兴趣转化为对事物发展过程本身的兴趣，注意事物时就不会感到枯燥无味了。例如，汽车驾驶人若把发动机声音的变化与发动机工作情况的关系作为一项技巧来研究，对发动机声音的变化就有了直接兴趣；要是把行人动态与安全行车的关系作为一项研究任务，那么，对行人观察的兴趣也就变为直接兴趣了。

(3)注意的集中与驾驶环境有关。首先，单调的环境可使注意力分散。例如，长时间在一条宽阔的公路上行驶，缺乏新颖、刺激，容易使汽车驾驶人思想开小差、放松警觉、思想麻痹、注意力不集中、产生疲乏，甚至有昏昏欲睡的感觉。行车途中，汽车驾驶人要善于从熟悉、单调的环境中发现新的变化，寻找新颖刺激以保持自己的注意力。其次，季节的变化可使注意力分散。特别是冬去春来，人往往感到困乏，爱打瞌睡。这是因为春天气温在一天天升高，人体体表的毛细血管由原来的收缩状态转为舒张状态，血流量增多，使大脑供血量相对不足，便出现了身体疲乏、昏昏欲睡的"春困"现象。"春困"现象对汽车驾驶人安全行车有害无益。当汽车驾驶人疲倦时，会注意力涣散，直接影响到大脑的反应速度和对汽车的控制能力，极易发生交通事故。因此，当感到困意袭来，使劲睁大眼睛也无济于事时，应及时停车休息，打个盹儿，这是对付困倦的最有效、最安全，也是最基本的方法。有时因任务紧急需要赶路，可人为增加感官刺激来消除困意。比如，当感觉疲劳瞌睡时，可用冷水洗脸，提神醒脑；可嚼口香糖，通过口腔的张合运动牵拉面部神经，促使血液流进大脑，增加其活力，从而提高反应速度；可闻闻风油精、清凉油等刺激性香气提神；可用车载音响设备选听一些能振奋人心的音乐；也可下车活动肢体，舒筋活血以解困倦等。再次，车内不良环境可使注意力分散。在行车过程中，乘车人与驾驶人谈天说地；或抽烟、接烟；或收听音乐，陶醉于音乐之中等。这种注意力分散，容易出现听而不闻、视而不见的现象，往往使得外界本应看到的物体没能看到，本应得到的信息没能得到，本应作出正确反应的没能反应，遇到紧急情况，惊慌失措，手忙脚乱，事故往往在这一时刻发生。例如，一客车驾驶人，行车途中听到乘客中有人吵闹，就回头看，结果造成7辆车相撞。因为就在他回头之时，交叉路口亮出红灯，前车相继停止，而他注意力分散，没看见此情况，继续前行，造成这起严重事故。另外，家庭纠纷、人际关系失调等，都会导致注意力减弱或注意分散，影响行车安全。

2. 注意的范围

注意的范围是指注意在有限的时间内能清楚地把握事物的数量，也叫注意的广度。有关心理实验证明，一般成年人的注意范围是4～6个彼此不相联系的事物，且个体差异很大。可见，人的注意范围是非常有限的。但如果注意的事物之间有联系，而且也了解其意义，人注意的范围也会加大。

在行车中，周围的一切事物都与汽车进行相对运动，汽车驾驶人不但要注意近距离的交通信号、行人、障碍物等，还要注意远距离的车辆、道路情况和两侧动态；不仅要注意前方，也要注意后方和车辆两侧，这些事物在驾驶人的视野中停留的时间十分有限，驾驶人只能注意到其中一部分，感知得很清楚，其余部分则处于"注意的边缘"或注意外周，感知得很模糊。因此，汽车驾驶人应该有较广阔的注意范围，做到远近一目了然，前后了如指掌，才能从中选择有效信息。注意广度太小，会漏失与当前驾驶有关的有效信息，如注意了近处的行人，而忽略了远处的来车；注意到车前，就顾不得车后。经常紧张过度也会措手不及，做出一些令人担惊受怕的危险动作来，导致事故的发生。

汽车驾驶人注意的范围与经验和注意对象的特征有关。

(1)注意的范围依赖于汽车驾驶人对任务的理解、本身的驾驶知识和经验。汽车驾驶人如果能熟悉交通规则和安全操作规程，掌握安全行车的要领和经验，了解车辆的各部构造和功能，有较丰富的驾驶经验，就比刚刚学会操作的人注意范围大，能够把与驾驶有关的许多孤立的事物联结成一个整体来感知。

(2)汽车驾驶人注意的范围取决于注意对象的特征。注意对象越集中，排列越有规律，大小越一致，越能成为相互联系的整体，注意的范围就越大。对于不整齐、不集中的事物，汽车驾驶人就要了解其特点，认识其规律性及意义，即可以扩大注意范围。

此外，对饮酒肇事驾驶人的事故前行为调查结果也发现，饮酒驾驶人的注意范围会变窄，无视道路交通危害，且容易出现与当前驾驶行为无关的举动。

信息广度是保证收集有效信息的前提。为了保证有效信息能够被驾驶人所注意到，道路设计时应尽量避免信息过载。在交通信息较多的地段行车时，驾驶人也应降低车速以延长事物在视野中的停留时间。

3. 注意的分配

注意的分配是指在同时进行两种或两种以上活动时，同一时间内，把注意指向不同的对象与活动。如边走路边思考、边听讲边记录等，就是把注意同时分配在走和想、听和写的活动上。再如，汽车驾驶人驾车时，手在注意握转向盘的同时，脚在注意控制加速踏板，眼睛又在注意观察路上来往的车辆、行人、交通标志等。行车中要求驾驶人要有较好的注意分配能力。注意分配能力是指汽车驾驶人在驾驶过程中，把注意有效地分配在有关交通信息上的能力。汽车驾驶人作业系统是一个相当宽泛的系统，它允许汽车驾驶人比较自由地改变注意量，而不是把全部注意集中到一个目标或分散于所有目标。这样，便有一部分剩余注意。当需要时，汽车驾驶人就可将这些储存起来的注意分配到当前的驾驶作业上。例如，超车、会车、交通秩序混乱时的汽车驾驶人，比在无障碍道路上行驶需要更多的注意。这时如果汽车驾驶人注意分配能力差，常常就会力不从心，顾此失彼，很容易发生事故。研究表明，新驾驶人趋向于把全部注意集中到驾驶任务上，而有经验的驾驶人则是把有意后注意分配到驾驶任务上，留有充分的注意储备。一旦出现特殊情况，能及时发现，动员足够的心理能量，迅速、准确地处理险情。应当看到，汽车驾驶人的注意力是有限的，应当合理分配，把主要的注意用在安全驾驶上。但有些汽车驾驶人往往“心不在焉”，注意分配不当，常常危及开车安全。所以，汽车驾驶人要善于分配注意，要具备较强的注意分配能力。

从心理学上说，提高注意力同时在几种活动上的分配能力，有赖于对这几种活动的熟练程度。所以，汽车驾驶人提高注意力分配能力的主要途径，就是力求技术熟练。技术熟练的汽车驾驶人，驾车时的每个操作动作都非常娴熟，并不需要特别注意，甚至达到了近乎“自动化”的程度。因此，能够有很多剩余的注意力分配到别的方面，如观察来往的车辆、行人等，驾车也比较轻松、灵活、安全。所以，初学驾驶或驾驶经历不长的汽车驾驶人，必须多学多练，提高驾驶技术水平，使自己的驾驶技术日益熟练，这样就可以大大提高注意的分配能力。

4. 注意的转移

注意的转移是指把注意从一个对象转移到另一个对象上。汽车驾驶人注意的转移，是指汽车驾驶人积极、有效地把注意从一种交通信息转移到另一种交通信息上，以适应交通信息变化的需要，这对安全行车是至关重要的。例如，汽车驾驶人在驾车直行时，注意观察车的前方，而在倒车时又要把注意转移到车的后方；汽车在窄路上会车时，驾驶人的注意要集中观察来车，预测会车地点以及会车地点的交通情况，然后注意要迅速转移到减速、鸣号、靠右行，紧接着注意要转移到交会时汽车的间隔等。汽车驾驶人是在动态中驾驶车辆，交通环境瞬息万变，灯光信号、交通标志、各种车辆和行人的运动、汽车的运行状态，都是驾驶人要注意的客体。汽车驾驶人必须随着行车的需要，不断转移自己的注意。

注意转移的指标是：

(1)注意转移的时间。即从一种活动转到另一种活动所需要的时间，它与个体神经活动过程的灵活性有关。行车中，时间是一种重要变量。心理学的纯音和光点实验表明，注意转移的时间约为40～60ms。不同的个体注意转移所需要的时间是不相同的。如果注意转移时间太长，会影响驾驶车辆的行为，以致发生事故。

(2)注意转移的范围。注意的转移与注意的分配是互相联系的，每一次注意的转移，注意的分配也随之变化。一经转移，原来的注意中心对象便转移到注意中心以外，而另外新的对象则进入注意中心，注意的范围就会发生变化，这将使行车信息的数量和性质发生改变。如果注意转移的范围过窄，会造成信息接收不足或错误，就会影响行车安全。

(3)注意转移的程度。当注意转移不完全时，人已进入新的作业任务，但实际上还没有脱离旧的作业模式，会造成操作失误。

与汽车驾驶人注意转移有关的因素还有以下几种：

(1)注意的转移与汽车驾驶人对前后活动意义的认识水平有关。如果汽车驾驶人能正确认识前后两种活动的意义，注意就容易转移。例如，当汽车驾驶人真正认识到驾驶车辆是自己的神圣职责，国家的财产和乘客的生命都掌握在自己手上，而下棋、打牌仅仅是娱乐休息时，那么，放下娱乐活动立即整理或保养车辆便是轻而易举的事了。

(2)注意的转移与汽车驾驶人从事原来活动时注意的集中程度有关。如果进行先前的活动时注意非常集中，要把注意迅速地转移到后来的活动上就不大容易。例如，有些“棋迷”停下正在鏖战的棋局去驾驶车辆，到了车上还在想着"将军抽车"，这对安全行车是十分不利的。所以，汽车驾驶人出车前最好有一段时间轻松地休息一下，不要做注意高度集中的事，以利于注意的保持。

(3)注意的转移与汽车驾驶人对先前从事的活动感兴趣的程度有关。转移的快慢和难易程度取决于原来注意的紧张程度和引起注意转移的新活动(对象)的性质。当新活动不大符合自己的需要、兴趣时，就会影响注意的转移。对先前的活动越是感兴趣，越会留恋不放，注意就越不容易转移到后来的活动上。如"扑克迷"丢下扑克去驾驶车辆，就要费很大的劲才能把注意转移过来。相反，如果先前的活动枯燥无味，后来的活动却引人入胜，注意就很容易转移了。

(4)刺激物的特点，诸如强度、大小、颜色对比、持续时间、动静变化和新异等，是引起汽车驾驶人随意注意和不随意注意的重要原因。一般而言，新奇的、活动的、对比度强的刺激物容易引起驾驶人的随意注意。有人曾做过这样一项实验，让汽车驾驶人驾驶车辆在道路上行驶257km(约3h)，要求随时报出沿途所见的各种交通标志。结果发现，汽车驾驶人对禁令标志和警告标志报告率很高。在1 431个这类标志中，漏报的只有152个，说明新奇的刺激物容易引起汽车驾驶人的注意。有人也进行过模拟实验和现场驾驶研究，让驾驶人驾驶车辆在道路上行驶，要其随时报出沿途所见的一切视觉对象，其结果见表5-1。

模拟驾驶和现场驾驶环境对注意的影响 表5-1

操作环境	广告	树木花草	总体背景	道路环境	行人	交通控制装置	车辆	其他对象
模拟驾驶	10.2%	7.3%	12.4%	12.2%	10.2%	18.3%	27.6%	1.8%
现场驾驶	13.7%	6.6%	16.2%	12.1%	12.4%	16.0%	19.0%	4.0%

从表中可见，与驾驶无关的对象，如广告、树木花草和总体背景这三项，在模拟实验中占29.9%，现场驾驶中占36.5%，与模拟驾驶相比，在现场驾驶中无关的对象占的注意比例更大；在与安全驾驶有关的对象中，现场驾驶对行人的选择注意更加明显。

心理学研究表明，有时微弱的附加刺激不仅不会减弱注意，反而会加强注意。

国内有关专家对载货汽车驾驶人视觉选择性注意的一项研究发现，事故组与安全组驾驶人在完成时间、漏画数、错画数等方面都有显著性差异。随着年龄的增大，这种差异更加突出，说明注意能力确实影响行车安全。由此可见，注意具有对知觉对象的选择功能、对知觉信息的保持功能和对心理活动的调节与监督功能。所以，注意能提高人的感受性，使知觉清晰、思维敏捷，从而可使驾驶行为准确、及时、安全。

在驾驶人行车过程中，注意贯穿始终，且注意的各个特征之间也相互联系、相互影响。驾驶行为中注意广度、注意分配、注意集中、注意转移都是安全行车的保证。日本的一项研究表明，事故倾性驾驶人的视野狭窄、注意广度小、注意分配不当且不够稳定，这都是事故的影响因素。

四、驾驶人注意的局限性

人类注意和加工信息的能力是有限的。这些局限往往会为驾驶人带来困难，因为他们要在控制、引导和导航任务中分配注意。尽管注意可以被很快地从一个信息源转移到另一个信息源上，但每次只有对其中一个的注意是有效的。同时，人们也只能从当前的道路场景中选择很少的一部分有效信息。

在驾驶任务中，为解决信息加工能力受限的问题，许多驾驶人都会下意识地选取一些他们能处理的信息负载。当信息负载超出处理能力时，驾驶人会依据信息的重要程度来选择。在这一过程中，不管哪种决定都有潜在失误发生的可能。驾驶人在选取信息时也有可能选择了最危险的负载，而遗漏了其他可能发生危险的负载。

表 5-2 列出了几种会对驾驶人造成不同水平信息负载的情况。每一种情况都有可能由于人的信息加工局限而增加驾驶人的失误。

因信息负载过高而易引起驾驶人操作失误的几种情况举例 表 5-2

情况	举例
需要多个信息源	从高速公路下来进入普通道路行驶
需要及时作出复杂的决策	黄灯时在停车线附近是继续行驶还是停下来
一次需要接受大量的信息	行驶在一个不熟悉的路段，头顶出现一个有多块版面的门架式标志
与驾驶期望相违背	由匝道驶出进入干线左侧的自由流

正如表 5-2 中的例子所示，许多道路上同时呈现的大量信息都会使驾驶人信息过载。认识到道路使用者的这些局限并思考解决的途径对于降低交通事故率是十分有价值的。

为了适应不同的信息加工能力，在进行道路设计时应满足：

(1)保持呈现信息的一致性，以便保证适当的信息负载。

(2)对于每个控制、引导和导航任务的信息要逐步呈现，而不要一次性呈现所有信息。

(3)通过提示告知驾驶人哪些信息更加重要，以便他们剔除无关的信息处理任务来减少信息的负载。

除了信息处理的局限性，还应注意的是，驾驶人的注意力不会完全由他们自主控制。对于有一定经验的驾驶人而言，驾驶是一个高度自动化的任务。也就是说，即使驾驶人正思考其他事情，他也可以正常驾驶。大多数驾驶人当在他们熟悉的路线上行车时，都有在道路结束前几英里才开始注意，而之前相当一段路程没有留心的体会。驾驶任务需要的注意越少，驾驶人越容易走神，他们要么专注于车辆内部情况，要么从事其他的非驾驶任务。交通量的增加、外界社会环境的干扰，手机、手提式电子设备以及其他车内装置，都有可能分散驾驶人的注意。注意分散可能会导致车辆驶出车道，或在交叉口看不到信号灯、交通标志或一个正穿越道路的道路使用者。

五、道路交通事故中导致驾驶疏忽的因素

由于人的视觉注意和信息加工能力是有限的，驾驶人在行车时会经常出现疏忽。注意是人从感觉器官输入的各种信息中选择最有用的信息进行加工处理的能力，疏忽则是指人选择了错误的、不相关的信息或没有选择到有效的信息。驾驶人在行车过程中选择了与安全驾驶不相关的信息，或者选择了与驾驶不相关的信息，又或者没能选择信息，统称为驾驶疏忽。驾驶过程中的注意分散是驾驶疏忽的一种，是指由于注意了不相关的信息而遗漏了对安全驾驶有用的信息。

驾驶疏忽是导致交通事故发生的重要原因。如果道路上存在一些潜在危险，驾驶人行车到此处时，因为驾驶疏忽，没能注意到或没能及时注意到这些危险，那么就会因为没有采取或没有及时采取相应的驾驶操作而引发事故。

驾驶疏忽的产生是由一系列不同的原因综合造成的，其中起主要作用的因素有五个：

(1)刺激物本身的显著性：一个刺激物能够被驾驶人注意到主要取决于刺激物本身的显著性，如大小、颜色、对比度、运动、发光及闪烁等。

(2)视觉遮蔽：驾驶人没有能力连续不断地处理视觉信息。眨眼、扫视以及短暂的闭眼都会导致视觉信息的丢失。

(3)视觉离心率：是指刺激物在人眼视网膜中心区的成像移动到周边视野，从而降低了人眼觉察刺激物的可能性。如驾驶人在开车时由于注视点离开前方而转向车内仪表盘，前方车辆出现时，由于成像在视网膜的周边视野中，导致驾驶人对其注意能力下降。

(4)认知因素：在信息加工理论中讲到，信息加工包括自下而上的刺激驱动的加工和自上而下的目标驱动的加工两种，且这两种信息加工方式是并存的。但由于人的信息加工能力是有限的，因而两者又是一种竞争的关系。在此前提下，当驾驶人存在第二任务时，就会影响驾驶人对驾驶相关信息注意的能力。

(5)驾驶期望：驾驶期望可以看成认知加工中目标驱动的注意。期望是预期或考虑某一时间发生的可能性，并为之做好驾驶操作准备的现象。驾驶期望贯穿驾驶任务理论模型的各层。在导航层，驾驶期望主要是基于过去的经验；在操作层，驾驶期望渗透于驾驶人的所有操作中。在美国 100 辆车的研究中也发现，驾驶期望在安全驾驶中起着重要的作用，它影响着人的反应、错误概率以及交通效率。

以上五种因素的作用可以概括成图 5-7。刺激物能够被驾驶人所注意主要取决于刺激物本身的显著性，如发光、对比度或运动性等。视觉敏感性取决于物体在视网膜成像的位置距离中央窝的角度。眨眼或扫视也有可能导致出现在视野中较短时间的客体被忽视掉。同时，自上而下的注意选择也对视觉敏感度有显著的影响。这些机制的损失均会导致注意能力的显著下降。期望不仅与自上而下的注意选择有密切的关系，而且也是影响驾驶人觉察能力的一个重要因素。可以预期，当以上因素中两个或多个同时存在时，驾驶安全面临着巨大挑战。

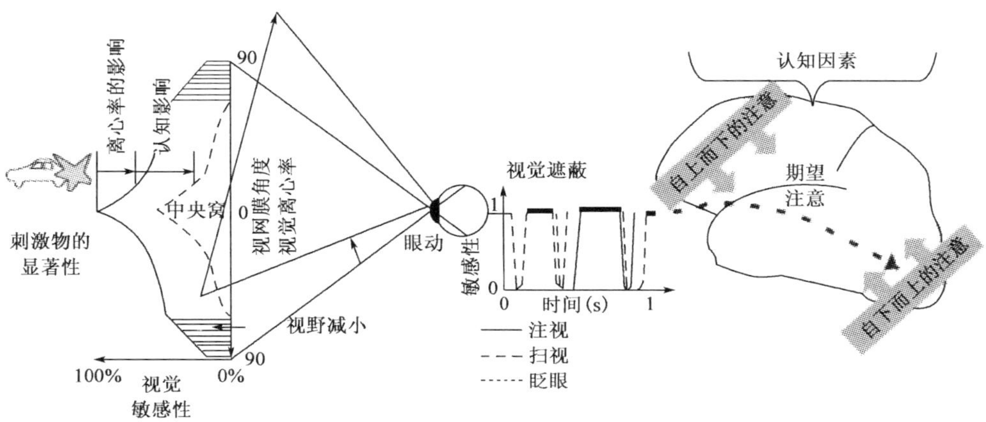

图 5-7　影响驾驶疏忽产生的主要因素的理论框架

第三节 驾驶人的情绪、情感和意志

汽车驾驶人在行车途中，不断地感知各种客观现实的刺激，经过大脑的分析判断，就会转化为各种信息。其中有些信息是符合人的需要的，汽车驾驶人的心里就高兴、快乐；有些信息是不符合人的需要的，就厌恶、反感。这种因人对客观事物所持的态度而在内心中所产生的体验，就是情绪和情感。汽车驾驶人的情绪、情感对安全行车有着直接影响。积极的情绪情感，可以使汽车驾驶人反应迅速，动作敏捷，对驾驶工作顺利进行起到促进作用；消极不良的情绪、情感，能降低汽车驾驶人的工作效率，阻碍安全行车。有人曾对100名汽车驾驶人以"发生交通事故前你遇到哪些生活事件"为题进行问卷调查，结果显示：在家里与妻子、孩子或其他人生气的占9%；受领导批评的占1%；与同事发生矛盾冲突的占2%；与行人发生矛盾冲突的占2%；因乘客拥挤、吵闹而生气的占2%；因与交警发生冲突而紧张的占1%；因经济拮据和其他麻烦事的占6%；因道路堵车和等人而烦躁的占2%；因新婚过度高兴的占1%；因离婚而沮丧的占1%；因配偶、亲人死亡而悲痛的占1%；因配偶、亲人重病而忧虑的占2%；因失恋而忧伤的占1%；因途中听过于刺激的音乐而过度兴奋的占1%；因看刺激的电视而过度兴奋的占2%。由这些生活事件引发的情绪情感问题共占34%，与日本同类研究结果大体一致。可见，情绪情感问题是引发交通事故的重要因素之一。交通事故的统计也表明，汽车驾驶人由于情绪、情感变化所导致的交通事故，在交通肇事中占有相当大的比例。

一、驾驶人的情绪

1.情绪的含义与特征

人的情绪是一种心理活动的产物，是人们对待客观事物的一种态度，反映主、客观之间的关系，是人对客观事物是否符合自己需要的态度的体验。人们通常以愤怒、悲伤、恐惧、快乐、爱、惊讶、厌恶、羞耻等反应来说明情绪。中国人常说的喜、怒、哀、惧、爱、恶、欲七情，也可以称为情绪。情绪总是同人的需要与动机有着密切的关系，只有那些与人的需要有直接或间接发生关系的事物，才能引起人的不同情绪体验，产生不同的内部体验和外部表现，如人的某种需要得到满足或目的没有达到时，他将会产生愉快或者难过等感受。

人的情绪具有两极性，即积极的体验和消极的体验。例如，在行车过程中轮胎爆了却没有带换胎工具，这时你需要帮助。当你拦下一辆汽车向其驾驶人求助时，他却置之不理把车开走，这时你就会因为刚才遭受"冷漠"对待而在心理上产生相应的"内部体验"和外部的表现，会感到很悲哀，从而引起消极的否定性的情绪，如厌恶、愤怒、埋怨等；当你失望的瞬间，后面来的另一辆汽车的驾驶人主动向你伸出了友爱的双手，使你的汽车恢复了正常行驶，这时你的心理就产生与前者完全不同的"内部体验"和外部表现，会引起积极的肯定性的情绪，如满意、愉快、高兴、自信等。由此可见，各种不同的情绪体验都会给汽车驾驶人在行车安全上带来不同的效应，积极的情绪起增力作用，消极的情绪起减力作用。

2.驾驶人不同的情绪状态

情绪状态是指在某种事件或情境的影响下，在一定时间内所产生的某种情绪，其中较典型的情绪状态有心境、激情和应激三种。

1)驾驶人的心境

心境是一种比较微弱、弥散而持久的情绪状态。表现为烦躁、消沉等。心境产生的原因往往是生活中的一般事件,但影响其最主要的因素是人的主观世界(理想、信念等),它能影响人的整个行为表现。心境一经产生便会扩散和蔓延到对其他事物的态度上去,使人的其他体验和活动都染上情绪色彩。驾驶人的心境不佳,行车时往往不能集中精力,出现反应迟钝、应变力差的现象,很容易发生交通事故。

事实证明,良好的心境有助于活动积极性的发挥,提高工作效率,驾驶人在此情绪状态下行车就会感知清晰、判断敏捷、操作准确;而不良的心境则会使人沉闷,影响身心健康,妨碍工作,还会感到看什么都不顺眼,在驾驶过程中可能会强行超车,开"斗气车",最终酿成事故。

鉴于心境是一种持久的情绪状态,所以研究人员借鉴心理学情绪状态的量表,编制了职业驾驶人情绪状态量表,并应用于一些专业运输公司驾驶人当日情绪状态的测量中,以此作为衡量驾驶人当日是否适合出车的依据。

2)驾驶人的激情

激情是一种强烈的、爆发性的、为时短促的情绪状态,它通常是由一个人生活中具有重要意义的事件所引起的,有很明显的外部表现,有激动性和冲动性,发作短促,指向性较为明显。激情也同样具有双重作用,积极的激情是人类行为的巨大动力,消极的激情可产生不良的后果。

"怒发冲冠"、"手舞足蹈"、剧烈的悲痛等都是消极的激情状态,在这种情形下,驾驶人的认识活动范围往往会缩小,被引起激情体验的认识对象所局限,理智和分析能力受到抑制,自控能力减弱,往往不能有效约束自己的行为,不能正确地评价自己行为的意义及后果,会影响观察判断和操作,在驾驶过程中容易发生交通事故。

激情产生的原因很多,一般是由相互矛盾的强烈愿望或冲突而引起的。例如,公路上私营的公交车,常常为了眼前的经济利益,要超越前车,而前车也为了其利益而不甘落后,始终占道不让,僵持的结果往往激起后车驾驶人的愤怒而呈现出消极的激情状态,可能会不顾危险强行超车而导致交通事故,损害公众的利益。

3)驾驶人的应激

应激是出乎意料的紧张情况所引起的情绪状态。汽车驾驶人在突如其来的或在危险情境的条件下,必须迅速地、几乎没有选择余地地采取决定,使情绪处于应激状态。例如,汽车在行驶中突然遇到有人在车前横穿道路,或者同方向行驶的自行车突然闯道等,这时需要驾驶人依据平时积累的经验集中注意力和精神,迅速地判断情况并在瞬间作出正确决定。紧急的情景会惊动整个有机体,它能很快地改变有机体的激活水平,引起情绪的高度应激化和行动的积极化。但应激也会使人全身兴奋,注意和知觉范围缩小,行为紊乱,特别是在险情出现之前缺乏足够的思想准备,可能会作出不适当的反应。例如,车辆过渡口时,要踩加速踏板冲上渡船,这时如果突遇加速踏板卡死不能回位,发动机高速运转,车辆就可能一直向船头冲去,驾驶人遇此突发危险事件产生应激状态,手忙脚乱忘记使用制动器停车,思维判断只是简单地被局限在寻求用脚尖去勾起加速踏板的方法上,甚至还有的驾驶人遇到紧急情况时,错把加速踏板当成制动踏板踩,结果发生不应有的交通事故。

上述事实都说明在高度惊恐和应激的条件下驾驶知觉的狭窄和行为的死板倾向。精神过度紧张会使驾驶人的大脑神经兴奋和抑制过程失调，出现暂时性的不平衡，大脑皮层相关部分的正常活动会受到干扰，使认识操作赖以活动的神经中枢兴奋性减弱，兴奋和抑制的交替联系的恢复和建立、分析或综合活动的进行都会发生困难，从而降低思维效能。另外，由于自身抑制力降低对支配机体内器官调节控制中枢神经的作用减弱，这时驾驶人就会感到一种难以自制的心慌和紧张，从而出现一系列动作失调和行为紊乱现象。

3.影响驾驶人情绪的因素

在日常生活中，人类遭受的天灾人祸、精神与肉体的摧残和折磨、人际关系的紧张和冲突、事业上的不顺心或挫折、生理上的缺陷和疾病等，都会直接影响驾驶人的情绪。

1)生理因素

情绪的变化与人的生理条件有关。如驾驶人患了慢性病会产生急躁和消沉的情绪；服用某些药物又会产生麻痹、镇静、激动与兴奋的情绪；久治不愈又容易产生悲观、失望、急躁的情绪；女驾驶人月经来临时会产生烦恼的情绪；持续不断的噪声、振动、夜间或强或弱的光线，对驾驶人的视力听力的刺激，不同程度地影响着驾驶人的情绪等。此外，驾驶人饮酒、生理疲劳、生理需要以及饮食选择，对驾驶人的情绪都有较大的影响。

2)个体需要

人的需要是产生情绪的基础，任何一种情绪都是指那些与个体需要是否满足相联系的体验。凡是那些能满足人的需要的事物，便会产生积极的情绪；凡是不能满足人的需要或与人的需要相抵触、相矛盾的事物，则会引起消极情绪。因为客观现实是复杂的，所以驾驶人的需要也是复杂的。如事业成功、工作顺利、驾驶技术进步快、长时间无事故等，都会使人快乐，甚至感到万事如意；相反，就会产生悲观、厌烦、畏惧等情绪。再如，政治进步快，个人问题处理解决得好，入团、入党、恋爱、婚姻等问题如愿，情绪就快乐；反之，就容易烦躁、抑郁。

3)客观环境

客观环境对人的情绪有很重要的影响。驾驶人在不同的交通环境中，其情绪体验是不同的，环境对驾驶人情绪的影响包括车内环境和车外环境。车内环境对驾驶人情绪的影响，如车内的噪声、振动、音响、颜色、气温和装饰物，以及乘客、领导和用户的催促与关系亲疏等。影响驾驶人情绪最直接、最大量的是车外环境。如在行车过程中与用户争吵，与民警冲突，长时间的堵车，相遇驾驶人的粗暴无礼，恶劣的气候环境等，都可能引起消极的情绪。

4)主观思想

人的情绪总是倾向于或针对一定的对象和方向，不会无缘无故地产生或变化，情绪变化的倾向性受个人世界观、理想、信念的制约。驾驶人一旦有了崇高的职业责任感、正确的驾驶动机和目的，从人民生命财产的安全出发，就能通过主观上的自我调节，努力克服自己的不良情绪，主动去适应交通环境，在驾驶训练、执行运输任务中才能始终保持高涨和积极的情绪。影响驾驶人情绪的因素还有领导因素、同事因素、家庭因素、道路因素、交通控制因素、交通事故偶发因素等。这些因素通过各种不同的形式，不同程度地影响着驾驶人的情绪。

4.驾驶人的不良情绪对安全行车的影响

喜怒哀乐是人的最基本的情绪。一个人的情绪对人的认识、意志、行为和个性都有重要影响。尤其是机动车驾驶人，其情绪对行车安全至关重要。如果驾驶人在某种情绪支配下驾驶车辆，那么情绪状态就会直接干扰驾驶人的行车。每个驾驶人都有安全驾驶车辆的愿望，并也知道应该怎样去做，但一些驾驶人在特定的环境和时机下，无意识地忽略了安全，产生一些不利于安全行车的想法和做法，致使发生事故。大量交通事故案例表明，驾驶人带着消极情绪驾车而发生的交通事故占事故总数相当大的比例。具体说来会出现以下几种情况：

1)情绪会导致驾驶人的注意力不集中

驾驶人的工作具有高度的危险性，要求驾驶人在驾车行驶时必须集中注意力。但有的驾驶人在行车时会产生麻痹情绪，这就会影响行车安全。思想麻痹的主要表现为：驾驶人放松警惕，注意力不集中，视线弥散，全身懒散放松。在道路条件较好、没有复杂的交通情况，长途行车已安全驶近目的地，在车场掉头、试车与倒车，由复杂道路进入平坦道路，由城市驾驶转入郊外等级公路驾驶，夜间车稀人少、车况良好、操纵得心应手等几种场合下，极易产生思想麻痹情绪。思想麻痹情绪是造成车辆事故的主要原因之一，很多驾驶人因思想麻痹、一时疏忽而遗憾终生。

2)情绪会妨碍驾驶人的技术正常发挥

驾驶人一旦有了情绪后，伴随着情绪活动将会发生一系列的心理和生理变化，这些变化会使驾驶人在操作时应激性要么过高，要么过低。过高时强烈的应激状态阻碍和干扰了驾驶人的水平发挥，过低则使驾驶人的大脑在操作时得不到足够的能量。这两种倾向使驾驶人在操作时产生诸如操作规程走样、安全操作防范失误、采取措施不当等问题。如驾驶人一旦产生骄傲自满情绪，便会忘乎所以，过高地估计自己，因而不能正确认识和判断客观事物；当所驾车上有老乡、同学、年轻异性时，想露一手给他们看看，尤其是受到他们赞扬和夸奖时，格外得意，会忘乎所以，表现自己。这时驾驶人目无各种规章制度，做出一些越轨的驾驶动作和行为，导致事故的发生。

3)情绪会让驾驶人感到疲劳

驾驶人有了情绪状态后，不仅在精神上背上包袱，而且人体在生理上也发生异常变化，如心率加快、血压升高等。这时，一方面人体要继续承担驾驶工作所需消耗的体力，另一方面还要承担情绪状态给人体生理带来的变化。由此可见，情绪状态会增加驾驶人的疲劳，给安全行车带来危险。如驾驶人情绪过于紧张与恐慌，会导致感觉混乱、运动失调、操作失误，极易发生交通事故。如车况路况不熟悉，特别是新驾驶人走险路、山路、事故多发路段时，心里不踏实；驾驶人在路上看到惨不忍睹的交通事故场面；有的驾驶人出车受到外界因素的干扰和刺激而心情不佳、内心烦闷，在途中便以高速行驶发泄内心的气愤或者舒缓不良的心境，这样做也容易造成事故。

4)情绪会驱使驾驶人不讲职业道德

职业道德依靠社会舆论，特别是依靠人们内心的信念来维护和巩固。驾驶人一旦在情绪状态中开车，这种自觉行为的职业道德就会受到冲击。如果意志不坚定，自觉性便发生动摇，取而代之的是丧失理智和盲目行动。如驾驶人在行车中，碰到不顺心或违背自己意愿的事而生气斗殴，把车辆当成发泄自己怨气、向对方施行报复的工具，就会造成重大交通事故。动辄斗殴赌气，虽与驾驶人的性格特征有关联，但究其根本原因，还是驾驶人思想修养方面的问题。驾驶人在会车时，对方没有让出中心线，或者夜间对方没有按规定使用近光灯，影响到自己的行驶路线和视线时，易产生恼火埋怨情绪，有时便与对方对着干，互不相让，互不换灯；超车时，对方减速不让路或让路不减速，长时间压着自己的车，跟随的时间长了，怨气会越积越深，便会产生找个机会超过去，教训对方一下的念头；在单车道或窄桥相遇时，没有及时避让，便埋怨对方的不是，不愿倒车让行；行人、自行车让路不及时，或与汽车抢路时，便急躁恼火，用车保险械顶行人、自行车，以此来吓唬别人；受到领导和相关人员批评指责时，尤其当批评指责不完全正确或情况有出入时，不正确对待，便心中窝着火。这时，工作守则、交通原则、职业道德等都被抛在脑后，事故也往往在这种状态下发生。

5)情绪波动会使驾驶人安全意识淡化

驾驶人情绪波动，大多数是由思想问题引起的。情绪波动一般表现为两种倾向：高兴与沮丧。驾驶人情绪过于高兴或沮丧，都会严重影响安全意识。因为人在高兴或沮丧时，中枢神经系统便处于兴奋或压抑的状态。当中枢神经处于兴奋状态时，驾驶人行为表现得轻率、好动、异想天开、忘乎所以，操作动作和判断情况就不准确。当中枢神经处于压抑状态时，驾驶人反应迟钝、动作呆板、两眼滞木，对危险情况就会置若罔闻，有时甚至会眼睁睁地看着事故发生而不采取任何措施。当驾驶人受到上级或相关人员的表扬或批评时，易产生高兴或沮丧情绪；分配的行车任务令人满意或令人失望，也会使人产生高兴激动或沮丧压抑的情绪；初恋或失恋者，驾车中想到自己的恋人，易产生高兴兴奋或压抑情绪；服用了兴奋型药物、食品或抑制型药物、食品，会产生兴奋或压抑情绪；行车中一路顺风或一路故障，易产生高兴或沮丧情绪；家中有喜事或难事，易产生高兴或沮丧情绪；违反交通规则或发生事故，被没收驾驶执照，再驾车回场，会产生严重的沮丧情绪。由此可见，驾驶人产生的一切消极情绪都直接影响着行驶安全，必须抑制和消除。

二、驾驶人的情感

1.情感的定义

情绪主要是指感情过程，即个体需要与情境相互作用的过程，也就是脑的神经机制活动的过程，具有较大的情景性、激动性和暂时性；而情感经常用来描述那些具有稳定的、深刻的社会意义的感情，具有较大的稳定性、深刻性和持久性。稳定的情感是在情绪的基础上形成的，而且又通过情绪来表达。

驾驶人的情感是指驾驶人对于客观事物是否符合个人需要而产生的态度的体验。符合驾驶需要的体验，对驾驶人的观察和判断有促进作用，使驾驶人勤于观察、仔细思考、思维敏捷、反应迅速。相反，不符合驾驶人需要的体验，会妨碍驾驶人认识，使驾驶人觉得无精打采，懒于观察和思考，并使驾驶行动迟缓、反应变慢。

2.情感的分类

人的情感状态可以分为道德感、理智感和美感。

(1)道德感是人们根据一定的道德标准，在评价别人和自己的言行时，所产生的一种情感体验。道德感直接体现了客观事物与驾驶人的道德需要之间的关系，如果自己的思想行为符合社会道德准则，就会产生肯定的情绪体验，否则就会痛苦不安。

道德感对人的行为有着巨大的调节作用，是道德行为的内部动力。驾驶人强烈良好的道德感是做好驾驶工作、提高驾驶水平、保证驾驶安全的重要心理条件。

(2)理智感是人在智力活动过程中对客观真理的探求,并加以评价而产生的情感体验。它与人的求知欲、认识兴趣或追求真理的需要是否得到满足相联系。

驾驶人在完成驾驶任务的活动中会引起一系列深刻的情感体验。主要发现为:对驾驶技能和理论的求知欲和新异感;对交通安全的理论与实践中出现问题的怀疑感和不安感;对自己认识活动的成功、驾驶水平提高的喜悦感;以及对真理的坚信感等。理智感不仅产生于认识活动,寻找驾驶规律,发现各种路面情况的规律及其产生的原因和特征,保证安全行驶的方法、措施等;反过来又推动认识活动不断深化,推动思维任务的解决。当驾驶人认识了安全行车的规律,成功通过交通环境复杂地段的体验会推动他进一步努力思考、总结规律,从而对驾驶工作产生浓厚兴趣。驾驶人的理智感表现在安全问题上,首要的是树立安全行车的信心感,坚信自己是能够做到不出交通事故的。驾驶人在安全问题上的这种理智感,是驾驶人安全行车实践活动不可缺少的心理准备。

(3)美感是驾驶人对客观事物是否符合自己审美需要而产生的情感,是驾驶人对驾驶活动中表现出的现象和艺术上的美与丑的态度体验。在驾驶活动中,面对着由于自己的劳动而产生的社会效益会感到美;高超的驾驶技术、良好的职业道德会引起美感;对别的交通参与者不顾自己的利益主动让车、让路,会产生深切的尊敬感。因此,美感在驾驶人的驾驶活动中有重大意义。

三、驾驶人的意志

意志是指一个人自觉地确定目标,并根据目标来支配、调节自己的行动,克服各种困难,从而实现目标的心理过程。人对客观世界的反应并非是消极被动的,而是积极能动的。人在反应客观世界的过程中,不仅接受内外刺激的作用,产生认识和情绪情感,而且还要采取行动,反作用于客观世界。人们为了改造客观世界,就必须预先在头脑里确定行动目的,拟制行动计划,选择行动决策,克服行动中的困难等,这一过程就是意志过程,是人所特有的精神活动。坚强的意志是巨大的精神力量,它是人们排除干扰、战胜艰难、创造业绩必备的品质。由意志支配的行动称为意志行动。

汽车驾驶是一个复杂的意志行动。驾驶人在完成自己的驾驶任务时会遇到各种复杂情况,为了应付这些复杂情况、达到安全行车的目的,要制订达到目的的计划、方法,作出一系列决定,如是加速还是减速、是超车还是让行、是避让还是停车等,并付诸实施,运用意志完成驾驶活动。

意志行动在不同人的身上表现不同。有人能独立地采取决定,而有人则易受暗示;有人处事果断,有人则优柔寡断。构成一个人意志行为特点的稳定因素的总和被称为意志品质。良好的意志品质是驾驶人在复杂的道路环境、恶劣的气候环境中克服困难,完成各种驾驶操作和预定运输任务的重要条件。

第四节　驾驶人的反应特性

驾驶人的反应特性一直是研究的焦点。驾驶人的反应特性与事故的发生密切相关,驾驶人反应不及、制动过缓造成的交通事故在交通事故总数中占有相当大的比例。

一、驾驶人的手脚运动特征

在汽车—驾驶人的人机系统中，驾驶人有效地控制操纵装置，使汽车安全运行，在很大程度上取决于手脚运动的特点和规律。

1. 手的运动特征

1）手部动作速度

手部动作速度是指手部在单位时间内移动的距离。在一般情况下，动作完成的速度在5～800mm/s 范围内。其特点是：在垂直面的速度比水平面的快；从上向下比从下向上快；在水平方向的前后运动比左右运动快，旋转运动比直线运动快；同时右手向右比向左运动快；手朝向身体的运动比向离开身体方向的运动快；顺时针方向的操作动作比逆时针方向快；单手在外侧60°左右的直线动作和双手在外侧 30°左右同时进行的直线动作速度最快；手的最大运动速度与动作的负荷成反比，到达最大速度所需的时间与动作负荷成正比。

2）手部动作的力量

手部动作的力量是指手在运动中遇到阻力时表现出来的力量。手部动作力量与人体姿势、着力部位、用力方向和用力方式都有关系。测量表明，一般人右手握力约为 38kg 力，左手握力约为 35kg 力。手的拉力，在手臂伸直的情况下，男性平均短时间拉力为 70.3kg 力，女性平均为 38.6kg 力。当手前后运动时，拉力较推力大，瞬时拉力最大可达 1 100N。坐姿短时拉力可达 1 134N，而长时间持续拉力约为 295N。当手沿胸前平面运动时，推力大于拉力，最大推力约为 400N。

3）手部动作的准确性

手部动作的准确性是指手部动作达到预期的要求。凡达到预期要求的动作是准确的动作，反之则为不准确的动作或错误的动作。研究表明：手部定位动作是垂直方向的准确性高于水平方向；离开身体的动作的准确性高于接近身体的动作；在身体前方外侧 55°处定位准确性最高；当肩与上臂不动，仅以肘为转轴时，准确度较高；腕关节有依托时，手指动作准确性较高。在行车时，往往要求驾驶人注视仪表盘或交通情况，同时用手去操作操纵器，而不用视觉帮助，这是盲目定位动作。这时，驾驶操作的准确性取决于盲目定位的准确性。实验表明，在坐姿时，身体正前方的盲目定位的准确性最高，错误最少；右方稍优于左方；在同一方位，下方错误较少。

2. 脚的运动特征

1）脚的运动的范围

驾驶操作时，脚的活动主要是膝关节、小腿和脚掌的运动。坐姿时，小腿屈伸最大范围为160°～180°，左右活动各为 30°，脚掌活动范围向上可达 75°，向下伸至 120°～145°，脚掌向内侧转动可至 45°，外展至 50°。

2）脚部动作的力量

脚部动作力量的大小与人体的姿势、脚的位置和方向有关。坐姿有靠背支撑时，脚部力量最大。

3）双脚运动的差异

由于传统生活习惯和劳作姿态长年累月的影响，右手、右脚得到较多的锻炼。实验测量表明，绝大多数人右脚的踏力、支撑力明显大于左脚。右脚盲目定位的准确性高于左脚，因此灵活性、敏感性也优于左脚。在操纵上，右脚的更换时间、运动速度、运动方向的变换也快于左脚。

二、驾驶人的反应时间

反应就是指人体器官因外界刺激而发生的效应动作，整个过程所需要的时间称为反应时间。驾驶人的反应时间是指从驾驶人受到某种刺激开始，至做出相应的反应动作为止所需要的时间。它一般包括驾驶人感觉器官接受刺激所需要的时间，大脑信息加工所消耗的时间，神经传导的时间以及执行操作的时间。

驾驶人的反应时间可分为简单反应时间和选择反应时间两种。

1. 简单反应时间

对于单一信号一种刺激，只需做一个动作就可完成，所需要的时间称为简单反应时间。例如，在被试者面前放置一灯泡，指导被试者看见灯亮时立即按下开关，那么，从灯亮至被试者按下开关所花费的时间即是被试者对灯光的简单反应时间。实验表明，光刺激下驾驶人的简单反应时间是由以下各部分组成的，见表 5-3。

光刺激下驾驶人的简单反应时间组成 表 5-3

组成部分	简单反应时间(ms)
光线到达人眼视网膜	0.000
视网膜细胞产生兴奋	0.020
神经将兴奋传至视觉中枢	0.020
从视觉中枢到运动中枢	0.095
从运动中枢至肌肉产生动作	0.017

总计起来，简单反应时间大约为 152ms，表 5-4 是驾驶人对不同刺激的简单反应时间。从表中可以看出，人对触觉信号的简单反应时间最短，其次是听觉信号，对视觉信号的反应时间较长。

各种刺激的简单反应时间 表 5-4

刺激种类	感觉	简单反应时间(s)
触刺激	触觉	0.117～0.182
音刺激	听觉	0.120～0.182
光刺激	视觉	0.150～0.225
冷刺激	冷觉	0.150～0.230
温刺激	温觉	0.180～0.240
嗅刺激	嗅觉	0.210～0.390
味刺激	味觉	0.308～1.082

2. 选择反应时间

在实际驾驶中，作用于驾驶人感觉器官的外界信息很多。驾驶人必须对这些信息进行判断，作出相应的反应。我们将这种无规则地向驾驶人显示出的各种信息、完成一个以上的动作所需要的时间称为选择反应时间，也叫复杂反应时间。由于有认识和判断的过程，所以选择反应时间比简单反应时间要长。供选择的信息越多，反应的时间越长。由于目前道路交通日益繁忙，驾驶人在行车途中随时会遇到各种各样的复杂情况，需要予以处理，因此要求驾驶人必须时刻保持警觉，对随时出现的危险情况作出及时正确的判断、选择、反应，采取正确的技术措施。

三、影响反应时间的因素

1. 不同感受器官的影响

人的感受器官对不同的刺激信号有不同的反应时间，这从表 5-4 中便可以看出。在各种刺激中，声音、接触和光线的刺激引起的反应时间较短。就具体器官来说，双眼视觉反应时间比单眼反应时间显著缩短，双耳听觉反应时间也比单耳反应时间短。对于同一感觉器官，刺激的部位不同，反应时间也有差别。例如视觉刺激信号在人眼视野内出现的位置会影响人的反应时间。有人在被试者的视平面内，在注视点左右各 10°、30°、50°位置上放置灯光信号，用脚踏开关进行单纯反应实验，结果发现用 50°位置上的灯光信号测出的反应时间比 10°位置上延长 0.1～0.2s。

2. 反应运动系统种类的影响

驾驶人的反应时间不仅依赖于受刺激的感官，还与反应运动系统种类有关。例如，对于同一刺激信号，人的手与脚作出简单反应的时间是不同的。有人做过这样的实验，使若干名被试驾驶人坐在静止不动的驾驶室内，当车前的指示灯亮时，要求被试者立即旋转转向盘或脚踏制动踏板。结果表明，手的反应时间为 0.238s(均方差为 0.078s)，脚的反应时间为 0.448s(均方差为 0.128s)，相差约 0.21s，即手的反应明显快于脚。

据生物学家的观察和研究，世界上 90%以上的人习惯使用右手和右脚，长期的实践锻炼，造成了人的右手和右脚比左手和左脚要灵活、有力、动作迅速、反应时间短。右手的反应时间为 0.144s，左手的反应时间为 0.147s，相差 0.003s；右脚的反应时间为 0.174s，左脚的反应时间为 0.179s，相差 0.005s。

3. 信号刺激强度的影响

信号刺激强度是指物理强度及其他类似的因素。大量实验结果表明，当刺激很弱时，反应时间较长，而当刺激增至中等或高强度时，反应时间便随之缩短。由此可见，在刺激强度较弱时，为了缩短反应时间，刺激强度稍有增加便会收到较大效果。但当刺激已相当强时，再继续加大刺激强度却不会有明显效果。刺激物的刺激强度与背景有密切关系。对比强，反应时间就短；对比弱，反应时间就长。例如，在寂静的环境中听到喇叭声引起的反应时间，比在喧闹环境中听到的同样响亮的喇叭声引起的反应时间短。颜色与颜色搭配也影响刺激强度，两种颜色对比鲜明，亮度差大，反应时间短；相反，两种颜色接近，清晰度差，反应时间长。另外，在选择反应中，刺激信号数量越多，密度越大，反应时间越长。

4. 反应者年龄和性别的影响

许多研究提示，随着年龄的增长，人处理环境信息的能力降低，这在反应特性上表现为选择反应时间延长，误反应次数增加。有人对平均年龄为 20.7 岁的年轻组和平均年龄为 63.6

岁的老年组两组人员进行了选择反应时间的测试。结果发现，不论有无反馈信息存在，老年组的选择反应时间均较年轻组长。国内的一些研究也表明，随着年龄的增长，选择反应时间延长，特别是在50岁以后，人的生理机能出现明显衰退现象，选择反应时间延长更明显。

性别的差异对反应时间也有影响，一般来讲，男性比女性反应时间短。日本学者对男女驾驶人驾驶小汽车在干燥柏油路面的制动实验结果表明，女性驾驶人的制动距离比男性平均长4m。还有人对男、女驾驶人以光和声音为刺激，测试其反应时间，结果发现男性比女性的反应时间平均要短些。

5. 驾驶车速的影响

当超速行驶时，驾驶人常因反应不及而造成事故。其主要原因是车速越快，视野越窄，注视点越远，外界物体的映像在人眼视网膜下移动越快，视网膜分辨不出事物的具体特点，神经系统都处于相对紧张状态，反应时间延长。车速越快，反应时间越长，当遇到突然出现的险情时，驾驶人往往来不及作出正确的判断，来不及采取准确的操作措施，事故就会发生。此外，车速越快，车辆的实际制动距离延长，这也是造成相对反应不及的原因之一。

6. 积极的心理准备有助于缩短反应时间

驾驶人在行车中，心理上处于积极准备状态，随时准备应付可能出现的各种情况，那么对刺激作出的反应则快；相反，心理准备不足，或没有准备，一旦遇到意外情况，心理紧张，反而延误反应时间，容易造成操作失误。道路交通中的警告标志以及事故多发地段的警告牌，就是为了引起驾驶人心理准备，从而缩短反应时间。有关实验资料表明，驾驶人在心理上有准备的期待情况下，反应时间就短，平均反应时间为0.54s；而在心理上无准备或准备不足，即突击情况下的反应时间就长，平均反应时间为0.73s，相差0.19s。

7. 生理心理状况的影响

驾驶人的生理心理健康状况直接影响反应时间的长短，驾驶人自身的生理状况及疲劳、药物和饮酒等因素，都会不同程度地影响驾驶人的反应时间。驾驶人的病痛、严重疲劳、药物镇静、酒精麻醉，可使反应时间大大延长。从心理上看，驾驶人精神饱满、情绪稳定、注意力集中的状态下，对外界信号刺激的反应时间就短；如果心理负担过重，情绪低落，人际关系紧张，则对外界信号刺激的反应时间就长。

8. 特殊训练程度的影响

经过特殊训练以后，对于某种刺激信号的简单反应时间可以减少。例如百米运动员起跑时，对发令枪声的简单反应时间为0.1s左右，而普通人为0.2s左右。再如，用装置测定选择反应时间，最初测得的数值为0.5s，但经过几次反复测试之后，可缩减到0.2s以内。驾驶人对声音和触觉的反应时间在训练初期约为0.1s，但经过大量练习之后，能降低到0.1～0.12s。这说明人的反应潜能是可以提高的。

实践证明，驾驶人的反应时间还与技术熟练程度有关。因为技术熟练可以形成“动型”，在对实际信息决策反应时，减少犹豫不决的时间。一些有经验的驾驶人，技术熟练程度达到类似自动化的程度。因此，加强专业训练也能缩短反应时间。

第五节　驾驶人的个性心理特征

人的心理包括心理过程和个性心理两个方面，驾驶人行车时的心理过程研究属于人心理的共性研究，不关心每个驾驶人的不同。而在现实情境中，驾驶人的个性心理特征也在交通安全中起重要作用。如一次很难找出原因的事故多数是因为驾驶人的情绪和马虎所造成；相同的环境下，有些驾驶人发生了事故，而另一些驾驶人则有效地避免了事故的发生，这也是由于驾驶人间的差异所致。共性寓于特性之中，研究驾驶人的个性心理特征，有利于我们更好地了解驾驶人行车时的心理，提高道路交通中人的能动性，充分发挥现有交通设施的作用，确保交通安全、舒适、方便。

所谓个性，是指在一个人身上经常地、稳定地、带有倾向性地表现出来的心理特征，包括了在人对待社会、对待工作、对待人际关系中，表现出来的特性。个性心理特征影响着驾驶人的一切言行举止。正是驾驶人个性心理特征与驾驶活动的结合，才给各自的驾驶行为涂上独特的色彩，显现出不同的差异性，这种差异性主要包括需要、能力、气质和性格等方面。

一、需要

1. 需要的概念

需要是人脑对生理和社会需求的反应，是个体行为和个体积极性的源泉。人的活动的积极性，根源在于他的需要。需要并不会因暂时满足而终止，因此，永远带有动力性。人对客观事物产生的情绪，是以客观事物能否满足人的需要为中介的，凡是能满足人的需要的事物，则产生肯定的情绪；凡是不能满足人的需要的事物，则产生否定的情绪。需要推动个体意志的发展，人为了满足需要，从事一定的活动，在克服困难的过程中，锻炼了意志。需要又是个性倾向性的基础，是个体活动的基本动力。

2. 需要的层次理论

美国心理学家马斯洛提出了著名的需要层次理论，认为人的需要是分层次的、多方面的，他将人的基本需求从低到高依次分为五个层次(图 5-8)。

(1)生理需要：包括衣、食、住、性爱等生理机能的需要。这是人类最原始、最基本，也是最优先的需要，代表了人的生物属性。

(2)安全需要：包括人身安全、劳动安全、职业安全等免受生理与心理上侵害的需要，是在生命体得以维持之后，产生的高一级的需要。

(3)社交需要：包括两方面，一是爱的需要，即希望伙伴之间、同龄之间的关系融洽，保持友谊与忠诚，希望得到爱情；二是归属的需要，即希望归属于一定的群体和集团，为团体和社会所接纳。

(4)尊重需要：包括自尊与他尊。自尊即希望在各种不同的情境中有实力，能胜任，充满信心，有独立自主的人格；他尊即希望有地位、有名誉、有威望，受到别人尊重、信赖与好的评价，希望个人的能力、成就得到团体和社会的承认。

(5)自我实现需要:希望实现个人的理想、抱负,最大限度地发挥个人的潜能,"希望自己越来越成为自己所期望的人物,完成与自己能力相称的一切事情",取得最大的成就,得到最大的满足。这是最高层次的需要。

马斯洛还认为,一般来说,高层次的需要出现在低层次的需要满足之后。对于五个层次的需要,各人在不同时间,会有自己的优势需要。需要的层次越高,越涉及他人和社会,表现的形式越多,变异性越大,但是得到满足的可能性也越小,越具有长久的动力性。

马斯洛的需要层次理论得到了心理学工作者和社会的广泛认可,特别是在他提出了能够完成自我实现的人具有的16项人格特征后,在培养和选拔人才方面得到实际应用。

作为道路交通系统中的驾驶人,面对道路、设施、车辆、环境等实际条件,有哪些具体需要?交通运输部公路科学研究院曾以美国心理学家马斯洛的需要层次理论为基础,设计了一张驾驶人需要调查表,调查的内容涉及安全性、舒适性、快捷性、服务性、畅通性、经济性、自由性、自主性八项内容。通过调查分析,排在前5位的依次是:安全性(36.18%)、舒适性(36.18%)、畅通性(29.61%)、快捷性(28.29%)和经济性(23.68%),见图5-9。

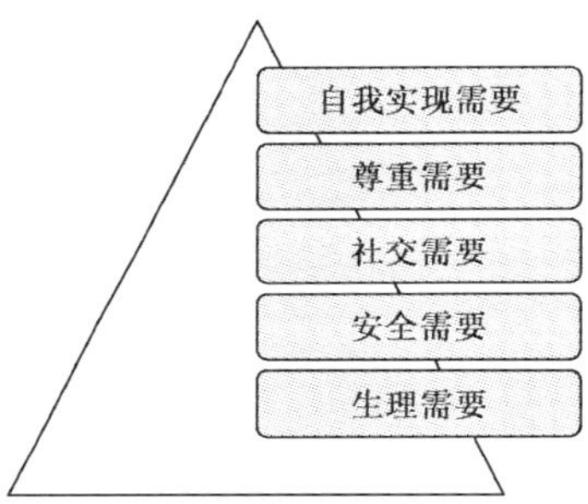

图5-8 马斯洛的需要层次理论

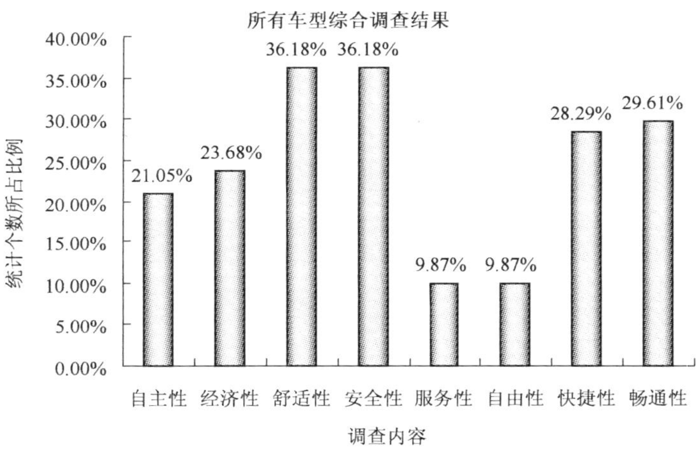

图5-9 我国驾驶人基本需要调查统计结果

这与我们倡导的建设"安全、舒适、快捷、经济、高效"的交通运输体系是一致的,也是建立在满足人类的基本需要的下两层上,而建设"以人为本"的和谐社会则覆盖了整个需要层次。

3. 需要与安全行车

汽车驾驶人在基本的生理需要满足之后,安全需要就上升到了突出的位置。特别在行车途中,汽车驾驶人尤其关心的是行车安全。但是,需要层次理论告诉我们,安全并不是人类的唯一需要,各层次间需要的强度和优势是可以互相影响、互相转化的。当安全需要占优势时,汽车驾驶人会自觉地调整自己的交通行为,调整行车速度和最合理的行车路线,严格遵守交通指示信号,保证安全行车。当汽车驾驶人的优势需要被某种其他需要所取代时,就会给安全行车带来威胁。这种对汽车驾驶人安全需要的冲击和影响,常常表现为以下几种形式:

1)能力自我显示的需要

在行车途中,汽车驾驶人需要有快速的反应、正确的判断、准确的操作,这是交通活动中的基本能力。个别汽车驾驶人在某些特定情境下，如：当受到别人赞扬时、女友坐在车上时、看到别的汽车驾驶人飙车时，也会有跃跃欲试的冲动，产生显示一下自我能力的需求。其表现为：在超车很困难的情况下强行超车，在车速很快时与行人抢行，与自行车、摩托车抢道等。这些行为是在当事人为了引人注目的需要，过于相信自己的能力，又迫切需要证实这些能力时发生的，此时安全需要显然被削弱了。

2)脱离约束的需要

汽车驾驶人驾驶车辆上路，就要遵守交通法规，这应是每一位汽车驾驶人都明确的基本道理。但是，也有个别汽车驾驶人不能适应环境的要求，特别“渴望无人约束的生活”，当一个人驾驶车辆上路时，就会产生脱离约束的需要，表现为闯红灯、超速行驶、强行超车、挤道占道等不文明行为，也增加了不安全的因素。

3)实现自尊的需要

心理学认为，当人们感到自尊心受到伤害时，受尊重、受重视的需要就会占优势，使安全需要处于次要地位。行车途中如果处于这种心态，个别汽车驾驶人就会为了肯定自己的能力、勇气与权威而采取不安全的行为，如开“斗气车”、互相挤压、互相超车、互不相让。这种为满足虚假的自尊心而采取的行为是极其危险的，是安全行车的大忌。

4)节省体力的需要

一个优秀的汽车驾驶人在出车回来后，无论身体多么疲劳，总不忘记检查车辆，履行正常的车辆保养制度，这是减少机械故障、保障行车安全的需要。但是，也有个别汽车驾驶人因为疲劳、怕麻烦就擅自减少对车辆必要的检查和保养，看上去干得很快，也很轻松，实际上却使一些事故隐患长期存在。也有的汽车驾驶人为节省体力，强行驾驶车辆走那些不够安全的所谓近道，这些做法都增加了发生车辆事故的可能性。

5)其他方面的需要

有时汽车驾驶人开车外出，还肩负其他任务，如帮助同事购物、寻找地址、游览观光等。此时，汽车驾驶人的注意力很可能被某个目标或某个事件所吸引，使注意力高度集中于其他方面的需要，而使安全需要削弱。

从以上的分析中我们可以看到，汽车驾驶人除了安全需要以外，还会有其他方面的需要。这些需要的强度增加，有时会给安全需要带来冲击和削弱。也就是说，作为汽车驾驶人，一方面希望保证安全行车，不愿造成他人或自身的伤亡；另一方面又想自我显示，脱离约束，实现自尊与节省体力。这两类需要在驾驶过程中始终彼此发生冲突，若是安全的需要占了优势，则驾驶行为注重安全而不至于发生事故；若是其他需要占了上风，则驾驶行为倾向冒险而易发生事故。有人认为，需要系统的变化是驾驶人人为介入事故的心理根源。

二、能力

1.驾驶能力的定义

能力是一种个性心理特征，是人顺利实现某种活动的心理条件。它在人们所从事的活动中表现出来，并在活动中得到发展。人的能力是在人的生理素质的基础上，接受一定的社会物质生活和文化教育环境的影响，在社会实践活动中形成和发展起来的。它受到先天因素的制约，但起决定作用的是后天因素。由于一个人的生理素质、文化教育、社会实践、工作经验和个人努力与修养等不尽相同，就形成了一个人能力的个别差异。

心理学家的研究发现，人的能力包括多个维度和分类，如一般能力和特殊能力，前者即是我们所说的智力，后者指人在某个领域中所表现出的特殊能力；模仿能力和创造能力，前者是指人简单模仿别人行为的能力，后者指人产生新的思想和新产品的能力；液体能力和晶体能力，前者指信息加工和问题解决中表现出的能力，后者指获得语言、科学知识的能力。

驾驶活动中，脑、体结合的工作性质，决定了一个合格的汽车驾驶人必须具备中等水平的智力。智力水平过低或过高的人员均不适宜从事职业驾驶工作。这是因为智力水平低的人，不仅不能有效地掌握各种驾驶的基本知识，出现学习困难，而且行车中很难做到全面正确地感知复杂多变的交通环境，常常出现反应迟缓、判断操作失误。智力水平过高的人，则倾向于不满足或不安心驾驶工作，注意力常常被新的或更高的需要所吸引而分心，或者由于过于自信，对各种安全教育漫不经心，对复杂交通环境放松警觉，致使信息处理过晚，或操作失当。国内外的大量研究也表明，智力水平低于或高于平均水平20%以上的人更易发生交通事故，而中等智力水平的人交通事故率则明显偏低。

驾驶能力是指汽车驾驶人能够顺利、安全地从事驾驶活动所必须具备的心理特征，它是以一般能力为基础的一组特殊能力的组合。在驾驶活动中，驾驶人能力的个别差异主要表现在观察、记忆、注意与注意分配、选择反应、手足协调、动作量的控制和情绪等方面。

2.驾驶人具备的特殊能力

汽车驾驶人的特殊能力包括：

1)灵敏准确的感知力

在驾驶能力结构中，感知能力占重要的地位和作用。感知能力通常是指能准确、迅速感知驾驶过程中所需要的一切与交通有关的信息。在车辆行驶时，灵敏准确的感知能力为思维、判断和正确操作提供了可靠的依据。

2)宽阔稳定的注意力

良好的注意力包括：注意范围广泛、注意稳定性强、注意分配全面和正确、注意集中和转移灵活、迅速等。汽车驾驶人在行车途中，既要注意来自车辆前方、上方、下方、左方、右方甚至后方的各种信息，又要集中注意于安全行车。所以，必须要有广阔、稳定的注意力。

3)敏捷准确的反应力

汽车驾驶人对各种交通信息正确感知和判断后，要能敏捷、准确地作出反应。犹豫不决、反应缓慢往往延误时机，易发生交通事故。

4)良好的情绪控制力

一般来说，情绪波动对安全行车会有一定的影响。如果情绪过度紧张或情绪不佳，就会使机体内的各种能力的效率降低，在这种消极情绪状态下行车，最易导致各类交通事故。

5)独立正确的判断力

独立正确的判断力是指汽车驾驶人在感知车外各种信息时，能不受外界环境(如广告、霓虹灯等)的干扰和影响，自己作出正确选择的能力。有些人易受到这种影响，他们对环境判断的独立性较差，具有较强的环境依赖性。

人的能力有大有小，因而可以利用各种智力量表来测量人的能力。驾驶人的能力和从事其他职业的人的能力一样，包括一般能力和特殊能力。一般能力即智力，可以采用韦克斯勒成人智力量表测量；特殊能力就是驾驶能力，包括视认能力、感知能力、精力集中能力、分析判断能力、反应能力等，这些均可以采用心理学的一些基本工具和量表进行测量。

三、气质

1. 气质的概念和分类

气质俗称"脾气"，是指人的心理活动的动力特点。所谓动力特点是指心理过程的强度、速度、灵活性、稳定性和指向性等。强度主要包括情绪体验的强弱、意志努力的程度、语言思维的快慢；灵活性主要包括兴奋与抑制转变的快慢，注意转移的难易；稳定性主要包括注意集中的时间的长短、情绪的稳定程度；指向性主要包括倾向于体察外部事物，还是倾向于内心活动等。

气质是在人的生理素质基础上，通过社会实践，受后天条件影响而成的，并受到主体世界观和性格所控制。气质是比较稳定的心理特征，主要表现在人的行为、心理活动的动力方面。驾驶人感知的速度、思维的灵活程度、注意力集中时间的长短、情绪的强弱、意志努力的程度以及心理过程的指向性特点等方面，都表现了每个人之间的气质差异。

古希腊心理学家希波克拉特认为人体内有四种体液，血液、黏液、黄胆汁和黑胆汁，四种体液的比例决定了人的四种不同气质，多血质、胆汁质、黏液质和抑郁质。四种气质类型的人的个性特征有所区别，多血质活泼、好动、反应迅速、喜欢与人交往、兴趣易变迁；胆汁质直率、热情、精力旺盛、情绪易波动、心境变化剧烈；黏液质安静、稳重、反应缓慢、沉默寡言、情绪不易外露、注意稳定难以转移、善于忍耐；抑郁质孤僻、行动迟缓、体验深刻、善于觉察别人不易觉察的细小事物。四种气质是典型人的表现。具体到每一个人，大多是以一种气质为主，兼有其他类型表现。就是同一个人，由于生活环境、工作经历的变化，甚至随着年龄的增长都会引起某些气质特征的变化。现实生活中，人们的气质是复杂多样的，同一气质的人做不同工作时有不同的表现，而且某种气质因具备了某些特征而更适宜担任某种工作。但总体来说，在工作中无论何种气质，总是既有积极的一面，又有消极的一面。

2. 驾驶人气质的类型特征

驾驶人基本的气质类型包括多血质、胆汁质、黏液质、抑郁质四种，但由于驾驶人的特殊作业性质，其气质除了具有这四种类型的一般特征外，还带有独特的职业色彩，表现为各自所具有的独特的驾驶风格。

1)胆汁质驾驶人

胆汁质驾驶人表现为性急、急躁。他们思维较为灵活，心理过程迅速突发，观察事物善于把握整体，但容易忽略细节，粗枝大叶，不求甚解；其情绪无论忧虑、快乐，体验都很深，情绪来得急，去得快，工作生气勃勃，顽强有力，行为中处处表现出明显的外倾性，行动中反应速度快，但不灵活，自控能力较差，感情明显外露，极易冲动。在行车中急躁鲁莽，好逞英雄，爱开冒险车、斗气车，有时对交通法规也置若罔闻，在行车中情绪易受到外界的影响，险情环生。在紧急情况下，其反应较为敏捷，但处理结果并不尽如人意。当精力耗尽时会一蹶不振，在长途行车中，则很难保持良好持久的工作状态。鉴于上述行车中的表现，具有此类心理气质的驾驶人往往多发交通事故，一般不宜担任道路状况不好的长途运输任务。

2）多血质驾驶人

多血质驾驶人表现为热情亲切，活泼好动，反应灵活，行动敏捷，情感丰富，兴趣广泛多变，但情绪不太稳定，缺乏耐力和毅力，具有外倾性。在驾驶中表现为对道路条件适应快，应变能力强，在比较复杂的道路条件下胆大心细，机动灵活，能较好地完成驾驶任务。但其注意力容易分散，对自己不感兴趣的事就会觉得无聊，外界细微的风吹草动都易使其注意力转移，不容易较长时间地集中精力，对交通信息搜集的专注性和持久性差，表现在驾驶上注意力不集中，从而易发生事故。具有多血质的驾驶人在行车中会偶尔具有不安全因素。

3）黏液质驾驶人

黏液质驾驶人表现为情绪稳定，不易激动，心平气和，自制力强，工作有条理，沉着稳重，沉默寡言，善于忍耐，但不够灵活，反应较迟缓，具有内倾性。在行车中稳重小心，处处礼让，表现镇静、沉着，情绪和动作的发生都比较缓慢，理智性强、神态温和，能自觉地遵守交通法规，不易与外界发生冲突。在遇有紧急复杂情况时，能镇静自若，但有时由于缺乏一定的灵活性，对技巧性较强的问题处理得并不完美。对道路交通环境的适应不够灵活，在复杂的环境下应变能力差，反应相对迟缓。这种气质类型的驾驶人一般不会发生较大的交通事故，更适宜在道路情况不太复杂的条件下长途行驶。

4）抑郁质驾驶人

抑郁质驾驶人表现为细心谨慎，感受力强，想象丰富，情绪体验深刻稳定，善于观察细小事物，但多愁善感，性情孤僻，胆怯不果断，工作易疲劳，具有内倾性。在驾驶中表现为胆量较小，遇见危险往往犹豫不决，或优柔寡断。在行车中，注意力较为狭窄，动作迟钝，缺乏果断和信心，对外界信息反应能力较弱，并且缓慢，常常顾此失彼；在遇到应急问题时，往往处理不当，无力应付路面上的突发事件，容易导致交通事故的发生。在长途行驶中易疲劳，对各种刺激敏感，一般不适宜单独担任某些危险性和挑战性特别强的任务。

在汽车驾驶人群体中，由于社会化的影响，大多数人往往是上述两种或三种气质类型的混合型，并兼有某种气质倾向，较少有人是纯属某一类型的。一些专家针对驾驶人的气质与交通事故的关系开展了研究，并得到了一定的结论。但其实气质类型本身没有好坏之分，任何一种气质在一种情况下可能具有积极意义，在另一种情况下可能具有消极意义。驾驶人的气质本身并不决定其行动的方向与内容，也不决定其社会价值。然而，这种研究也有可取之处，掌握了驾驶人的气质类型及其特征，既有助于选拔、训练和管理好职业驾驶人队伍，也有助于驾驶人自觉掌握和控制自己的气质，做到扬长避短，确保行车安全。

四、性格

性格是人的个性心理特征的重要方面，人与人之间的个别差异，往往首先表现在性格上。驾驶人作为一个社会人，也同样具有十分复杂的性格构成因素和性格的行为表现特征。

人的性格有两个维度，一个是内外倾，一个是稳定性，两者结合可以将人分成五种不同的性格特征。不过，在实际对性格的测量中，不同的测量问卷又对人的性格的不同方面进行了界定，如最为常用的卡特尔16PF问卷，就将人的个性分成了16个不同的维度。性格与气质有着密切的联系，一个人的某一代表性的气质特征往往决定了他的性格。由于气质更加难以界定，因而在探讨人的个性差异时，我们更多地用到性格特征。

性格是人的个性心理特征中最重要的方面，是区别一个人与众不同的最鲜明、最主要的标志。它是由许多不同的性格特征所组成的。每个汽车驾驶人的社会生活实践，都会通过心理活动的认识过程、情绪过程和意志过程在自己的反应机构里保持、巩固下来，形成独特的态度体系，并以相应的形式表现在行为之中，形成一定的驾驶行为方式。

心理学研究表明，性格与安全行车有着密切的关系。为什么有的汽车驾驶人三天两头出事，而有的汽车驾驶人却很少出事？国外有人统计发现，许多事故都集中在部分人的身上。后来，科学家们把一部分容易发生事故的人称为"事故多发者"，并进行了各种测验。发现这些人具有攻击性、好表现自己、爱动、喜欢冒险、情绪不稳定。而那些无事故、优秀汽车驾驶人所表现出来的性格特征，据美国对连续 20 年获得全国安全委员会安全驾驶人的 6 名汽车驾驶人的评价分析发现，这些汽车驾驶人的智力和生理能力与普通汽车驾驶人虽然没有什么差异，但他们的共同点都是热爱自己所从事的职业，认真和真诚地对待工作，具有高度的责任感和安全意识，情绪稳定，忍耐性强，不论在道路上行车或在家庭生活上，他们都是非攻击性的。

国内有的心理学专家研究发现，有些外向型性格的汽车驾驶人容易发生交通事故。这是因为尽管他们自信心强，感知觉灵敏，临危反应及应变能力强，驾驶动作敏捷协调，但内在体验薄弱，易受情绪左右，好冲动，自我控制能力较差，喜欢刺激和冒风险，胆大而心不细。而有些内向型性格的汽车驾驶人也容易发生交通事故，虽然他们的心理活动过程经常指向内心世界，勤思考，内在体验深刻而不外露，善于控制自我情绪，但他们自信心不强，反应缓慢，应变能力差，尤其是临危之时缺乏自信和果断，紧急避险失误率较高。

五、驾驶安全态度

1. 驾驶安全态度的定义

态度是人们在自身道德观和价值观基础上对事物的评价和行为倾向。态度表现于对外界事物的内在感受（道德观和价值观）、情感（即"喜欢—厌恶"、"爱—恨"等）和意向（态度谋虑、企图等）三方面的构成要素。激发态度中的任何一个表现要素，都会引发另外两个要素的相应反应，这也就是感受（道德观和价值观）、情感（即"喜欢—厌恶"、"爱—恨"等）和意向（谋虑、企图等）这三个要素的协调一致性。一般来说，态度的各个成分之间是协调一致的，但在它们不协调时，情感成分往往占有主导地位，决定态度的基本取向与行为倾向。

态度中的内在感受是指人们对事物存在的价值或必要性的认识，它包括道德观和价值观，价值观以得可偿失为条件来影响人们的行为，而道德观则能使人们不惜任何代价甚至是不惜生命来达到一些目标目的；态度中的情感是和人的社会性需要相联系的一种较复杂而又稳定的评价和体验，它包括道德感和价值感两个方面；意向是指人们对待或处理客观事物的活动，是人们的欲望、愿望、希望、意图等行为的反应倾向。

安全态度概念至今没有明确统一的定义。人们从不同的角度进行了研究，并提出了不同的安全态度观念。最被人们普遍接受的是日本的长山泰久提出的安全态度概念，即以尊重生命为前提的对安全的心理倾向性。然而实际上驾驶人都清楚这一点，都不会有不尊重生命的心理倾向性，但事故并未因此而减少。所以长山泰久的观念并不能完全阐明安全态度的实质。

日本的长山和正田亘等人把现场形态作为安全态度的一种因素，提出了冒险的观点。他们用问卷形式测定了以危险意识为内容的有关事项，结果发现肇事者常具有选择更大危险的倾向。因此，他们认为安全态度是人们作出决策时在认识事态和判断危险形式的过程中形成的。但藤本等人则认为，安全态度是对于交通现象复合体的动作反应，安全驾驶态度就是能够不威胁他人生命而安全驾驶。水原则以行为的倾向性对安全态度下定义，认为安全态度就是和行为相一致。大塚博保则对驾驶过程中作为意识、态度基本成分的性格、气质等因素进行了安全测定，认为性格、气质是态度的基本因素，而性格和气质因素是由冲动性、攻击性、武断性、自我显示和自我陶醉五个因素组成的，而事故驾驶人常常在这几个方面显示出不安全的特征。

尽管存在着各种各样的安全态度观念，但有一点是基本一致的，即认为驾驶人的安全态度是驾驶人在行车过程中必须具备的安全驾驶观念。它与驾驶行为密切相关，对安全行车有着重要的影响，其核心内容就是尊重生命、遵守交通法规、有互谅互让精神和高度的责任心。

2. 安全态度研究现状

1)事故与非事故人群的安全态度

Kinaszcuk 通过安全态度问卷对飞行员进行了测验。问卷包括航空医学、空气动力学、预飞准备操作、气象方面的问题。结果发现，安全飞行员与事故飞行员在这些特征方面存在显著的差异。事故飞行员更多表现出对航空医学、空气动力学、气象知识贫乏，预飞准备不充分等特征，这与事故密切相关。

Masada 和 Hamada 的研究报告指出，事故倾性驾驶人缺乏安全态度，无视社会规范，自我中心，且抱负水平过高。Masada 进一步对事故驾驶人和安全驾驶人的安全态度测试还发现，事故驾驶人在责任归属、自信、冲动性、自我中心方面与安全驾驶人存在显著的差异。事故驾驶人在进行事故责任归属时多进行外归因，认为事故的责任是他人、气候、运气等因素，驾驶技术自信水平低，有冲动性行为，行动无准备性，自我中心，而安全驾驶人则与之相反。在美国有 Hanafood 安全态度调查量表，可用于测评驾驶人的安全态度。

但也有不同的研究结果，Murphy DJ 对农场事故工人和非事故工人的安全态度调查表明，两组人群无显著的差异。

2)与安全态度有关的因素

性格对安全态度的影响：Masada 对驾驶人进行安全态度和个性测试，研究结果发现，安全态度和个性存在一定的关系。驾驶态度谨慎的驾驶人表现出客观性、合作性和非攻击性特征，而驾驶态度轻率的驾驶人则表现出主观性、不合作性、攻击性和社会适应不良等人格特征。可见，人格特征会影响安全态度，并在一定程度上指导人的行为。

危险决策对安全态度的影响：危险决策是指在没有充分自信的情况下采取的驾驶行为。事故现场中的危险有两种情况：第一种是在一定环境中确实存在的即将发生的客观的危险；另一种是对情景中的危险事态没有绝对的把握，由人的行为所引发的，以生命代价去执行某一行为。考虑到人们自信水平的个体差异以及由此导致的危险行为的差异，Nagaysma 把危险决策当做一定情境下人的主观安全形式，以此探讨交通事故与危险决策的关系。

由于安全态度是指人们把握环境、引导行动的策略或方式，因而它对人的决策有极大的影响。风险决策是危险产生的重要原因，主观危险的过程中态度是最重要的影响因素。

此外，安全态度存在一定的稳定性。Michael等人在对安全态度调查研究中发现，一组人前后间隔10min填的两次测验存在很高的相关性，且在研究期间有重大生活应激的被试与无此经历的被试之间安全态度无显著的差异，应激的忍耐性对安全态度的影响也不明显，表明安全态度具有一定的稳定性。此外，研究也发现安全态度没有明显的性别差异。

3)我国驾驶人的安全态度

为了解我国驾驶人的安全态度，金会庆等人在借鉴国外研究成果的基础上，通过与我国驾驶人的面谈，从已有的不同量表中选取编制了我国驾驶人的安全态度量表，并利用该量表对我国某汽车公司207名专职驾驶人开展了测量。

研究表明，事故倾性驾驶人存在潜在的、稳定的、易发事故的不安全态度特征，表现在事故责任归属时倾向外归因、自我中心、自信水平高、行动无准备性、冲动、驾驶行为不谨慎、认知能力差等特点。此结果与日本的研究结果一致。

3. 安全态度对驾驶安全的影响

一般来说，态度和行为是一致的。有什么样的态度就会有什么样的行为，就驾驶人而言，如果没有正确的安全驾驶态度，就不可能有安全的驾驶行为。仅靠敏捷的动作、灵活的反应是不能安全行车的。因为驾驶汽车不单纯是技能方面的问题，更何况驾驶人的反应能力、注意力、情绪、性格等心理因素不是固定不变的，它们往往会受到各种因素的影响，因此在相当长的时间内保持最佳的身心状态是不大可能的。人们通过对许多优秀驾驶人的调查发现，他们之所以能保持长时间安全行车而不出事故，最重要的原因就是他们具有正确的驾驶安全态度。正是这种安全态度的稳定性引导驾驶人在不同的情景中做出符合安全要求的驾驶行为，克服了其他心理或生理因素的波动带来的不利影响，从而保证了行车安全。

这也可以从事实当中得到证明，很多研究都表明年轻驾驶人容易发生事故，30～50岁的驾驶人则不易发生事故。尽管年轻者的运动技能比年长者强，其驾驶适性也比年长者优越，但据日本的专家对驾驶事故倾向性识别程度的测试，发现年轻组鉴别率为70%，而中、老年组为90%。这很好地解释了年轻驾驶人驾驶适性好、动作技能强，而事故发生率却高的现象，主要是因为和动作技能比起来，还有对安全行车影响更重要的一面，即安全态度。有关专家研究认为，事故倾向性驾驶人缺乏安全态度，轻视社会规范，以自我为中心，在事故责任归属、自信、冲动和驾驶行为等方面和安全驾驶人有着显著的差异。所以说，驾驶人的安全态度不同，发生事故的情况就不一样。

不安全的驾驶态度或者说没有安全态度将使得驾驶人不能正确处理行车中出现的一些异常情况，难以正确地认识自我和分析事故的原因，妨碍了其安全驾驶及安全驾驶动机的提高，容易造成事故。因此作为驾驶人都要清醒地认识到这一点，对没有安全态度或具有不正确的安全态度的驾驶人，应进行科学合理的安全教育，使其形成稳定安全的驾驶态度，对于安全行车来说，这是非常重要的。

研究人的个性特征，是一个比较棘手的问题，研究驾驶人在交通过程中的个性特征，就更为棘手。在道路上，驾驶人驱车前进，其个性特征受到诸多因素的影响，如自身条件随着驾驶时间的延长而变差，交通状况的突变不可预测，外界刺激的数量与强度的多变等。因此，直接测量驾驶人在行车条件下真实的个性心理特征参数，几乎是不大可能的。近年来出现的驾驶模拟器，虽然给测定驾驶人的心理特征创造了有利条件，但是在实验室内操纵模拟器的心理压力与在道路上操纵汽车时的心理压力，有很大区别。在模拟器上测定的心理特征参数，需要修正。

通过研究驾驶人的个性心理特征，改善驾驶行为；采用适当方式限制驾驶行为的变化，避免错误驾驶；改善车辆结构设计，修正道路缺点，满足驾驶心理特征的需求；缩小驾驶需求与完成驾驶任务所需求的驾驶能力之间的差距，杜绝与交通事故有关的驾驶行为，保证交通安全。

第六章　驾驶人的心理状态

驾驶人的心理过程是以一定的心理状态为背景的。心理状态是指某一时刻人的心理活动水平，如驾驶人的安全感受、应激、疲劳等。驾驶人对交通险情的态度与处理能力，不仅与驾驶技能有关，更受心理状态的影响。有的遇到险情就惊慌失措，有的却能沉着冷静、机智果断地处置；有的在平直路上极易感到单调枯燥，乏味疲倦，有的却有较好的耐力，不会陷入单调乏味的状态之中；有的对拥挤的交通容易急躁，甚至采取不友好、不安全的举动，有的却能保持平稳的情绪和良好的心态。由此可见，不同的心理状态下，汽车驾驶人会表现出完全不同的工作质量，影响安全行车。这主要是由于人的心理活动的过程会受到不同心理状态的影响，个性心理特征也是通过心理状态实现对心理过程的影响的。

第一节　驾驶人的道路安全感

一、驾驶人道路安全感的产生

驾驶人安全感是指其对交通状况的主观评价和感受。该感受是由交通信息特征作用于驾驶人感官而形成的意识反应。驾驶人驾驶车辆在复杂的交通环境中行驶，需要完成三个任务：感知、判断、操纵。驾驶人要通过自己的视觉、听觉、触觉等从不断变化的环境中获取信息，并对其进行识别、分析、判断，从而选择最佳的处理方式，执行动作，观察反馈信息进行修正，再进入新信息判断的循环过程。在此同时，驾驶人的主观安全感也因此产生。但驾驶人的主观安全感往往与道路的客观安全度不相一致。驾驶人的主观安全感和道路安全度的不同组合，决定了道路的交通安全性。

驾驶人的安全感过高或过低，都是不利的。过高会导致对危险信息的忽视，身体的应急水平下降，遇到紧急境况无法作出正确的反应，从而引发交通事故；过低会增加恐惧心理。只有当驾驶人的安全感和道路安全度之间实现有效组合和合理匹配时，才能切实提高交通安全性。研究表明，驾驶人的安全感对交通安全有着重要的意义。

二、影响驾驶人道路安全感的因素

主观安全感是指人在其交通行为过程中的交通心理感受，是驾驶人的综合心态反应。其影响因素十分复杂，具有广泛性、关联性、相对独立性、复杂性的特点。相同的驾驶信息，经不同驾驶人的分析、判断，会产生不同的安全感。综合驾驶人安全感研究的成果，从人—车—道路环境一体化系统的角度来看，影响驾驶人安全感的因素涵盖了三个方面。如图 6-1 所示，可以看到影响驾驶人安全感的因素很复杂。因此，驾驶人很难保持准确的安全感。

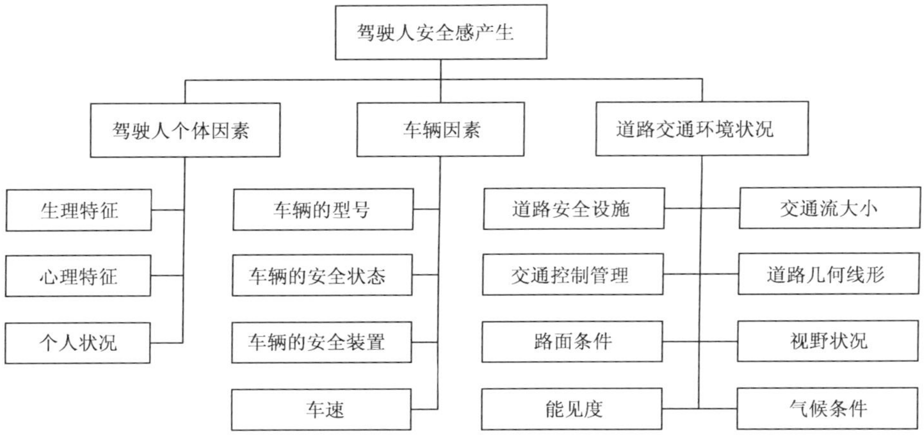

图 6-1　影响驾驶人安全感产生的因素

三、驾驶人道路安全感的研究

道路条件及环境反映给驾驶人的信息对驾驶人安全感有着非常重要的影响。因此，在不同等级道路条件下，驾驶人的道路安全感的度量与评价对道路交通的安全性研究具有重要意义。

到目前为止，国内外在分析道路因素对驾驶人心理的影响关系的研究中，最常用的度量驾驶人安全感的一种方法就是通过驾驶人生理反应的变化来反映其安全感水平。一般认为，驾驶人在行驶的过程中，对道路环境安全感的变化会引起驾驶人神经情绪的变化。比如，当驾驶人在安全感较高的路段上行驶时，其神经情绪就比较放松；而当驾驶人在安全感较低的路段上行驶时，其精神状况就比较紧张。从医学上讲，人的神经心理紧张状态可以通过人体的某些生理反应反映出来，并且人在情绪变化状态下伴随着产生的生理变化与行为反应，当事人往往是无法控制的。

前苏联学者装备了一辆通用的汽车实验室，在其中安置了记录参加实验的驾驶人的医学生物学指标的仪器。在不同的平面和纵断面组合的道路上完成的观测表明，驾驶人的身体对于道路条件的变化有着敏锐的反应，在安全系数降低较大的地方，驾驶人紧张情绪相应地有着急剧的增长。

在以往的研究中，用得最多的度量驾驶人紧张度的人体生理反应指标是皮肤的电流反应次数。临床脑电学认为，皮肤电流反应是在中枢神经系统参与下的催汗反射，它属于精神性出汗，是由精神紧张或情绪激动所引起的出汗，受脑高级皮层的调节，并且这种排汗会导致皮肤导电性发生变化。为了确定路线各组成部分对驾驶人的心理影响作用，在研究驾驶人对各种路段的运行条件的感觉特点中，皮肤电流反应已被利用了许多年。

早期的研究只是针对弄清大部分驾驶人对于道路组成部分的要求，并没有与驾驶人的心理和身体指标的深入研究联系起来。莫斯科公路学院道路勘测与设计教研室，从 1950 年就开始研究驾驶人对汽车运行条件的感觉特点。他们利用皮电反应研究了道路平曲线元素与驾驶人神经紧张之间的关系，给出了一系列关于平曲线元素的要求，以及对不会使驾驶人引起神经紧张的合理组合的建议。此外，他们还通过对小汽车在小半径曲线上行驶的观测，对不同的横向力系数对乘客的神经紧张状态和驾驶人皮肤电流反应的相对变化的影响进行了研究。使用皮肤电流反应作为衡量驾驶人安全感的指标也存在着一定的争议性。一些学者认为皮电反应在反映驾驶人道路安全感水平时的精确性较低，因为在实验时，皮电反应的变化未必就反映了驾驶人道路安全感的变化，比如说驾驶人受惊而突然产生的某种思想也会引起驾驶人皮肤电流反应的变化。

当然，除了皮肤的电流反应，驾驶人的紧张情绪还可以通过人体的其他生理反应表现出来。根据 E. M. 洛巴诺夫的资料，当驾驶人在半径为 600m 的平曲线上行驶时，其紧张情绪的变化，可在脉搏跳动次数增加、皮肤电流反应增强以及驾驶人在视线从一个目标移向另一个目标的频率中所表现出来的总的活跃性提高等方面反映出来。

后来我国学者潘晓东与日本的山本碱、梭藤纯一等学者根据对驾驶人的人体信息—脉搏数和血压的变动特性的分析指出，在指定的道路交通环境下，通过测定驾驶人的脉搏数和血压就可判明驾驶人因紧张不安或安全感较低产生的心理和生理的负担程度。然后他们通过在日本高知县山岭重丘区县道的单曲线路段上进行道路实验，以测定的血压变动和脉搏变动值建立了衡量驾驶人心理生理负担程度的评价指标，并主要针对视距的影响对现有道路几何构造给驾驶人提供的舒适性和行车安全性进行了评价。他们还根据分析结果有针对性地提出了改善方案，指出现行计算停车视距的设置方法不能满足驾驶人心理上和生理上的行车安全要求，如果再增加 5～10m 的安全距离，便可大大减少驾驶人的心理生理负担，满足安全行车的要求。当然，使用这两个指标作为衡量驾驶人心理生理负担的评价指标也存在着一定的缺陷，比如说血压的变动，是肉体上的运动刺激中枢神经产生的心理压抑的影响，还是病理上的神经刺激的原因，这种因果关系的判别是很不容易的。

利用对驾驶人生理反应的指标来作为驾驶人安全感的度量指标，并以该指标作为评价指标分析道路及其环境条件各因素对驾驶人安全感的影响。通过驾驶人的生理反应变化来对驾驶人的安全感进行度量，其优点是方便易测且比较直观。但由于驾驶人在某些情况下生理反应指标变化并不一定就能代表驾驶人心理反应的变化，故使用该方法对驾驶人安全感进行度量时，其精确性较低；且驾驶人在某一路段上的道路安全感往往是多种道路信息综合作用的结果，而现有研究大都只是针对弄清驾驶人对于道路组成部分的一般要求这一目的，对单一道路要素对驾驶人安全感的影响进行了分析。如何度量多因素综合作用影响下的驾驶人道路安全感水平，应是需要进一步研究的问题。

鉴于此，在驾驶人道路安全感水平的量化研究中，非常有必要建立一个不只是基于驾驶人生理反应指标和单一相关分析，而是依据驾驶人对道路条件的认知机理与安全感形成的过程的，可以映射出道路条件对驾驶人综合影响作用本质的驾驶人道路安全感水平量化指标。

2002 年，我国学者王宝金和澳大利亚学者 DAVA. HENSHER、TUTON 提出，如何对道路交通环境各因素复杂作用下的驾驶人交通安全感进行度量是一个需要不断研究的问题。在研究中，他们通过建立数学模型提出了一种度量驾驶人交通安全感的方法。他们以城市道路环形交叉口处的交通环境为研究对象，选取了描述交叉口交通环境及驾驶人特征的若干参数，并采用了一种在市场经济分析中常用的意向调查法，对一系列环形道路交叉口典型交通环境处驾驶人交通安全感进行了抽样调查；并利用排序波比模型确定了每个参数对驾驶人安全感影响的分布，根据各参数及其影响系数建立了反映驾驶人安全感程度的定量指标。他们在研究中指出，在建立模型时采用的意向调查法可以克服采用生理反应方法的许多不足，并且表明，利用研究中所建立的驾驶人交通安全感预测模型及量化指标，将对确定驾驶环境中的危险因素并实施相应的管理或改善措施有很大帮助。这项研究提供了一种对驾驶人交通安全感度量问题的新的研究思路，即数学模型法，这种研究思路从影响驾驶人安全感的因素出发，先确定各因素对驾驶人安全感的影响的分布，然后根据各参数及其影响分布建立相应的数学模型来推导出反映驾驶人安全感的定量指标，这是一种通过数学建模来达到对驾驶人安全感进行度量的目的的方法。这种方法是驾驶人安全感度量研究中的一种新方法，可以克服采用生理反应方法的许多不足，并且能很好地反映各影响因素对驾驶人安全感的综合影响作用。但由于驾驶人的主观感受是一个很复杂的问题，很难定量描述，因此，应用数学建模法对驾驶人的安全感水平进行量化研究，其数学方法的选取将对研究结果的合理性、精确性产生较大的影响。

第二节　驾驶人的应激反应

一、驾驶人应激反应的定义

应激是在出乎意料的紧张与危险情况下引起的情绪状态，是机体对各种刺激应答性反应的综合表现，即各种不同刺激对生物体的作用以及这些作用所导致的生物体内部的各种变化。例如，驾驶人在驾车过程中碰到突然发生的危险情况时，需集中精力、保持高度紧张的状态，充分发挥自己的驾驶技能，才能应付危急情况。

驾驶人的应激是指驾驶人在驾驶活动中主观感受到的并且可以进行测量的对内外刺激的综合反应，由环境和外部因素所决定，是与驾驶知觉和驾驶评价有关的反应唤醒。驾驶人的应激一般包括生理反应，如心率加快；情感反应，如焦虑增加；行为反应，如侵犯性驾驶行为。

二、应激的生理机制及其作用

应激状态是网状丘脑投射系统向大脑提供的弥散性兴奋所致。这时神经递质发生一定变化，特别是下丘脑—垂体—肾上腺系统的活动使有机体紧密动员起来。人在应激状态下，机体会产生一系列生物性反应，这些变化有助于个体适应极具变化的环境刺激，维护机体功能的完整性。但是长期应激状态也会击溃人体的生物化学保护机制，从而导致某些疾病的产生。应激反应的症状分为三个阶段：

(1)警觉阶段，在应激初期，一般的交感神经兴奋，如肾上腺素的分泌增加、心率上升等，这是一种适应性防御。

(2)阻抗阶段，有机体动员其他保护机制以抵消持续的情绪紧张，下丘脑—垂体—肾上腺系统的活动促进机体内抗体增长，提高了代谢水平。

(3)衰竭阶段，紧张持续，但有机体的适应性储存全部耗尽，机体被自身的防御力量损害，导致适应性疾病。

应激反应主要表现为紧张状态。一提到“紧张”，有人就认为这是一种不良的心理状态，会对安全行车起反面作用，其实这种看法是片面的。大量调查表明，驾驶活动中的紧张，根据其程度不同，其作用至少表现在两个方面：一方面，应激反应所引起的适度紧张，有助于汽车驾驶人认知功能的发挥，使汽车驾驶人作出平时不可能作出的判断与行为。这是因为紧张作为机体对付外部压力急剧增大的一种必要的有益的适应性综合反应，表现为脑生物电流活动增强，心跳加快，血压升高，血管扩张，血液中白血球增加，即机体中出现一系列有助于振奋精神以顺利完成复杂而危险的行动的生理变化。另一方面，应激反应所引起的高度紧张却又阻碍汽车驾驶人认知功能的正常发挥，使汽车驾驶人注意范围变窄，反应缓慢，思维迟钝，无法正常处理交通险情而导致车辆事故。这是因为神经系统的能动性增长只是在一定的限度内才会引起人的行为效果，而超过了这个限度之后的紧张就是高度紧张。处于高度紧张状态的人，动作准确性就会降低，人的行为效果就会下降。在这种情况下，就很容易肇事。

三、驾驶人应激反应的表现

1. 应激的一般反应

驾驶人应激的一般心理反应主要包括情绪反应、行为反应和心理自卫反应。

1）情绪反应

应激状态的情绪反应主要表现为焦虑、抑郁、恐惧和愤怒等。焦虑是最常见的心理反应，表现为担心、忧虑、紧张、害怕、心神不宁、坐卧不安等，伴随一种蒙胧的不幸或危险将至的预感，及由此产生的复杂的情绪状态。焦虑常伴有脉搏加快、血压升高、四肢震颤、烦躁不安等，还会出现头痛、失眠、注意力下降、易受激怒等。适度的焦虑可以提高人的警觉水平和应激水平；过度、持久的焦虑可以影响人的认知能力，面对问题难以作出理性的判断和决定。抑郁的表现是以情绪低落为主，同时伴有思维迟缓和意志衰退。抑郁的程度常常与人失去自己所重视或追求的事物或人有关，如亲人去世、意外灾害、身患重症等。伴随的无助感、无用感、无能为力感，使病人非常痛苦，严重者可能导致自杀。恐惧和愤怒具有较高的紧张性。恐惧是发生在自身安全和个人价值与信念受到明确威胁的情况下的情绪体验。愤怒是人们在追求某一目标的过程中遇到阻碍或受到重大挫折时，个人主观认为不合理而产生的愤恨、气恼、敌意的情绪，同时可伴有攻击行为。这些负性情绪既是对环境刺激的首先反应，又是引起后续反应的信号，进而动员人的全部应付能力。负性情绪会使个体感到非常痛苦，并影响到机体的生理平衡，久而久之可以导致机体的躯体性病变。

2）行为反应

个体在遭受挫折或应激时，依据个人不同的表达方式，可以有攻击、冷漠、病态固执等行为上的反应。攻击行为既可以指向他人，也可以指向自己。将攻击的行为直接指向造成其挫折的人，包括自己或某件事，为直接攻击；当挫折的原因不明确，无法或不可能对应激源直接攻击时，便会指向无关的人或事，也可能转向自己，为转向攻击。攻击具有疏泄内心紧张、减轻内心痛苦的作用。但这是一种消极的行为方式，因为攻击非但于事无补，反而会使人陷入更大的困境和烦恼之中。冷漠是当个体长期处于应激情境，无法对应激源进行攻击，也没有其他的宣泄方式，在改变环境的希望渺茫时，只能压下心中的愤怒，以求得表面上的宁静，所表现出的冷淡、无动于衷的态度。冷漠会给身心健康带来一定的危害。病态固执是在突发的、重大的或长期的刺激或挫折影响下，出现的一再重复的、无效的动作或行为。虽然毫无意义，但个人无法抗拒，身不由己地继续重复这种动作或行为。病态固执影响着人们对应激的重新适应。

3)心理自卫反应

应激状态时，心理自卫反应是指个体内部心理活动中发动的自觉或不自觉的解除烦恼、摆脱困境、避免痛苦、减轻内心不安，以稳定情绪和恢复心理平衡的一种适应性倾向。常见的心理自卫机制的表现有：否认、退行、转移、合理化、升华、抵消、补偿、抑制、投射、置换等。否认是指一个人拒不承认生活中已经发生的客观事实，似乎从未发生过一样，借以缓解突然来临的打击，以减轻或逃避心理上的痛苦。例如，有的汽车驾驶人从不承认自己的驾驶技术不如别人，坚持认为他人不如自己。有的汽车驾驶人睁着眼睛却看不见现实，原因往往是不愿意正视可怕的现实。当自己驾车肇事将行人撞死时，他不相信这是事实，只说行人受重伤在医院抢救。这当然是一种自欺，但这种“自欺”可以暂时缓解当事人的痛苦，为接受现实争取心理准备的时间。退行是在一个人面对应激或挫折时，一时无法应对，其心理活动退回到幼年时期，用原始而幼稚的方式应付困难和挫折情境，以争取他人的同情、照顾，避免面对现实问题和承受压力。例如，有的汽车驾驶人发生事故后，便卧床不起，茶饭不思，或痛哭流涕。这是婴幼儿的行为，目的是解除痛苦。转移是由于某种原因，将对某一对象无法发泄的情感转向其他能够接受或比较可靠的人或物上，以便使自己“安全地”疏泄心里紧张。例如，有的汽车驾驶人发生事故后，心理紧张、恐慌、悲伤、懊悔，采取写日记、打扑克、下象棋等方法，转移自己的注意力，暂且丢开一切。这样可以从紧张、悲伤等情绪中解脱，使心情得到调节。合理化是当一个人遭受挫折或无法达到目标时，常常会杜撰出各种能为自我和社会认可的理由，为自己解释、辩护，原谅自己、开脱责任，以避免不快和失望。升华是把自己不易实现的欲望，转向比较崇高的目标或为社会赞许的方向，是最具有积极意义的心理自卫方式。例如，有的汽车驾驶人发生事故后，不气馁，认真吸取教训，及时将内心的紧张、悲伤等不愉快的情绪体验投射到对事业的执著追求上，勤奋努力，创造安全行车的最佳成绩。抵消是指从事某种象征性的活动来抵消、抵制一个人的真实感情。如有的汽车驾驶人参加训练考试成绩欠佳，就说试题出得难，以抵消成绩差引起的不愉快。补偿是当个人理想受挫或失败后，转而选择其他能成功的活动加以代替，借以弥补已丧失的自尊和自信。抑制是指对于自己萌生的某些不良动机、欲望和情态，如嫉妒、报复等，趁意识还清醒的时候，将它抑制下去，以免在一气之下引发不良后果。投射是指把不好的欲望投射到他人身上，使自己免遭良心的谴责。如有的汽车驾驶人明明是自己对他人不礼貌，却说是人家对自己不好。置换是对某事物引起的强烈情绪和冲动不能直接发泄到这个对象上去，就转向发泄到其他对象上去。例如，有的汽车驾驶人被警察罚了款，由于不能把怒气发泄到警察身上，就踢轮胎。心理自卫机制的适当应用，特别是选择具有积极意义的心理自卫机制，可以使汽车驾驶人在一段时间内有效地减轻或消除心理痛苦，赢得时间，以便更有效地应付各种复杂情况。

2.交通事故瞬间驾驶人的应激反应

正常情况下，驾驶人是采用规范化的动作程序驾驶汽车的，能够保持良好的心理状态和旺盛的精力，从而实现高效、准确的操作。而当车辆行驶在复杂的交通环境中时，由于外界信息的突变，驾驶人在突如其来或十分危险的条件下，必须迅速地、几乎没有选择余地地采取决策，容易出现应激状态。驾驶人在交通事故的瞬间处于高度应激状态。这是在突如其来或十分危险的条件下，必须迅速地、几乎没有选择余地地采取决定的时刻。如中间无中央分隔带的道路上相向行驶的车辆突然驶入对方车道，或车辆在行驶中遇到行人在车前没有人行横道的地方突然横穿马路，以及同方向行驶的自行车不给任何信号突然转向等。这时需要驾驶人迅速地判断情况，在一瞬间作出决定，且利用过去的经验进行处理。

这种紧急的情景会触动整个有机体，迅速改变有机体的激活水平，心率、血压、肌紧度发生显著变化，从而引起情绪的高度应激化和行动的积极化。特别是在面临急迫的危险时，人们的行为改变了，但改变得不当，往往有时不能很好地去处理一些近在手边的问题。从许多交通事故最终现场和驾驶人的口述中都可以得出这个结论。在有些高度惊恐和应激条件下，表现了驾驶人知觉的狭窄和行为的刻板倾向。而且，人在危险中将会集中全部注意于情景的一个方面，使得其不可能去考察全面情况和引起可以“交替选样”的反应。对于人在应激状态下的有关行为表现，研究人员进行了实验分析，一般可能会产生以下几种情况：

(1)认识变得狭窄，注意集中于一点，难以转移和分配。

(2)对外界情况的认识变得不充分，极端情况下失去对外界情况的认识能力。

(3)对外界情况综合判断能力下降，只能作出“有”或“无”的两极判断，难以作出程度或数量的判断。

(4)无暇思考便立即作出判断，极端情况下失去判断能力。

(5)难以维持平衡的动作，动作用力往往过大，且准确性下降，容易出现错误动作。

(6)难以进行两个以上互相协调的动作，反射性、习惯性动作增加。

(7)容易出现无目的的多余动作，极端情况下可能不知所措，失去操作能力。

从多年来对交通事故现场的勘察和调查发现，尽管每起交通事故都有其特殊性，没有完全一样的两起事故，但从大量交通事故过程分析来看，在发生交通事故的瞬间，汽车驾驶人的动作确实存在一些上述规律性的行为，且这些行为因环境因素、个体差异而表现不同。在对有关交通事故进行调查时，从事故过后的口述和笔述中，也发现驾驶人不同程度表露出对自己在事故瞬间动作行为的后悔和遗憾。有些竟然质问自己：“当时我为什么会那样？如果这样，那事故不是就避免了吗?”另外，从对在不同道路环境和不同的驾驶中发生的交通事故，以及不同的驾驶人在相同的道路环境中所发生的交通事故分析来看，车内环境和道路环境的改变能影响驾驶人在紧急状态下的行为表现。同时，在危险状态下，个体的差异明显起了作用。

四、导致驾驶人应激反应的因素

引起应激反应的刺激物也称应激源，泛指内外环境中的各种刺激物。主要有：①理化性应激源。指物理、化学性刺激物，如高温、腐蚀、辐射、电击、损伤等。②生物性应激源。指病原体性刺激物，如细菌、微生物、寄生虫等。③心理性应激源。指个体头脑中形成的紧张性刺激信息，如动机受挫、凶事预感等。④文化性应激源。指由于文化迁移而引起的种种刺激，涉及语言、风俗、信仰等。⑤社会性应激源。指社会生活中的刺激性情境，如恋爱、婚姻与家庭问题，学校与职业场所的适应等问题。

引起汽车驾驶人应激反应的原因主要有以下几种：

1. 生活事件

个人在日常生活中，可能遇到许多事件。创伤性的事件，如失去亲人、身患疾病、人际关系紧张等。美国医生霍姆斯(HolmesT. H.)等(1967)，把社会生活中常见的事件按照事件引起紧张的严重性，列成《生活事件心理应激评定表》，确定了每一事件的“生活变动单位(LCU)”，来反映心理应激的强度，用于统计一个人一年内遭遇生活事件的项目和次数。该表将LCU的得分累加，如果累加后的总值超过300生活变动单位，说明受试者处于高度的心理应激状态，易患各种身心疾病。

2. 工作适应

人与工作的相互适应有两方面的问题。一方面是工作特点对工作人员的要求。一个人如果长期不能满足和适应工作的要求，例如不能胜任驾驶工作岗位，就会产生强烈持久的心理应激，严重时可在其他因素共同作用下患病。另一方面是人对工作是否满意。人的需要是多方面、多层次的，不只是为了谋求物质利益而工作，还有更多、更高层次的社会的、精神的需要。如果人的高层次需要不能得到满足，也会导致心理应激。

3. 紧急情况

当人在没有准备的情况下突然碰到意外的危险情况时，必须迅速作出决定，否则就会有严重后果，此时个人就会很快进入生理和心理的高度紧张状态。汽车驾驶人在行车中，紧急、突发情况是较多见的，需要迅速作出决策。紧急情况的恰当处理，主要靠汽车驾驶人对情境迅速判断的能力和果断处置的准确性。如果汽车驾驶人缺乏处理紧急情况的经验，不知道如何应付当前情况，或遇到超出汽车驾驶人承受能力而无法控制的特殊事件，应激反应就强烈。

4. 冲突和挫折

当个体必须在两个彼此矛盾、相互排斥的目标之间作出选择时，他就进入了冲突情境。例如，一个汽车驾驶人经过长时间开车已极度疲劳，又接到一项很重要的运输任务。汽车驾驶人就要在需要休息和需要完成重要任务两者之间作出选择。结果无论作出哪一种选择，都会感到内心的冲突和不安。当个体在追求目标的过程中受到打击或阻碍时，也会因挫折而产生情绪应激。

5. 个体差异

对于同样强度的刺激，有的汽车驾驶人可能产生强烈的应激反应，有的可能无反应或仅有轻微反应。这主要是受到个体差异的影响。个体的个性特点、生活经验、应付方式，决定着应激是否产生及其严重程度。如果一个事件的发生是可以预料的，是能够控制的，又能得到组织和同事的支持和帮助，应激反应就较轻微；反之，反应就强烈。

第三节 驾驶负荷

一、驾驶负荷的定义及其影响因素

1. 驾驶负荷的定义

尽管国外针对驾驶负荷开展的研究起步较早，但驾驶负荷一词的说法尚不统一，常见的有：驾驶过程中的心理负荷(mental workload in driving，mental workload while driving)，驾驶人的心理负荷(drivers’ mental workload，driver mental workload，drivers’ workload)及驾驶

心理负荷(driver mental workload,driver workload)等。在我国,通常使用的是驾驶工作负荷或驾驶心理负荷,但一般均简称驾驶负荷。

国外研究对于驾驶负荷具体定义的探讨并不多见,国内研究略有差异。明士军等认为,驾驶负荷是驾驶人感觉、注意、记忆、思维和行动等的综合信息处理能力,随其自身的硬件、心理、软件状态的变化而改变;黄天等人则将驾驶人在接受外界信息、迅速处理、形成清晰明确的判断这一系列的活动中所耗费的精力定义为工作负荷,换句话说,工作负荷也是驾驶疲劳产生的主要原因。尽管表述略有差异,但其定义均有一个比较统一的认识,即驾驶负荷就是驾驶人在驾驶过程中所承受的工作负荷,是驾驶人单位时间内所承受的工作量。

2. 驾驶负荷的影响因素

驾驶负荷的影响因素既有来自车内的,也有来自车外的。Dick de Waard 在其博士论文中对这些因素进行了系统总结,并将这些因素分为驾驶人状态(单调性、疲劳感、药物和酗酒等)、驾驶人个性特征(经验、年龄、决策等)及驾驶环境(道路、交通、车辆等)三个方面。

来自车内的影响因素是研究者比较关注的问题。近年来,大量防撞设备、交通流信息提供设备、驾驶人保护设备以及引航设备等车内设施的使用,确实在一定程度上为驾驶人提供了方便,但过多设施的应用也直接导致了驾驶人信息加工的超载。

二、驾驶负荷的测量方法

驾驶负荷的测量方法是研究驾驶负荷的重要手段,也是众多研究所探讨的重点。心理负荷的测量方法有很多。但总体而言,驾驶负荷的测量方法不外乎主观评价和定量测量两种。

1. 主观评价法

主观评价就是人们通过自我反省、自我报告、问卷等手段,对任务执行难易进行主观描述,让驾驶人对当前驾驶的工作负荷进行自我评价的一种方法。在驾驶人作业负荷评价中,由于主观定级评价技术操作简单,相关研究开展较早,已形成成熟的结论,并得到了普遍的认同。目前比较认同的驾驶负荷主观评价方法包括 NASA2TLX(国家航空和航天管理局任务负荷指标)、SWAT(主观性作业负荷评价技术)、MCH(库柏—哈柏修正法)和 RNASA2TLX 四种。这些评价方法在实际操作中虽有差异,但思路一致,均是将作业任务分成不同的维度,而后测量这些维度的得分,再对不同维度得分进行一定的加权,计算获得驾驶负荷的总分。

尽管主观评价测量简单易行,研究成果比较成熟,但其缺点也显而易见,即不同驾驶人的评价往往存在个体差异,且结果也过于主观,无法为研究者所操控。

2. 客观测量评价方法

鉴于主观评价测量的缺陷,客观测量评价法正逐渐被研究者所重视。客观测量评价可分为生理指标测量和行为指标测量两种。

1)生理指标测量

驾驶人所承受驾驶负荷的情况及心理状态的变化,会直接反映在一些生理指标的变化上。这些生理指标通常包括血压、脉搏、心率、皮温、皮电、脑电等,通过一些专门的医疗器械可实时观测记录这些生理指标,进而评价驾驶负荷的变化。国内黄天等人就曾利用视觉需求(VD)来测量驾驶负荷。他们认为尽管驾驶人可以通过视觉、听觉、嗅觉等感知外界环境,但对驾车影响最大的还是视觉。因此,可以定义一个视觉变量反映驾驶人的工作负荷。视觉需求,即中等技术水平的驾驶人在天气良好的条件下安全驾车时,一次扫视的时间与自上次扫视至本次扫视所经过时间的比值,它提供了衡量驾驶人观察道路上任一点所占时间的比重。这一比值随着连续两次扫视时间的减小而增大,反之则减小。驾驶人所需的信息量越大,往往就越需要提取前方的道路信息,视觉需求也就越大,驾驶人的工作负荷就越大。

虽然生理指标测量由于客观而且可能实时测量而逐渐受到重视,但是在驾驶心理负荷测量中,由于环境干扰太大,测量时对驾驶人的驾驶操作也可能产生干扰,而且仪器成本较高,因而成熟的研究结论并不多见。

2)行为指标测量

行为指标测量是指将操作者的各项操作绩效作为一项心理负荷的指标,来推算某项工作施加于操作者的心理负荷。根据任务的不同,行为测量通常分为主任务测量法和次要任务测量法两种。

主任务测量通常考察的是速度和正确率。一般而言,在实验室模拟研究中,车辆行驶轨迹、车速、反应时间、驾驶人犯错次数等通常是主任务测量的指标;而在实车实验中,驾驶人在完成任务时的行为表现则是考察的重要指标。

次要任务测量法只有在驾驶人需要完成双重任务时才可以使用,两种任务分别定义为主任务和次要任务,主任务通常是驾驶活动,次要任务通常是人为增加的任务。次要任务测量主要有两种范式:一种是任务负载范式,该范式要求驾驶人在完成给定任务(次要任务)的同时进行驾驶(主任务),通过测量主任务的指标来测试驾驶负荷;另一种是附属任务范式,驾驶人被要求以完成驾驶工作(主任务)为主,附带着进行给定任务(次要任务),给定任务的难度会有所变化,进而通过测量次要任务的指标来测试驾驶负荷。孙向红等人在研究中,就采用了句子理解、句子产生(造句)、段落理解、段落产生(自由回答)等任务作为次要任务。

尽管两种测量方法存在差异,但无论是主任务测量法还是次要任务测量法,研究者都需要找到能够表征驾驶负荷变化的指标,并通过仪器设备或其他途径来量化测量这些指标,以此来确定驾驶负荷的大小。

三、驾驶负荷的研究内容及应用

1.驾驶负荷的产生机制研究

驾驶负荷究竟是如何产生的?基于众多理论研究的成果,研究者认为驾驶负荷与驾驶需求和驾驶任务执行情况密不可分,是伴随着整个驾驶操作任务的进行而存在的。研究者认为,驾驶任务理论模型的任何一层都存在驾驶负荷,且都有可能引起驾驶负荷超载。

Donnell 和 Eggemeier 于 1976 年第一次提出了驾驶负荷与驾驶需求及任务执行情况的关系模型。他们认为,当驾驶需求较低、任务执行情况较高时,驾驶负荷也较低;随着驾驶需求的增加,任务执行情况明显降低,驾驶负荷也随之增加;当驾驶需求过高、驾驶负荷过重时,任务执行情况明显很差。后来,该模型得到了众多研究者的补充与发展,最终形成了今日完善的理论模型。驾驶负荷与驾驶需求、任务完成情况关系的探讨研究,使得驾驶负荷的产生机理研究结论日趋明确。

2.驾驶负荷的应用研究

驾驶负荷作为影响驾驶人行为操作的重要指标，一直被汽车制造公司和道路设计部门所重视，尤其是在驾驶负荷的测量方法得到完善之后，驾驶负荷的应用研究也得到了广阔的发展。

1)车辆设计及设施使用中的应用研究

影响驾驶负荷的因素有来自车外的，也有来自车内的。对于汽车制造业而言，尽可能地使车内设施为驾驶人提供方便，又能不给驾驶人增加工作负荷，一直是他们所追求的目标。国际大型车辆生产公司均建有相关的研究实验室，在此领域进行了众多研究，并一度引领了交通安全研究的发展。如NISSAN公司曾对其研发的驾驶援助系统进行了评估。在其实验中，通过测量驾驶负荷来评估驾驶援助系统中碰撞提示系统和自主驾驶系统的使用效果。结果发现，自主驾驶系统可以显著地减少驾驶人的驾驶负荷并提高他们的操作表现，而碰撞提示系统也可在一定程度上减少驾驶人的工作负荷。我国研究者王东光等人也曾通过测量驾驶负荷来评估汽车在装备导航系统后对驾驶人的影响。结果发现，装备导航系统的驾驶环境对驾驶人脑力负荷和时间负荷的要求均较高，应该进一步有针对性地对现有的设备进行改进或创新开发。

2)道路设计与安全评价中的研究

相对于驾驶负荷在车辆设计及设施使用中的应用研究，道路设计和安全评价中驾驶负荷的相关研究与应用并不多见。国外相关研究几乎没有，国内正逐步重视并开展此方面的研究工作。黄天等曾尝试从驾驶人工作负荷视角评价公路线形设计的一致性，得出了一定的研究成果。同济大学潘晓东曾利用脑电、生物反馈仪等仪器，探讨了不同线形道路对驾驶人生理、心理的影响。交通运输部公路科学研究院在其众多安全评价项目中，也正尝试开展驾驶负荷的应用研究。

在道路交通安全研究领域，驾驶工作负荷的研究起步较晚，通过借鉴人机工学、飞机驾驶人工作负荷的研究成果，及一些研究者的研究与总结，已基本形成了成熟的驾驶负荷测量方法，并在一定的领域有所研究和应用，但各种研究成果有待进一步丰富、拓展和应用，主要表现在：

(1)在驾驶负荷的测量方法上，现有的方法主要是以主观评价和行为指标测量为主，前者过于主观，后者在实车实验中又难以掌握。而生理指标测量法作为一种更加客观的测量手段，由于研究设备的缺少，相关研究较少，也没有成熟的结论。随着一些生理心理设备的应用普及，相关研究也会陆续开展，进而形成成熟的生理指标测量方法，并在驾驶负荷的测量中广为应用。主观评价和客观评价结合，行为指标测量和生理指标测量间的比照和综合测量将是驾驶负荷测量方法发展的趋势所在。

(2)尽管驾驶负荷在车辆设计及设施的使用上已引起了广泛的关注和应用，但在道路设计与安全评价中的应用与研究尚处于起步阶段。而道路设计和安全评价由于在人机环交互方面基础理论和实验方法欠缺，也迫切需要引入驾驶负荷的相关应用研究。这将是驾驶负荷应用研究的一个重要领域，有待道路设计和安全评价人员的进一步努力。

(3)驾驶负荷的已有研究主要集中于自身机制的探讨和测量方法上，而驾驶负荷对于驾驶人的行为操作、驾驶安全的影响以及如何通过评估驾驶人的驾驶负荷来评估道路安全、指导道路设计等更具有实际意义的研究并不多见。一些研究者已意识到这一点，但更多的研究尚需开展。

第四节 驾驶疲劳

随着我国道路交通的迅速发展，跨地区、跨省份的长途行车日趋增多，因疲劳驾驶而导致的交通事故在交通事故档案中屡见不鲜。

一、驾驶疲劳及其表现

疲劳是一种心理状态，指人由于长时间的体力或脑力劳动而出现身体功能减弱、工作能力下降的一种现象。所谓驾驶疲劳是指汽车驾驶人在行车过程中由于连续作业或种种原因而产生的生理和心理功能的失调、自觉不适感和驾驶作业质量下降的现象。

按照驾驶疲劳产生的方式，可分为主观的疲劳（主观上的感受）和客观的疲劳（在任务执行过程中，反应机能的下降）；按照产生的内容，可分成生理的疲劳（身体的变化，主要指肌肉和神经的疲劳）和心理的疲劳（心理反应机能的下降）。一般来说，这些疲劳是相互关联的，客观的疲劳、生理的疲劳必然导致主观的疲劳和心理的疲劳；反过来，主观的疲劳和心理的疲劳容易引起客观的疲劳和生理的疲劳。但是它们并不是一一对应的关系，人的动机会抑制个体对客观的疲劳和生理的疲劳的觉察。

Hattori(1987)认为，驾驶人在较长时间的驾驶过程中，其疲劳程度可以分成三种水平：①清醒阶段，这时驾驶人基本没有疲劳。②有一点疲劳阶段，这时驾驶人感到非常困，从而减少了对安全的注意，眼光是随意地飘动而不是注意特别的点；车速不是随着路况的不同而改变，而是保持恒定不变。③高度疲劳阶段，这时驾驶人意识水平非常低，眨眼也急剧减少，驾驶操作也比第二阶段显得更加不慌不忙；但是驾驶人对汽车的控制极其困难，他们会“之”字形驾车，并且他们所驾驶的汽车往往会横过道路的中线，甚至会冲出路面。

疲劳驾驶所产生的交通事故往往比较严重，典型的表现是：正面相撞、汽车冲出路面、碰撞前没有紧急制动的痕迹。说明在疲劳的时候，驾驶人不能及时回避瞬间出现的意外情况。

驾驶人在疲劳时往往在心理和生理两个方面有所表现，心理方面主要体现在以下七个方面：

(1)无力感。疲劳状态下，驾驶人自我感觉驾驶能力下降，对操作缺乏信心，主动性下降，总感到无法按照规程继续驾驶。

(2)注意失调。疲劳状态下，注意的集中性下降，注意分配不均衡，经常丢失重要的行车信息，而反常地注意次要信息。

(3)感觉失调。疲劳状态下，感觉器官的功能会发生减退和紊乱。例如，视线模糊、听觉迟钝、触觉和运动觉敏感性减弱。

(4)动作失调。疲劳状态下，首先是动作节律失调，动作的自动化程度降低；操作迟缓、生硬、不协调，甚至产生错误动作；自我感觉驾驶时力不从心。

(5)记忆和思维能力下降。疲劳状态下，有时忘记技术规程，违反交通规则，甚至走错了路线；对突发情况的分析、判断迟缓，不准确。

(6)自制力下降。疲劳状态下，意志力衰退，缺乏坚持不懈精神；情绪不稳定，常因小事发火。

(7)困倦嗜睡。过度疲劳会导致驾驶人在行车中打瞌睡。国外有人对 1 500 名汽车驾驶人进行调查,结果其中 900 人承认自己曾因为疲劳在开车时打过盹。

生理方面主要体现在一些身体的征兆,如眼睑拉紧、过多地打哈欠、手脚变软、头脑发胀、想打盹、肩部僵硬、眼睛干痛、腰部颈部酸痛、动作不稳定等。而且当出现驾驶疲劳时,会产生注意视野变窄、注意力与判断力下降,有时还会产生幻觉。

二、驾驶疲劳产生的原因

引起驾驶疲劳的原因很多,总体上可分为:驾驶的客观条件、汽车驾驶人本身的主观因素、社会心理因素和汽车驾驶人的身心健康等多方面的原因(图 6-2)。在汽车驾驶过程中的感知、判断决策和动作三个阶段中均会产生驾驶疲劳。交通事故的致因分析表明,在驾驶疲劳引发的交通事故中,感知疲劳占总体事故的 52%,信息处理疲劳占 38%,而操作疲劳及其他仅占 10%。

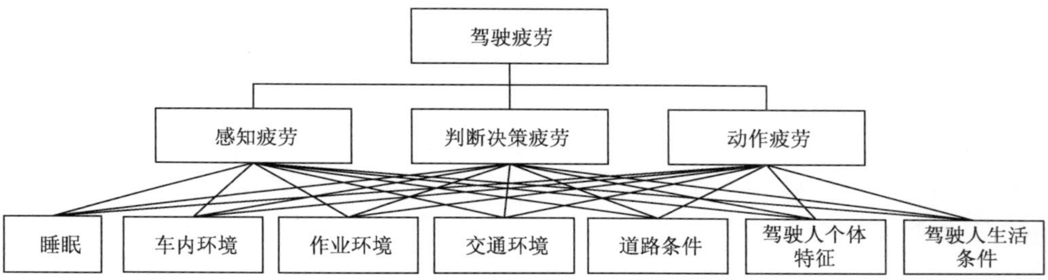

图 6-2　导致驾驶疲劳产生的原因

1. 驾驶疲劳产生的客观原因

驾驶疲劳产生的客观原因体现在以下几个方面:

首先,驾驶工作是一项复杂的操作活动。在驾驶过程中,由于车速快,车辆过往多,交通情况错综繁杂。驾驶人要通过视觉接受 80%的操作信息,要对行车的各种环境作出处理,一般平均每千米需要作出 70～80 个判断决策,时刻处于警觉状态,这种紧张状况时刻都在增加汽车驾驶人的心理负担。汽车驾驶人的眼睛要看,耳朵要听,双手要不停地转向、换挡、制动,两脚要控制离合器、制动器和加速踏板,几乎全身主要的感觉器官、运动器官都要参与到驾驶活动中。因此,汽车驾驶人从头到脚,从感知思维到情绪意志,都处于一定的紧张状态,长时间驾驶要消耗很大的精力与体力,以致引起疲劳。

其次,工作环境的优劣对疲劳影响很大,环境好可以减少疲劳、防止疲劳,反之会增加疲劳。汽车驾驶人的工作环境特殊,车内外都有刺激人体的因素。首先是车内环境,车内的各种因素,如温度、湿度、噪声、振动、照明、粉尘、有害气体等,都会对汽车驾驶人形成一定的刺激;驾驶室窄小的工作空间,动作单调、重复、坐姿呆板等,容易使驾驶人产生疲劳;驾驶人与别人攀谈也会促进疲劳的产生。在车外环境中,季节更换,气候多变,尤其是雨、雾、雪天道路的能见度低;或缺乏交通标志;或行人拥挤,自行车较多,交通阻塞;或意外被超车;或道路状况差,如弯弯曲曲的山路、凹凸不平的砂石路和泥泞路等。这一切要求驾驶人必须高度集中注意力,连续不断地识别和处理各种信号、障碍等,同时也会使驾驶人情绪紧张,付出较大的体力和精力,所以容易形成疲劳。

此外，随着交通运输和旅游业的发展，跨地区、跨省的长途客货运输逐步发展起来。客车一般要求定时、定点、定线客运，汽车驾驶人日夜兼程是常事。一些个体车主想在短期内获得更多的收入，总是没日没夜地让驾驶人开长途车。驾驶工作虽然不需要太强的体力劳动，但需要紧张的脑力劳动。汽车驾驶人在行车中，面对车内外频繁变化的信息，中枢神经系统需要高度集中、觉醒，才能确保行车安全。大脑在高度觉醒时，比身体的其他器官需要更多的氧。长时间的连续行车，会使驾驶人脑供氧不足，身心机能降低，眼睛感到疲劳，眼睑和肌肉颤动，身体会倦怠不堪。经调查，汽车驾驶人自我感觉驾车3h以内，精力充沛；5h左右感到疲劳；超过7h，感到精疲力竭；超过10h，就达到难以支撑的地步。而实际情况是，有一份调查报告显示，长途行车的驾驶人一天正点工作8h的仅占被调查驾驶人的14%，而有44%的驾驶人一天要工作8～10h，有27%的驾驶人要工作10～12h，有15%的驾驶人工作经常超过12h。所以，长途行车驾驶人的驾驶疲劳现象十分普遍，常常因疲劳驾驶而诱发车辆事故。

另外，随着我国道路状况的改善和路程的增长，特别是高速公路建设的快速发展，路宽且平、直、长。有人认为，平坦、笔直的公路，可减轻汽车驾驶人精神紧张而不易疲劳，而实际上汽车驾驶人在这种道路上行车，初期感到轻松，此后长时间行驶，由于交通信息少，没有行人和自行车干扰，没有红绿灯，无复杂情况，路旁景观类同，线形单一，缺乏变化，驾驶人几乎不需要动转向盘和变换速度，操作极少，容易引发驾驶人一种单调的心理状态，使其思维产生抑制和处于嗜睡状态，尤其是在单车又没有他人伴行的情况下，往往容易引发交通事故。

2.驾驶疲劳产生的主观原因

在睡眠不足的情况下，驾驶人最易产生疲劳。有实验证明，睡眠剥夺，或睡眠不足时，驾驶车辆的疲劳感觉尤其强烈。若前一天驾驶人睡眠时间在4.5h以下，而驾驶时间超过10h以上，肇事率往往很高。肇事驾驶人中约有60%的人在前一天晚上睡眠不足5h。因此，一般情况下，要求汽车驾驶人一天至少要睡足7h。最近有专家把汽车驾驶人睡眠不足和酒精的毒性作用进行了比较，发现经过17～19h不睡觉，人的行为与血液酒精浓度为0.05%时相当，甚至更严重。所以，许多国家的交通规则明确禁止疲劳驾驶。

另外，睡眠时间不当，或睡眠质量不高，也会引起疲劳。人有着严格的睡眠与觉醒节律。人的这种昼夜节律是很难改变的。人的睡眠与觉醒节律对驾驶疲劳的产生影响很大。如果违反了人体昼夜节律，即使白昼已睡足，仍不能完全避免夜间行车时疲劳状态的产生。研究表明，驾驶人在行车途中，瞌睡的时间58%发生在23:00～6:00，有25%发生在12:00～16:00，而其他时间出现上述情况的仅占17%。

驾驶疲劳的产生还与人的生物节律有关。一般来说，上午10:00～11:00，人感到有些疲劳；午饭后由于脑部缺氧，困乏打盹，想躺下休息；晚上10:00后想睡觉；午夜，特别是凌晨3:00～4:00睡眠最深。

此外，长时间的驾驶要消耗大量的热量而引起饥饿，若消耗的热能不能及时得到补充，就会因饥饿而形成疲劳，并且强化疲劳程度。

3.导致驾驶疲劳的社会心理因素

社会心理因素是指群体心理氛围，包括人际关系、工作态度、奖惩制度、家庭关系等对汽车驾驶人的影响。例如：对工作无兴趣，不安心；人际关系紧张；家庭不和，家里人生病，经济困难等；不满情绪（对工作、领导、生活待遇等）；不适应工作环境；消极情绪（猜疑、悲观、忧郁等）；对健康担心；危险感、危机感；恋爱、婚姻受挫等。这些社会心理因素都将在一定程度上影响汽车驾驶人驾驶车辆的疲劳程度，特别是对心理疲劳有着直接的影响。心理疲劳往往比生理疲劳持续的时间更长，需要更多的时间恢复。

4.汽车驾驶人的身心条件

青年汽车驾驶人体力与健康状况好，容易兴奋，容易感到疲劳，但也容易消除疲劳。中、老年汽车驾驶人或身体瘦弱或患有某些疾病的汽车驾驶人，易于出现疲劳。心理素质较差的汽车驾驶人，新汽车驾驶人或驾驶技术不熟练、在驾驶途中多余动作多、手忙脚乱、过分紧张的汽车驾驶人，易造成疲劳。一些女汽车驾驶人在月经来潮时，会出现腰酸、腹胀及腹部下坠等轻度不适，或出现精神不振、全身乏力、头晕、发困等现象，遇到这种情况，应控制好出车的路程，避免疲劳过度。有的汽车驾驶人性情急躁，几次超车超不过去，就感情用事，强超强越，险情不断，也极易疲劳。

此外，有人研究认为：驾驶疲劳与心理负荷的大小有关，而与打瞌睡无关。也就是说，行车道路上的转弯、上下坡越多，汽车驾驶人就越容易疲劳，却不容易打瞌睡。相反，行车道路上的转弯、上下坡越少，就像高速公路那样笔直而单调，则汽车驾驶人就越不容易疲劳，然而却容易打瞌睡。这个论断并不全面，公路催眠所引起的与疲劳导致的打瞌睡有着本质的差别。前者所导致的打瞌睡比较容易恢复到清醒状态；而后者所引起的打瞌睡就不容易在短时间内恢复到清醒状态。

调查发现：驾驶疲劳与持续工作的时间长度、工作任务的难度有密切的关系。撞车事故一般发生在午夜和黎明，还有就是在14：00～15：00，这时往往是人们感到疲倦的时间。此外，休息、睡眠的时间和24h工作、休息与睡眠时间的安排也会对驾驶疲劳产生影响。年龄也是一个影响因素，年龄在26岁以下比年龄在26岁以上的驾驶人更容易产生疲劳，他们具有统计上的显著性差异。

三、驾驶疲劳的特点与测量

驾驶疲劳反映在生理与心理两个方面，主要的生理反应是：神经系统的功能、血液和眼睛的变化等，研究人员往往用脑电、心率、眼睑眨动、眼球运动、头部的位移加以鉴别。主要的心理反应是：反应时延长、注意分散、动作不协调。从现有研究上看，疲劳的与清醒的驾驶人相比，较有特异性的指标是：转向盘的微调，头部前倾，眼睑的眨动、甚至闭合。

驾驶疲劳的测量可分为主观和客观测量。主观测量有自我评定与他人评定。客观测量主要是进行生理的与心理的测量，生理的测量是从生理的组织水平、行为反应和汽车动态变化（超过中线的次数、车速、转向盘的操作）进行测量；心理的测量主要测量注意稳定、注意分配、动作敏捷性、判断的准确性等。

1.评价性测定法

评价性测定法主要是让被试者叙述自我疲劳感觉来测量疲劳的方法，一般使用专门设计的调查表，根据被调查者的主述症状和各类症状出现的次数，经分析和比较后得出疲劳程度。评价性测定法可在作业前、作业中、作业后进行，它的优点是直接，简单易行，不存在侵入性问题，应用较为普遍；缺点是个体差异大，易受环境和短时记忆消退的影响。

2. 生理反应测试法

生理反应测试法是依靠驾驶结束后，驾驶人对各种刺激的反应程度来判断驾驶疲劳程度。主要有闪频值检查法、膝腱反射机能检查法、两点刺激敏感阈值检测法等。该方法不足之处在于测定疲劳的过程与作业过程不同步，不能反映作业过程中随作业任务的变化而引起人体生理反应的变化。另外，该方法不够客观，容易受被试者情绪、身体状态的影响。

3. 生理参数测试法

生理参数测定法是通过驾驶过程中，驾驶人生理信号的采集、记录、检测和分析来判断人体疲劳状态的方法。该方法的优点是客观性强，能比较准确地反映人体的疲劳状态；缺点是要在人体不同位置贴电极，不易被人接受，测定复杂，需要一定的设备和技术。

常用的几个指标有：

(1)脑电图(EEG，Electroencephalograph)：脑电图可看成是测量瞌睡的“金标准”。根据它可以很容易地判断驾驶人的疲劳程度。但由于其容易受到环境的影响，波动比较大，因此一般只适合在实验室内使用。

(2)心电图(ECG，Electrocardiograph)：心电信号的检测与分析手段包括心率分析、心率变异性研究等。心电图因为简单易行而受到广泛应用，但由于易受其他因素影响，有时难以可靠地反映负荷水平。

(3)肌电图(EMG，Electromyogram)：肌电信号用于疲劳测试，主要是局部肌肉疲劳的测试。其测试方法相对于脑电图的测试要简单，且结论较明确。

(4)呼吸(Resp)：一般认为作业者呼吸频率及肺活量与疲劳有很大的关系，疲劳后肺活量下降，呼吸频率变慢。

(5)皮阻皮温：人体阻抗的变化特征受外界因素影响较大，人体的皮温跟心情及紧张程度相关。但其受外界影响较大，一般也在实验室才使用。

另外，眼睛闭合时间比率(PERCLOS)、眼动(EA)、皮肤电流反应(GSR)等信号也常作为驾驶疲劳测量的指标。

4. 生物化学方法(生化法)

生化法是通过检查驾驶人的血液、尿液、汗液及唾液等液体成分的变化来判断疲劳。生化法的优点是评价客观，不足之处是测定时需要中断驾驶人的作业活动，容易引起被测试者的反感，同时它对身体有创伤，因此一般不采用。

5. 经验公式法

有人研究认为：驾驶安全与年龄、车外照明、驾驶人的睡眠质量、身体活动的需要量、是否遇到挫折、开车过程对思维水平的要求、开车的时间压力等因素有关系。在此基础上，建立了一个数学模型，用于预测危险事故的频率，该公式是：

1.528 +(−0.044 7 × 开车年限) +(−0.354 8 × 外部照明) +(0.332 5 × 出现危险事件前的睡眠质量) +(0.013 4 × 开车时欲睡的比例) +(0.081 3 × 斯丹佛睡眠质量量表) +(0.105 × 要求思维的水平) +(−0.010 6 × 每天身体活动的需要量) +(0.009 3 × 开车的时间压力) +(0.006 × 挫折水平) (6-1)

这个公式显然不是用于预测，而是在说明影响驾驶安全的因素有哪些。因为，要达到预测性就需要随时监控，以便能够为驾驶人即时地提供警觉信号。这个公式中，有许多项目是事后评价（如斯丹佛睡眠质量量表和出现危险事件前的睡眠质量），无法对驾驶过程进行同步监控。

四、驾驶疲劳与行车安全

驾驶人对于驾驶疲劳有一定的自我觉察能力。既然如此，为什么还会产生由于驾驶疲劳而导致的交通事故呢？这除了存在侥幸心理和动机的影响之外，可能与过度疲劳产生了心理反应迟钝和在极度疲劳时驾驶人无法控制自己等因素有关。一般而言，疲劳驾驶对安全行车的影响主要表现在以下几个方面：

1.感觉机能弱化

疲劳驾驶，听觉和视觉敏锐度降低，眼睛运动的正常状态被破坏（注视不合理地延长、跳动和徘徊）。疲劳还可引起错觉，例如，长时间注视灰色背景上的红色环时，就发生颜色对比的错觉（背景变成绿色）。随着疲劳的发展，注意变得不稳定，注意范围变小，注意转移迟缓，注意分配困难。疲劳使记忆力变坏，思维能力明显下降，感觉变得迟钝，知觉减弱，肌肉收缩机能衰退，精力不集中，使从事驾驶活动必需的心理过程组合的内部协调被破坏。有人用汽车驾驶人疲劳前后对交通标志的识别做实验，证明了汽车驾驶人疲劳后感知能力下降的事实。在不疲劳时，几乎对全部标志能识别的汽车驾驶人，疲劳以后约漏看 30%，且识别标志的距离也仅仅为正常时的一半左右。

2.反应潜伏期显著延长

驾驶工作是一项复杂的操作活动，长时间驾驶会消耗驾驶人大量生理、心理能量。由于体能的下降，影响到反应的灵敏性和操作的准确性，使手脚操作失调。不少汽车驾驶人有过这样的体验，意识似乎很清楚，当外界出现紧急情况需要采取措施时，心里明白，但手脚不听使唤。这种情形必然会使反应的时间延长，反应的错误动作增加。国外资料研究表明，汽车驾驶人白天工作一天下班后，不同年龄驾驶人对红色信号的反应时间都延长了（表 6-1）；同时，对复杂刺激的反应时间（同时给红色和声音刺激）也普遍延长，有的甚至延时 2 倍以上。

汽车驾驶人疲劳前后的反应时间　　表 6-1

年　龄	疲劳前的反应时间(s)	疲劳后的反应时间(s)
18～22 岁	0.48～0.56	0.60～0.63
22～45 岁	0.58～0.75	0.53～0.82
45～60 岁	0.78～0.80	0.64～0.89

3.操纵动作的准确性下降

汽车驾驶人疲劳之后，有时会发生异常反应，如对于较强的刺激出现弱反应，对于较弱的刺激出现强反应等。动作的协调性也受到破坏，以致动作不及时，出现动作过分急促或过分迟缓。有时操纵动作并不错，但已错过时机，在制动、换挡、转向等关键操作上，表现最为明显。

4.判断和驾驶错误增多

判断错误多为在道路通畅情况下，对潜在的事故可能性及其处理方法考虑不周到，速度控制不当等。驾驶错误多为转动转向盘、制动、换挡不当。疲劳严重者可发生手足发抖，脚步不稳，动作失调，肌肉痉挛。这些都会给正确、安全驾驶带来严重影响。疲劳驾驶是安全行车的大敌，是发生交通事故的“温床”。

交通事故的发生率往往从汽车驾驶人持续行车5h后开始增加，7h后明显增加，11h后尤为明显。国外对交通事故的分析表明，有1/6的肇事汽车驾驶人持续行车时间超过8h，所造成的后果往往比其他驾驶人更为严重。据英国统计资料介绍，汽车驾驶人在超过额定工作时间的2h内车辆事故增加2.5倍。另据法国国家警察署统计，人身伤害的死亡事故中，有2.6%是由于汽车驾驶人疲劳打瞌睡造成的。

五、驾驶疲劳与交通事故

在全球范围内，驾驶人过度疲劳已成为导致交通安全事故的重要原因之一。根据美国国家公路交通安全署的统计，在美国的公路上，每年由于驾驶人在驾驶过程中进入睡眠状态而导致大约10万起交通事故。其中约有1 500起直接导致死亡，7.1万起事故导致人身伤害。

在欧洲的情况也大致相同，据德国保险公司协会估计，在德国境内的高速公路上，大约有25%的导致人员伤亡的交通事故都是因为疲劳驾驶而引发的。法国国家警察总署事故统计报告表明，因疲劳瞌睡而产生事故的，占人身伤害事故的14.9%，占死亡事故的20.6%。日本的事故统计揭示，因疲劳驾驶产生的事故占1%～15%。

我国的疲劳驾驶情况也比较多。中华医学会等部门在北京一些高速公路和沪杭高速公路嘉兴段等地，对516名驾驶人进行了警觉度测试和问卷调查。调查发现，24%的驾驶人自我感觉在疲劳驾驶，50%的被调查者回忆在驾车中曾打过瞌睡。据有关专家介绍，睡眠不足、睡眠障碍、睡眠规律改变是引起疲劳的主要原因。

2004年全国道路交通事故统计报告中指出，因疲劳驾驶造成3 056人死亡，占总数的2.9%。在一次死亡10人以上的55起群死群伤特大道路交通事故中，因疲劳驾驶导致的占8起。近年来，疲劳驾驶问题开始得到关注，据2010年统计，全国因疲劳驾驶造成死亡人数已降低到1 139人，占总数的1.75%。

但是，驾驶疲劳与交通事故之间的关系是非常复杂的，它表现在两个方面：首先，驾驶疲劳所产生的交通事故，往往与占道行驶、车速过快等因素混杂在一起。因此，驾驶疲劳因素在交通事故中产生多大的影响难以准确估计。有调查认为在美国每年的千万个事故中只有10%是由驾驶疲劳所引起。而Haworth等(1990)发现，几乎有一半的驾驶人说他们在驾驶过程中曾经几乎入睡了。其次，驾驶疲劳并不一定会产生交通事故，因为驾驶人发现自己疲劳，可以通过减慢速度或者不超车等方法来弥补生理、心理反应水平的下降。然而，驾驶疲劳在交通事故发生中的作用不容忽视，为此，相当多的研究人员正试图通过各种方法测量驾驶疲劳，以便及时干预驾驶人的驾驶行为。

第五节　烟酒药物电话对驾驶人行车的影响

一、饮酒对驾驶人行车的影响

世界卫生组织的事故调查显示，50%～60%的道路交通事故与酒后驾驶有关，酒后驾驶已被列为车祸致死的主要原因。尽管近年来我国相关部门对酒后驾驶进行了严格的控制，但据

2010年道路交通事故统计年报显示，仍有1 958人因酒后驾驶死亡，占全年交通事故死亡人数的3%。

酒精麻醉是导致驾驶人工作能力下降的原因之一，其影响程度因人而异。它取决于人的健康状况，疲劳的程度，情绪状态以及进食、饮酒的习惯和人体对酒精的敏感度。研究表明，当驾驶人血液中酒精含量达到80mg/100mL时，发生交通事故的概率是血液中不含酒精的2.5倍；达到100mg/100mL时，发生交通事故的概率是血液中不含酒精时的4.7倍。即使在少量饮酒的状态下，交通事故的危险度也可达到未饮酒状态的2倍左右。

酒精麻醉主要破坏驾驶人正常的生理心理功能，使驾驶适性变差。具体表现在以下几个方面：

(1)知觉机能下降。知觉有运动知觉、时间知觉、空间知觉。不管驾驶人饮酒的种类和麻醉的程度如何，都将不同程度地影响知觉机能。一个醉酒后的驾驶人，其身体难以保持平衡，有眩晕感，感到眼前的一切物体都在晃动，严重者可天旋地转。当然，他对其他物体的运动就更判断不准，并易产生运动知觉错误。同样，一个醉酒的人意识都不清楚，更谈不上时间知觉了。饮酒过量者的视知觉、听知觉、运动觉和平衡知觉都会出现障碍，不能准确判断空间物体的大小、形状和方位等，从而不能获得良好的空间知觉，这是相当危险的。

(2)意识混乱，情感难以驾驭，往往高估自己的能力，低估面临的困难。他人越是嘱咐小心，本人越是逞强，其冲动性、冒险性增大。醉酒后还一反常态，感情冲动，言语癫狂，行为荒诞，胆大妄为，容易在不自觉或他人唆使下做出严重违章违法的事情。

(3)人的视觉机能大幅度下降。主要指辨识色彩能力下降，距离感下降，视野变窄。驾驶人行车中所需的信息有80%来自视觉，而在这80%的信息中，大部分是有颜色的，如红、黄、绿灯，各种标志等。饮酒后势必影响驾驶人区分各种颜色，极易发生交通事故。

(4)触觉敏感度降低。驾驶人对制动器的制动力大小、转向盘的转向度、车身振动的情况，都要靠触摸感觉获得。如饮酒过量，大脑中央后回体躯感觉中枢麻醉，这些情况就无从感知，甚至会出现制动失误、误打方向等错误，最终导致车祸。

(5)思维判断力减弱，注意力涣散。酒精主要麻醉高级神经中枢，抑制大脑的高级神经活动功能，使人的思维、感知、判断、注意等一系列心理活动水平下降。如果驾驶人注意力集中不起来，对路上千变万化的情况感知不清楚，思维混乱，事故的危险就可想而知了。

驾驶人酒后驾车所产生的事故呈现出一定的特性，主要表现在：①多发生重大交通事故，死亡率高；②碰撞事故较多，如撞人、撞车或撞隔离带、电线杆、树木、栏杆等物体；③事故发生的时间多在午饭后和夜间；④因为驾驶人感觉机能降低，反应迟钝，车辆易驶入侧沟，发生翻车事故，有的冲出路外，还有的平地翻车；⑤夜间会车时，看到迎面来车的灯光后眩目，视力恢复迟缓，容易与对向车发生正面碰撞。

二、吸烟对驾驶人行车的影响

“吸烟有害健康”，这句话几乎人人皆知。可不少汽车驾驶人却认为吸烟可以解除疲劳，增强注意力，所以边吸烟边驾驶成了普遍现象。然而吸烟对安全行车构成的潜在威胁却不容忽视。美国一所研究机构的调查表明，吸烟的驾驶人发生的事故比不吸烟的驾驶人多40%。吸烟作为一种不良的行为习惯，主要通过以下途径对驾驶行为产生影响：

1.吸烟影响驾驶人的注意力

吸烟过程作为一种连续动作，在行车途中可以影响汽车驾驶人集中精力操作。若想吸烟，驾驶人必然腾出一只手去取烟，而放松对转向盘的掌握，同时视野也会瞬间转移，对道路情况减少注意力。一边开车，一边吸烟，驾驶人对外界信息感知不足，影响行车安全。

2.吸烟影响驾驶人的视觉

吸烟时产生的烟雾在驾驶室里弥漫不散，不仅遮挡汽车驾驶人的视线，而且刺激眼睛，降低眼睛的适应能力。据有关资料报道，联邦德国的科学家在一个专项调查中发现，吸烟的眼病患者，其视网膜小血管与毛细血管极易发生硬化性病变。另据资料，在全国约有5%的视力下降原因不明的患者是由于吸烟过多，烟草在燃烧中所产生的氰化物滞留在人体内，慢性中毒造成视网膜血管硬化而致病。其后果是导致眼睛功能全面发生障碍：首先是视力衰退，而且这一缺陷无法用镜片加以弥补，称为烟蒂中毒性弱视；其次是色觉迟钝，特别是对红、绿两色的辨别能力明显减低；第三是视野缩小。烟雾在封闭的驾驶室内易造成对空气的污染，有可能引起轻度的二氧化碳中毒。由于二氧化碳增多，氧气不足，容易导致汽车驾驶人工作能力降低，视力下降25%左右，对安全行车产生不良影响。

夜间开车，这种影响更加明显，可能导致车辆事故的发生。夜间行车吸烟或其他乘员吸烟，烟雾会妨碍眼睛视网膜的感光性能，眼睛的适应能力下降，难以看清黑暗中的物体。如果驾驶人连续吸3支烟，或者其他乘员也在吸烟，烟雾在驾驶室里弥漫不散，就会使驾驶人眼睛的暗适应能力下降25%，影响行车安全。

3.吸烟影响驾驶人的脑神经功能

吸烟后产生的抑制作用，使驾驶人出现精神恍惚、反应迟钝、判断失误、动作失调等，影响行车安全。

4.吸烟影响驾驶人的驾驶操作

因为汽车驾驶人的左右手需要互相配合才能驾驶汽车，用一只手去取烟、点烟、弹烟灰，另一只手必定要忙乱，而且会使驾驶人的视线离开道路。事实上，视线从一个客体转移到另一客体需要0.8～1s的时间。在这期间，时速70km的汽车要走19m远。显然，这个距离并不算短。如果视线从道路上转移到香烟上，再回到道路上，就需要1.6～2s。这1s多的时间就足以使汽车驾驶人在突然出现的情况面前措手不及，酿成事故。

5.吸烟影响驾驶人的情绪

尼古丁对中枢神经的刺激作用可导致大脑出现短暂兴奋，继而转入抑制状态。由此带来的情绪变化会影响汽车驾驶人操作的安全性和准确性。

三、药物对驾驶人行车的影响

如果说醉酒驾驶目前已经开始被重视，那么药物对于驾驶人行车安全的影响则属于一个被忽视的领域。即便是在交通事故的现场处理中，交警也不会对肇事驾驶人是否服用过药物进行调查。然而，随着人民生活水平的提高、保健措施的加强和医学技术的发展，人们的用药量也在增长。但是，未经医生许可的用药，常常给一些人带来灾难。国外有关资料表明：有

4%～20%的汽车驾驶人未经医生允许而自己服药。某些药物服用后所产生的副作用就可能成为车辆事故的原因。经科学研究和交通事故资料证实，汽车驾驶人在服用某些可导致嗜睡等不良反应的药物后，其危险性比一般人高出 5 倍。奥地利科学家对 9 000 例交通事故进行研究后发现，其中 16%的交通事故是因为汽车驾驶人服用药物不当所引起的。

作用于中枢神经系统的药物，按其临床作用大体可分为镇静剂、兴奋剂和致幻剂，其副作用也是不同的。镇静剂(安达可辛、水合氯醛、苯巴比妥、利血平等)能够在不减弱思维过程的情况下消除恐惧感、情绪紧张和不安感。但同时，这类药物又能冲淡感受外界事物的情绪，使人表现出冷淡、消极、肌肉活力下降，引起头晕目眩、乏力嗜睡。有的驾驶人因患失眠症而服用镇静药物，如鲁米钠或安定片等，因每个人的体质不同，药物在体内代谢的速度不一样，有的开车时药物的作用还未消失，使机体出现动作协调失控、反应迟钝等危险情况。特别是打着瞌睡开车，其后果可想而知。兴奋剂(咖啡因、非那根等)对中枢神经系统的作用与镇静剂恰恰相反。服用这类药物后，会出现疲劳感降低，睡意消失，智力和活动的积极性提高，思维活动改善和动作速度加快等表现。但同时也会使机体的某些抑制因素作用减退，以致丧失警觉性和过高估计自己的能力。属于致幻剂的有麦斯卡啉、西比辛和其他药物。这类药物能使人产生幻觉，并出现类似精神分裂症样症状。

一个人在受到哪怕是短时间的麻醉(如拔牙、割开脓包时)以后，都会由于体力和智力的下降而在一定时间内丧失驾驶汽车的能力。在此种情况下，体力和智力的完全恢复要经过几天时间，在这段时间内应注意休息，不要驾驶车辆。

此外，还有许多影响安全驾驶的药物。如治疗痛风疾病的丙磺舒、别嘌呤醇，可导致视力模糊、疲倦，金刚烷胺、左旋多巴、溴隐亭易导致头晕；抗心律失常药奎尼丁、安搏律定，可引起头晕、眼冒金星，美西律、心律平、莫雷西嗪则能引起头晕和头痛；降血压药普萘洛尔、氨酰心安、倍它尔能引起多梦、失眠，氟桂利嗪、络活喜、波依定、尼莫地平则可引起头痛、眩晕及困倦；降脂药吉非罗齐、普罗布考可导致头晕、头痛；降糖药达美康、格列喹酮服用后会产生头晕和嗜睡；治疗胃肠、呼吸和血液循环等疾病的药品能够导致瞳孔的扩张和收缩，使眼睛的调节能力下降，视敏度降低，目测力降低，视野范围缩小，含有阿托品的药物均属于这一类；减少食欲的药物现在被广泛用来治疗肥胖症，服用这类药物也能使驾驶人的驾驶能力大大下降。

近年来，药物过敏反应的发生率一直在不断地升高，除常见的某些抗生素类和生物制剂外，甚至一些中成药、抗过敏药物，也有发生过敏反应的现象。发生过敏反应的时间可以是即刻的，也可以在服用或注射药物的数天后发生。常常表现为全身皮疹、痒痛难忍、发热、哮喘，严重者心慌、憋闷、出汗、手脚冰凉、血压下降甚至休克或死亡。对某些抗组织胺类药品，如扑尔敏等，因会使人昏昏欲睡、反应能力下降，汽车驾驶人在行车前应禁用。

四、电话对驾驶人行车的影响

汽车驾驶人行车时使用移动电话，或低头看“信息”，是导致车祸的又一个危险因素。在驾车中使用移动电话，分散精力，干扰开车，极易造成事故。据实验，手机通话时汽车驾驶人的注意力可下降 20%～70%，照顾车辆及周围环境的精力减少，事故的隐患必然增加。

据美国一项事故调查报告统计，驾车使用移动电话会使事故发生率增加 30%。英国《新英格兰医学杂志》上发表的一项研究发现，汽车驾驶人在行车时通电话会使车祸的危险性增加

4倍，这几乎和酒后驾驶一样危险。英国伯克郡交通研究所公布的测试结果表明，行车时使用移动电话，人脑的反应速度比酒后驾车时慢30%。另外，行车时使用移动电话，汽车驾驶人对路况的反应比正常情况下慢0.5s。该研究所还发现，车速达每小时100km时，正常的制动距离是31m，使用移动电话时制动距离则为45m，且打电话时，驾车不稳定，难以与前方车辆保持安全距离，极易引发车祸。应当看到，行车中汽车驾驶人不仅精力需要高度集中，其心理状态也影响着车的运行和安全。

正是考虑到行车打移动电话的潜在危险和对公共交通的影响，欧美及亚洲的一些国家、地区纷纷立法，禁止行车打移动电话，这一趋势将和早已被人们广泛认同的“禁止吸烟”、“严禁酒后驾驶”等观念一样，深入人们的日常生活，成为时尚潮流。

第七章　驾驶人因素的实验方法

因为人的生理和心理活动十分复杂，很难通过理论分析进行深入的研究，因此驾驶人因素研究从根本上讲是一项实验研究。即通过各种实验装备和技术手段，获取驾驶人在驾驶过程中的心理、生理、行为等实验数据，再通过多种数学工具进行分析和数据挖掘，这样在实验样本满足要求的情况下，就能对特性环境中的驾驶人因素进行科学和可信的研究。

第一节　驾驶人因素实验研究需求

驾驶人因素涉及驾驶人的外在行为和内在心理活动，而驾驶人的心理活动很难在无干扰的情况下直接观测或获取，唯一的途径是通过驾驶人的可观测的一些行为或者生理状态变化进行间接的分析。因此，驾驶人因素实验系统应该能够获取驾驶人主要的生理状态和具体的操作行为，同时实验系统应该能够获取定量的数据以支持驾驶人心理以及驾驶人行为特征的深入分析和研究。

驾驶人的驾驶行为是一个典型的信息加工过程，即驾驶人通过感觉器官获取外部的交通环境信息，通过自己的心理活动进行判断、形成期望继而作出决策，再通过手和脚的操作以及头部转动活动等表现出来。

在这个信息加工过程中有心理学中的"白箱"与"黑箱"之分，所谓的"白箱"是指某个环节的信息或者活动能够通过观测获取，而"黑箱"是指某一环节的所有活动是无法通过测量或实验获取的，研究的主要方法就是尽可能地获取"黑箱"两端"白箱"的信息，进而间接对黑箱内的心理过程进行研究。如图 7-1 所示，在驾驶人驾驶车辆的这个信息加工过程中，驾驶人能够获取的交通环境信息和驾驶人操作、驾驶人生理指标变化、车辆运动状态改变等都能够通过观测得到，属于"白箱"信息，而驾驶人对交通环境的认知、判断、期望形成和驾驶决策等心理行为属于"黑箱"信息。为了切实支持驾驶人期望的深入研究，就必须尽可能地获取"白箱"信息，这是驾驶人期望研究对于实验系统的必然要求。

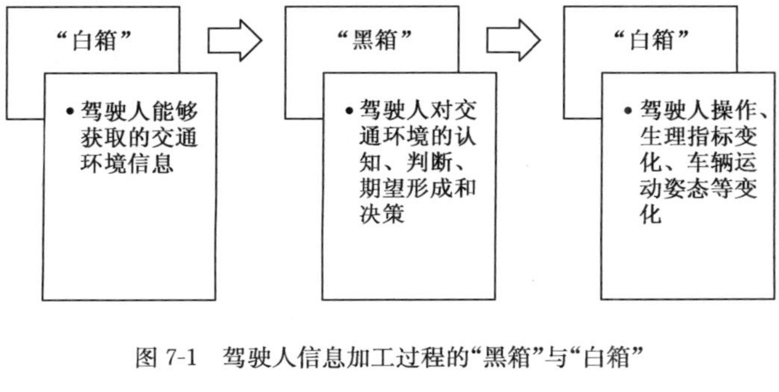

图 7-1　驾驶人信息加工过程的"黑箱"与"白箱"

驾驶人因素实验系统需要获取的信息根据信息加工过程能够分为输入的前置信息和输出的结果信息两类;根据信息的属性不同可以分为外部交通环境信息、驾驶人的感知觉信息、驾驶人生理特征信息、驾驶人操作行为信息和车辆运动状态信息五类。特别需要提出的是,能够反映驾驶人生理特性的指标有很多,很多研究表明一些生理指标与驾驶人的紧张、疲劳和注意力水平等有直接的关系,但是由于驾驶人的生理特性的影响因素过多,也十分复杂,包括驾驶人的健康程度、休息的充裕程度、个人情绪以及是否服用了药物等非交通相关因素都会在更大程度上影响驾驶人的生理指标,因此从全面地搜集驾驶人特征数据的角度出发,要求将绝大多数可能与驾驶人驾驶过程有关联的主要生理指标纳入实验系统数据获取的范畴。

驾驶人因素实验系统需要获取的信息分类可以用表7-1的信息矩阵表示。

驾驶人信息分类 表7-1

	前置输入信息	结果输出信息
交通环境	• 公路几何线形信息 • 隧道等公路构造物信息 • 交通标志等提示和管理信息 • 公路横断面信息 • 其他运行车辆信息 • 行人等信息 • 气候条件信息 • 其他信息	无
驾驶人感觉	• 驾驶人获取的视觉信息 • 驾驶人获取的听觉信息 • 其他驾驶人感觉信息	无
驾驶人生理特性	• 驾驶人心率(HR) • 驾驶人皮电反射(SCL) • 驾驶人皮肤温度(TEMP) • 驾驶人血溶脉搏振幅(PVA) • 驾驶人脉搏(PLUS) • 驾驶人肌电(EMG) • 驾驶人呼吸(RESP) • 其他驾驶人生理参数	• 驾驶人心率(HR)变化 • 驾驶人皮电反射(SCL)变化 • 驾驶人皮肤温度(TEMP)变化 • 驾驶人血溶脉搏振幅(PVA)变化 • 驾驶人脉搏(PLUS)变化 • 驾驶人肌电(EMG)变化 • 驾驶人呼吸(RESP)变化 • 其他驾驶人生理参数变化
驾驶人操作	• 加速踏板 • 制动踏板 • 转向盘 • 挡位 • 看后视镜 • 其他操作	• 加速踏板变化 • 制动踏板变化 • 转向盘变化 • 挡位(离合操作)变化 • 其他操作
车辆运动信息	• 车辆位置 • 速度 • 三轴加速度 • 方向角 • 横摆角速度 • 其他信息	• 车辆位置变化 • 速度变化 • 三轴加速度变化 • 方向角变化 • 横摆角速度变化 • 其他信息

通过对表 7-1 中信息的获取，即可以通过驾驶人生理特性、操作行为和车辆运动状态信息的变化，以及驾驶人获取的交通环境和感觉信息对驾驶人内在的心理活动包括驾驶期望进行研究。驾驶人因素实验系统的主要功能是获取与驾驶人行为有关的数据，为了保证驾驶人因素研究的科学性和全面性，实验系统必须能够获取表 7-1 中列出的全部信息，除了交通环境信息能够通过图纸或者勘测的方式获得外，其余的信息必须通过实验系统实时采集。

为了保证驾驶人行为实验的精度，实验系统的数据采集频率不能低于 10Hz，即以行驶速度 100km/h 计算，每 2.8m 能有一个数据采样点，即使按 120km/h 计算，也能满足每 3.3m 一个数据采样点，以满足公路交通安全研究的需求。如果继续增加采样频率，不但会导致系统集成费用的大幅度上升，而且对提高研究的科学性贡献不大，反而会增加数据处理的复杂性和工作量。同时权衡系统建设的投资和研究的要求，实验系统的数据采样误差控制在±5%之内。

综合上述分析，驾驶人因素实验系统通常需要满足表 7-2 提出的要求。

驾驶人因素实验系统功能基本要求　　表 7-2

<table>
<tr><th>功 能 描 述</th><th colspan="2">具 体 指 标</th></tr>
<tr><td rowspan="5">采集的数据项</td><td>交通环境</td><td>交通环境多角度视频</td></tr>
<tr><td>驾驶人感觉</td><td>• 驾驶人注视点
• 驾驶人眼跳
• 驾驶人瞳孔直径
• 驾驶人获取的音频信号</td></tr>
<tr><td>驾驶人操作</td><td>• 加速踏板压力
• 制动踏板压力
• 转向盘转角
• 挡位
• 离合器开关量
• 驾驶人操作视频</td></tr>
<tr><td>驾驶人生理特性</td><td>• 驾驶人心率(HR)值
• 驾驶人皮电反射(SCL)值
• 驾驶人皮肤温度(TEMP)值
• 驾驶人血溶脉搏振幅(PVA)值
• 驾驶人脉搏(PLUS)值
• 驾驶人肌电(EMG)值
• 驾驶人呼吸(RESP)值</td></tr>
<tr><td>车辆运动信息</td><td>• 车辆位置(GPS 坐标)
• 速度数值(km/h)
• 三轴加速度数值(m/s²)
• 方向角角度
• 横摆角速度</td></tr>
<tr><td>采样频率</td><td colspan="2">≥10Hz</td></tr>
<tr><td>采样精度</td><td colspan="2">误差±5%</td></tr>
<tr><td>安装调试时间</td><td colspan="2"><30min</td></tr>
<tr><td>持续工作时间</td><td colspan="2">>2h</td></tr>
<tr><td>其他</td><td colspan="2">模块化设计，能够根据实验要求自由组合功能模块</td></tr>
</table>

驾驶人因素实验系统根据实验环境和实验要求的不同，可以分为在实际交通环境中进行实验的实车实验系统和在驾驶模拟装置上进行的模拟实验系统。通常在实际交通环境中进行的实验更符合真实的情况，但是出于保障实验安全的考虑，在真实的交通环境中无法进行危险环境和危险驾驶工况下的实验，如酒后或服药后驾车的实验等，而且真实的交通环境中交通流的特征是随机不可控的，因此保证实验条件的一致性比较困难；驾驶模拟实验系统虽然可以避免这些缺陷，能够精确地控制实验条件，而且可以进行存在交通安全风险的极端工况和环境实验，但是由于模拟环境的限制，实验数据需要进行标定和进一步的修正。

无论是实车实验系统还是模拟实验系统，在进行驾驶人因素实验时，都应该满足表 7-2 提出的要求。根据实验目的的不同，采集的实验数据项可以根据实验要求有所增减。

第二节　驾驶人因素实车实验系统

在实际交通环境中开展驾驶人因素实验是最常用的驾驶人因素实验方式，在实际的车辆上开展实验时，由于需要更换实验车辆类型，因此实车实验系统通常要求模块化设计，能够方便地组装在不同的车辆上。

国内外用于驾驶人因素实车实验的系统有很多，本节介绍一种有代表性的实车实验系统RMES(驾驶人行为实时监测实验系统)，RMES 是国内常用的典型驾驶人因素实验系统。

RMES 实验系统包括数据采集和运行支持两个分系统，共九个模块，具体的实验系统构成见表 7-3、图 7-2。

驾驶人因素实车实时监测实验系统构成　　表 7-3

分　系　统	模块构成	
数据采集分系统	驾驶人视线追踪模块	视线追踪系统(眼动仪)
	驾驶人生理指标采集模块	生理反馈仪
	驾驶人操作行为采集模块	1. 加速踏板压力测试仪 2. 制动踏板压力测试仪 3. 拉线式转向盘转角测试仪 4. 离合器开关状态测试仪
	驾驶人行为与交通环境四路视频模块	1. 车辆前景摄像头 2. 驾驶人行为前置位摄像头 3. 驾驶人行为后置位摄像头 4. 车辆后景摄像头 5. 四路画面分隔器
	车辆运动状态信息采集模块	1. GPS 系统 2. 三轴加速度计 3. 横摆角速度测试仪 4. 陀螺仪
运行支持分系统	数据同步模块	1. 标准时钟 2. 内部局域网
	数据存储模块	数据存储介质
	供电模块	逆变器
	软件模块	系统支持软件

RMES 系统的数据采集分系统的各个模块是彼此独立的，可以根据实验的需要全部安装或者只安装部分模块，但是运行支持分系统的各个模块是必须安装使用的。

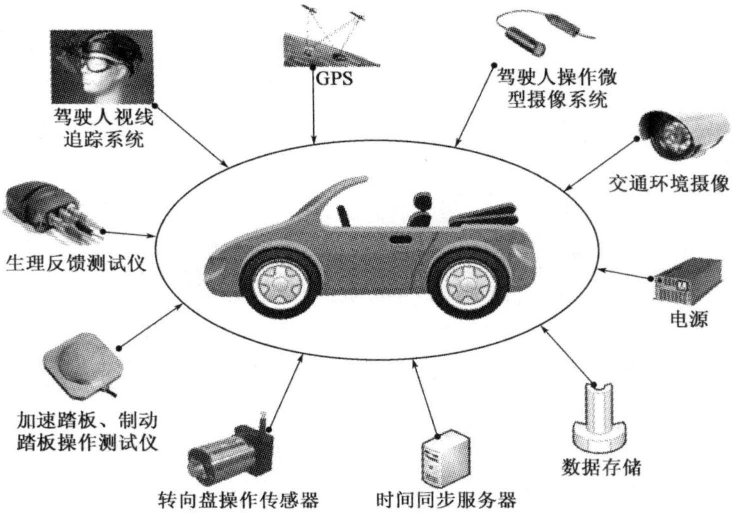

图 7-2　RMES 驾驶人行为实车实时监测实验系统构成

一、驾驶人视线追踪模块

驾驶人视线追踪模块采用了视线追踪系统（眼动仪）作为数据获取设备，目前先进的视线追踪系统具有佩戴方便，对驾驶人影响比较小，精度高，能够对动态场景中的眼球运动和注视点位置进行分析等优点。

驾驶人视觉特性研究的核心是对驾驶人注视行为进行研究。研究驾驶人注视行为的基本方法是研究驾驶人的眼动行为。眼球运动系统为人类一项复杂而敏感的运动单位，透过 6 对眼动肌肉，可以将眼球移动到我们想注视的位置。眼动实验就是通过记录眼球运动，分析各种眼动参数来考察、研究驾驶人的注视行为。

1. 注视基本形式

驾驶人在观察目标物时，其认知过程中的眼动形式主要有以下几种：

1)注视

注视是指将眼睛的中央凹对准某一物体的时间超过 100ms，在此期间被注视的物体成像在中央凹上，获得更充分的加工而形成清晰的像。但注视不等于眼球的静止，注视中常常伴随着三种形式的极为细微的眼动：自发性的高频眼球微颤、慢速漂移和微跳。这些细微眼动是视觉信息加工所必需的信息提取机制。驾驶人通过注视来识别交通环境的某个特征（即线索）。

2)眼跳

眼跳，也称为扫视，是注视点或注视方位的突然改变，这种改变往往是个体意识不到的。眼跳的速度很快，最高可达 450°/s，眼跳的幅度则可以从 2°到 20°。眼跳过程中可以获取刺激的时空信息，但几乎不能形成刺激的清晰像，所以眼跳可以实现对一视野的快速搜索和对刺激信息的选择。

驾驶人根据需要将注视点由一个物体转移到另一个物体，或由于周边视野上出现特异的刺激物，视网膜周边部位作出反应，促使眼球转动，从而使注视点对准那个位置时，眼球并不是平滑移动，而是跳跃运动。视线先在目标的一部分停留一下，完成注视后，又跳到另一部分进行注视观察。它突然开始，迅速跳动，又突然停止，循环地一跳一停前进。

3)追随

追随运动是指当被观察物体与眼睛存在相对运动时，为了保证眼睛总是注视这个物体，眼球会追随物体移动；追随运动常常伴随较大的眼跳和微跳，它是由运动目标的速度信息输入到中枢神经系统，眼睛为了追随这个目标而引起的一种连续反馈的伺服运动。

追随运动是眼球的一种较为平稳的运动方式。在以下两种情况下眼球进行追随运动：一是在头部保持不动的状态下，为了注视一个运动的物体，眼球随之移动，而且移动的速度和方向随物体运动的情况而定；另一种情况是当头部和身体运动时(如驾驶人随车前行)，为了使视线停留在一个固定物体上，眼球进行与头部、身体运动方向相反的相应运动。

上述三种眼动形式经常交错在一起，目的均在于选择信息，并将要注意的刺激物成像于中央凹区域，以形成清晰的像。也可以理解为，注视就是眼睛的中央对准某一个物体；眼跳就是先在对象的一部分又跳到另一部分；追随运动就是眼睛追随着对象移动。其中追随运动可以看成注视运动，因此，眼动的形式包括注视和扫视。眼动可以反映出视觉信息的选择模式，对于揭示认知加工的心理机制具有重要意义。研究发现，两眼的跳动几乎完全一致。

2.眼动参数

1)注视点

注视点反映的是一段时间内人所注意的空间焦点。眼睛会根据以往的经验自然地注视在引人注目的、极显眼的或重要的区域。

2)注视点数目

在视觉搜索中，注视点的数目与观察者所需要处理信息的数目有关系，而与所需处理信息的深度无关。然而，一旦搜索者发现其兴趣所在，那么注视点的数目就反映了视觉区域中兴趣点的数目，并且信息比例高的区域，产生的注视频率也很高。另外，区域的几何形状重要性与在该区域的注视持续时间之间也有相关性。

3)眼跳

眼跳是指眼睛从一个注视点到另一个注视点飞快地改变注视方向(或视轴)，这种眼跳动速度可达到500°/s。眼跳行为的主要作用是将目标物的新内容移到中央视觉范围内。

4)注视持续

简单地讲，注视持续就是注视，它产生于人眼的两次眼跳之间。眼动过程中信息处理越困难，导致的注视持续时间也越长。显示密度高的时候，导致的注视持续时间比显示密度低的时候长50～100ms。在阅读单倍行距、字符间距紧密的字符时，每一行的注视点增多(但是对每个字符的注视减少)。当字符越小，字符间距越紧密时，注视点变少而注视时间变长。总体来说，长时间的注视反映出观察者花费了更长的时间来解读视对象，或者将显示的视对象与其内在的含义联系起来。

5)累积注视时间

累积注视时间是指在某一兴趣区域的总的注视持续时间,它通常被认为是观察者对某个特殊视觉元素的感兴趣程度,这个量有时候也用来说明处理某处信息所花费的总时间。

3.常用的眼动参数

1)眼动轨迹位置分布

它是将眼球运动信息叠加在视景图像上形成注视点及其移动的路线图,它能最具体、直观和全面地反映眼动的时空特征,由此判定各种不同刺激情境下、不同任务条件下、不同个体之间、同一个体不同状态下的眼动模式及其差异性。

注视点:注视点就是中央视力对某物体的持续集中,反映的是一段时间内人所注意的空间焦点。眼睛会根据以往的经验自然地注视在引人注目的、极显眼的或重要的区域。

注视点数目:眼睛注视所能处理的信息数量,受到生理及认知因素的影响。

注视点的顺序:注视点先后之间的顺序关系,连续的注视顺序构成扫描路径。

2)眼动时间

它是眼球运动的注视和扫视方式所花费的时间,包括注视持续时间和扫视时间。

注视持续时间:注视时,视轴中心位置保持不变的持续时间,就是眼球从一个扫视运动结束至下一个扫视运动开始所包含的时间。

扫视时间:就是眼球从一个注视运动结束至下一个注视运动开始所包含的时间。

眼球运动速度:眼球转动的速度。注视持续时,眼球运动速度低于一定的阈值(一般为15～100°/s)。

3)眼动的方向(角度)

它是指眼球在水平方向和垂直方向转动的角度,即在二维或三维空间内考察眼动方向(角度),也称为视角。这方面的信息与视景叠加可以揭示注意的对象及其转移过程。

4)瞳孔大小与眨眼

瞳孔大小与眨眼也是视觉信息注意状态的重要指标,而且与视景叠加可以解释不同条件下的知觉广度或注意广度,也可以揭示不同刺激条件对注意状态的激发。

4.国内外研究情况

对人眼的研究源于19世纪90年代,但视觉测量的研究开始比较晚。最初人们利用光记纹鼓和角膜反射原理,摄影记录眼睛注视点的运动。20世纪60年代,随着红外技术和微电子技术的飞速发展,出现了一些比较实用的方法,美国和日本在这些方面研究比较先进,美国于1988年首次向市场推出了基于红外电视和图像处理方法的商用Erica系统。把视觉—眼动系统应用于道路安全研究并取得有价值的成果起始于20世纪70年代末。

1978年,荷兰学者Wertheim A. H.就开始从驾驶人眼睛运动的角度研究公路催眠问题。

1995年左右,英国学者Tokc D.和Cr wa1.开发了一种驾驶人眼睛计算机追踪系统,可以在不干扰驾驶人操作的情况下,检测其在行车过程中的睡眠状态。

美国学者Dinugs Thomas A.在1995年左右,对驾驶人驾驶过程中的眼睛扫描行为进行了Meta分析,得到了一些有价值的眼睛扫描和注视行为特征。

日本学者Sakaguchi Yasuo和Nakano Tomoaki等人于1996年左右,通过分析驾驶人在白天和夜间的注视点分布情况，研究了车载导航系统对驾驶人行车的影响。

德国学者 Goebel Matthias 和 Springe Johannes 等人于 1998 年左右，测量和研究了短途往返公共汽车驾驶人的 ECG 和眼动数据。

美国学者 Betke Margrit 和 Mulally William J. 在 2000 年左右，提出了一种安装在汽车仪表板上，可用于定位和跟踪汽车驾驶人的面部和眼睛位置的系统，以及一套用于确定驾驶人眼睛位置的方法。

日本学者 Fuuriehi Tmooki 和 Iwaskai Masato 等人于 2002 年左右，为了研究两种同样线形参数的"S"形道路导致的交通事故量截然不同的问题，测量了驾驶人在这些道路上行车时的车速、眼睛运动情况和心率等参数，并对这两种道路的测试结果进行了对比分析。

美国学者 Backs Richard W. 和 Lenneman John K. 等人于 2003 年左右，研究了驾驶人工作负荷和心功能(心率、呼吸、窦性心率失常)、工作效率、视觉需求的关系。

英国学者 Underwood Geoffrey 和 Chapman Peter 等人于 2003 年左右，研究了经验驾驶人和非经验驾驶人行车过程中视觉特征的不同。

2004 年，英国 Southampton 大学的 Mark Brackstone 和 Benwaterson 对高速行驶时驾驶人的眼动行为进行了研究。通过对驾驶人平均注视时间及各区域注视时间所占百分比的分析发现，驾驶人在整个驾驶过程中花费 80%的时间来观察前方道路区域，且每次视线从车辆前方区域移走的平均时间约为 0.65s。另外，除了受试驾驶人之间的个体差异外，路段因素也对平均注视时间等变量有影响，而车流量因素对平均注视时间等变量无显著影响。

2005 年，瑞典 Linkoping 大学的 Torbjorn Falkmer 和 Nils Pete Gregersen 等人研究熟练驾驶人和新驾驶人视觉搜索策略的差异，得出相对于熟练驾驶人而言，新驾驶人的眼动行为具有以下特征：①注视点更靠近所驾驶的车辆而不是远方；②对车内物体的注视更为频繁；③水平方向注视广度小；④对重要交通线索的注视更为频繁；⑤对包含潜在危险的目标的注视更为频繁。

2005 年，瑞典 Chalmers 技术大学的 Tania Dukic 与 Lund 大学 Dukie T、Holmqvist K、Wartenberg C 等人就按钮位置对驾驶人视觉行为及安全感的影响进行了研究。2006 年，英国学者 T. luke 等人对火车驾驶人的视觉策略进行了研究。他们使用ISCANVisionTrakETL－500型眼动仪对火车驾驶人的眼动行为进行了记录，并分析了驾驶人的总注视次数、平均注视持续时间、注视目标物的时间百分比及首次注视目标物的时间。

2007 年，美国圣约翰大学和台湾工业工程管理局的 Hsu Chih-Gung 等利用眼睛和头部跟踪设备对交通标志的识认效果评估进行了研究，通过对私家小汽车和货车对比实验研究发现，两者眼睛注视有很大不同；同时他们还根据实验数据及录像对限速标志进行了一些研究。

国内眼动研究起步较晚，而且最早主要应用于心理学实验研究，真正开始做实验始于 20 世纪 80 年代。1981 年，著名科学家钱学森提出了"人—机—环境系统工程学"(MMESE)。人—机—环境系统工程创立后，迅速在军工及民用领域发展起来。1984 年 10 月，总装备部成立了人—机—环境系统工程军用标准化技术委员会；1993 年 10 月，中国系统工程学会人—机—环境系统工程专业委员会成立。同时国内许多高校都建立了重点实验室。长安大学的交通运输部"人—车—环境系统安全"重点实验室，西南交通大学的"人机工程及交通运输安全技术开发中心"，其他一些高校也分别建立了人—机研究所，并取得了一些相关的数据及成果。人—

机—环境系统工程学的建立是国内针对驾驶人视觉特性及眼动研究的发展契机。

2000 年，西南交通大学的张殿业在研究驾驶人动态视野与行车可靠度的研究中，得到驾驶人注视点随车速变化的规律，并通过实验及数据分析建立了驾驶人行车可靠度模型，提出了行车可靠度与最大行驶速度之间的对应关系。

2002 年北京航空航天大学的柳忠起、袁修干、刘伟及王睿通过对注视点分布、扫视速度以及扫视的眼动机制的分析，对模拟飞机降落过程中飞行员的眼球运动进行了研究。

辽宁师范大学的隋雪、李立洁对眼球运动中的基本问题、阅读任务过程中的眼动问题和追踪、搜索等高级心理活动过程中眼动特征进行了研究。

西安交通大学的杨建国、肖永剑和王兆安通过驾驶人视觉关注焦点的移动规律、视场范围和障碍物遮挡三个方面的研究，提出了一个新的驾驶人视觉感知模型，并通过计算机模拟实际场景，对比受试者和模型标注的感知对象，完成了模型有效性的验证。

长安大学交通运输部人—车—环境系统安全重点实验室多年来一直从事驾驶人的视觉研究，其中郭海龙研究了不同路肩宽度对驾驶人视觉行为及心理紧张度的影响，方鼎研究了影响驾驶人动态视觉特性的因素以及驾驶人操作行为模式，马勇研究了视觉中的注视理论，并对驾驶人的视觉搜索行为开展了实验研究。

2007 年，北京工业大学和北京交通工程重点实验室的 Zhao Liang 等研究了驾驶人眼睛搜寻模式和驾驶人驾驶行为的关系，并得出新老驾驶人注视范围和注视时间有很大区别的结论。

由国内外的研究现状可以看到，对驾驶人视觉特性及眼动行为的研究，受到许多国家学者及研究人员的重视。然而同样也可以看到，对人视觉与眼球运动方面的研究多集中在语言学、广告学、心理学及医学应用等方面，对交通领域视觉及眼动研究不多，并且没有取得全面、系统的研究成果，而通过实验来研究驾驶人视觉特性的就更少了。

眼动仪可以实时记录驾驶人的眼动参数，而且利用专用的分析软件能够对动态视觉背景中的眼睛注视行为等进行分析（图 7-3）。驾驶人视线追踪模块的具体功能指标见表 7-4。注视点和眼球运动分析系统界面见图 7-4。

驾驶人视线追踪模块的具体功能指标　　表 7-4

功能描述	指　标
采样频率	≥50Hz
追踪分辨率	<0.1°
凝视定位精度	<0.5°～1°
追踪范围	至少满足水平±30°、垂直±25°
视觉背景场景	远景、常规、近景三种镜头
头戴装置	自行车头盔、棒球帽式，质量<100g

二、驾驶人生理指标采集模块

驾驶人生理指标采集模块使用了驾驶人生理指标反馈测试仪，该测试仪能够精确地采集车辆驾驶人的皮温、脉搏、皮电、体味、呼吸、肌电和脑电等信号，并利用无线蓝牙方式将数据实时传输至数据存储单元。

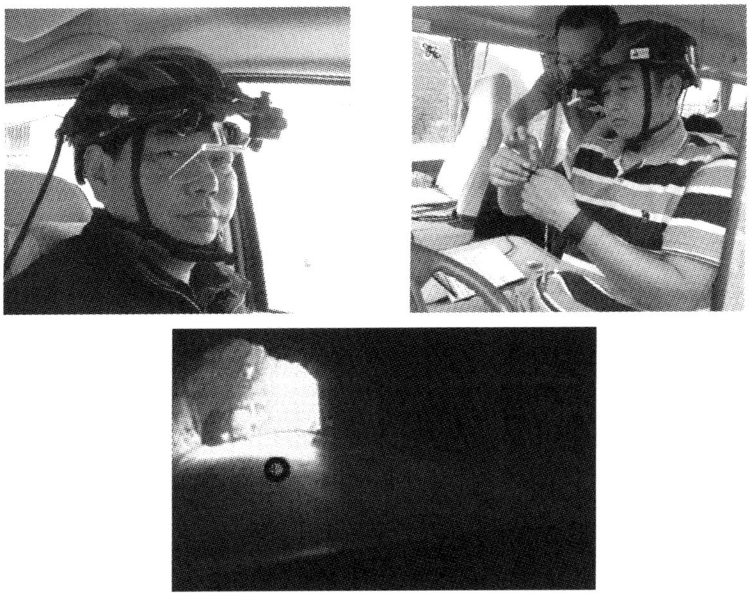

图 7-3　眼动仪在实验中(十字是驾驶人注视点)

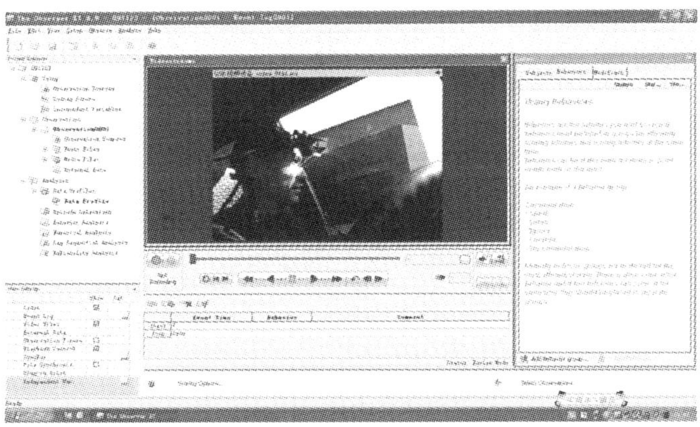

图 7-4　注视点和眼球运动分析系统界面

驾驶人生理指标采集模块包含四个组件,各组件功能见表 7-5。

驾驶人生理指标采集模块组件与功能指标　　表 7-5

组件名称	示意图	功能指标
多参数传感器	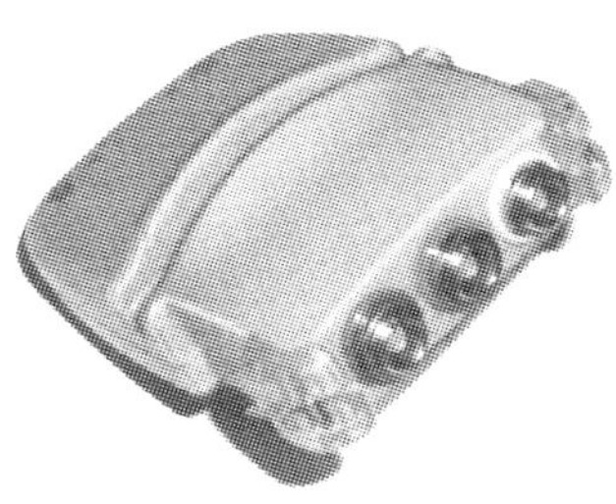	1. 皮温传感器:范围 10°～40°,精度 0.5°,解析度 0.01° 2. 脉搏传感器:搏动范围 0～100%,心率测试范围 30～200bpm 3. 皮电(EDA):范围 0～50μs,最大容错 0.65μs,解析度 0.001μs 4. 三维体位加速度传感器(MOT):范围 0～20m/s²,解析度 0.05m/s²

续上表

组件名称	示意图	功能指标
呼吸传感器		车辆呼吸频率,分析呼吸模式 测量范围:20cm 导联数:2 解析度:0.2mm
肌电传感器		可测量肌肉紧张程度,有7个电压放大调节频率,可精确测量不同肌肉 整体测量范围:25～200Hz 陷波范围:50/60Hz
脑电传感器(EEG)		标准配置为两导,能够测量脑电波的变化。频宽可设为任意常用的频段,敏感性可调

随着人体生理指标监测技术的发展,驾驶人生理指标采集模块采用的各个组件都很小巧,而且无须像传统的心电仪那样使用电极膏,因此驾驶人在实验中佩戴十分舒适和方便(图7-5),不会影响驾驶人的情绪和驾驶行为,有助于提高驾驶人参与实验的积极性,更有利于提高实验数据的精度。驾驶人生理指标采集模块图形化数据采集界面见图7-6。

三、驾驶人操作行为采集模块

驾驶人对车辆的操作主要包括脚对加速踏板、制动踏板的操作以及手对转向盘的操作。在手动挡车辆上,驾驶人行为还包括对离合器和挡位的操作。

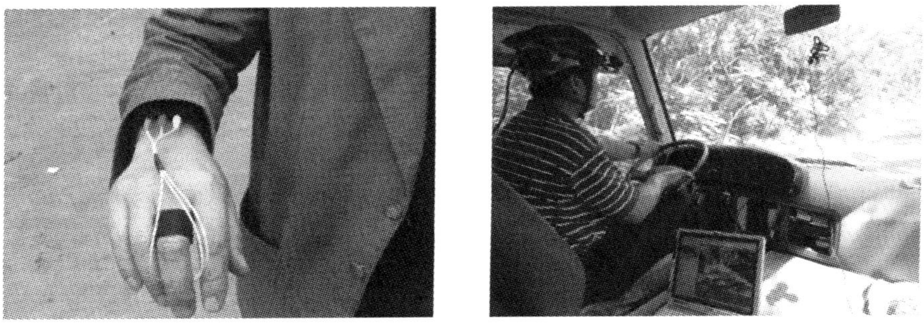

图 7-5　驾驶人生理指标采集模块在实验中

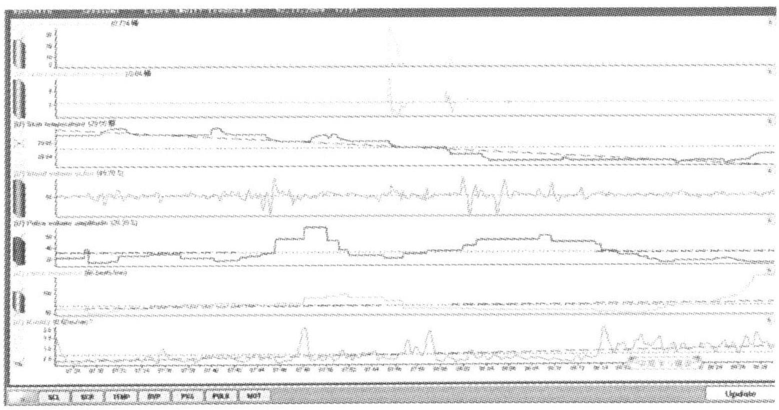

图 7-6　驾驶人生理指标采集模块图形化数据采集界面

在驾驶过程中加速和制动决定了车辆节气门和制动毂的状态，从车辆工程的角度来看，踏板行程是最直接的指标，但是考虑到不同车辆的加速踏板和制动踏板的行程设计都是不同的，而且对踏板行程进行测量需要的位移传感器的安装很困难，并且很有可能绊阻驾驶人的脚部导致危险，因此在实验系统设计时采用了更加安全的压力传感器对驾驶人的操作行为进行监测。目前主流的车型在设计过程中都尽可能地保持加速踏板和制动踏板的线性操作，以利于驾驶人操作车辆，因此使用压力传感器是合理也是安全的。加速踏板、制动踏板压力传感器及其安装见图 7-7、图 7-8。

图 7-7　加速踏板和制动踏板压力传感器

图 7-8　加速踏板和制动踏板压力传感器安装

驾驶人对转向盘的操作体现了驾驶人对车辆方向的控制，传统的转向盘转角传感器安装在转向盘上，对驾驶人的驾驶操作有非常不利的影响，甚至有可能导致交通意外。

为了更加安全地采集驾驶人对转向盘的操作数据，而且不影响驾驶人的正常驾驶行为，RMES 系统采用了拉线传感器，其原理是转向盘转角与车辆前轮的偏角之间存在着严格的线性关系，即通过对车辆车轮偏角的测量能够直接计算出转向盘的转角。拉线传感器安装在车辆底盘和车辆前轮上，在驾驶室内不设置任何设备，不会对驾驶人的操作造成干扰，能够保证实验的安全性，也能提高实验的真实性和代表性。拉线传感器及其安装见图 7-9、图 7-10。

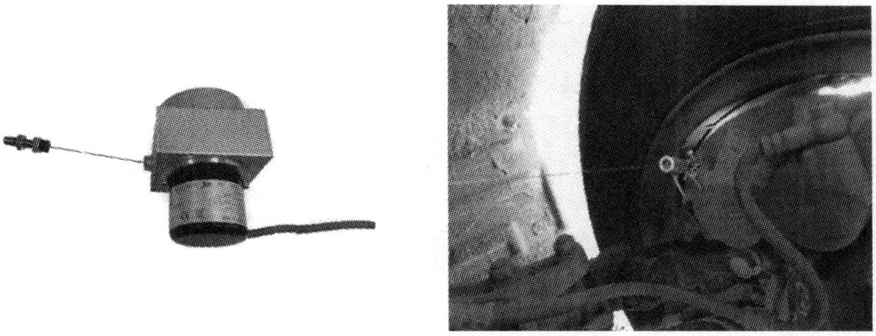

图 7-9　测量转向盘转角的拉线传感器

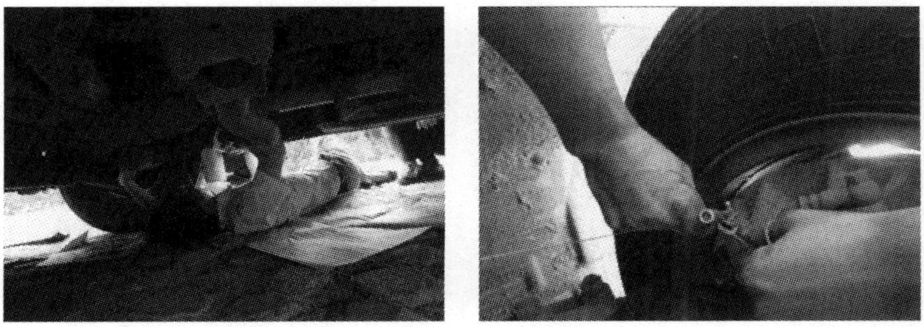

图 7-10　转向盘转角传感器安装

四、视频与车辆运动信息采集模块

为了更好地分析驾驶人行为数据，并且能够有效地回溯实验过程中的交通环境条件和其他影响因素，RMES 将四路微型摄像机构成的视频系统和 GPS 系统进行了有机结合，能够将视频数据与GPS定位信息，以及通过对GPS数据解析获得的车辆运动的速度、加速度等信息整合在一起进行联动分析。

视频系统使用了小尺寸的摄像机(图7-11)，安装十分简便，而且小尺寸的摄像机对驾驶人的影响很小。实验中发现，通常经过半小时左右的驾驶，驾驶人便会忽略摄像头的存在而表现出真实的驾驶风格和行为。系统最多可以使用四路视频，视频接入画面分隔器之后，可以处理为一个视频文件输出，而且在输出的视频文件上可以同时叠加来自于GPS的速度、坐标等信息，对于分析和回溯驾驶人的行为十分有利。

a)　　　　　　　　b)

图7-11　实验系统中使用的微型摄像机

a)前景摄像机；b)驾驶人行为摄像机

除了视频和GPS系统，模块还包括三轴加速度传感器和横摆角速度传感器(图7-12)，可以对车辆运行过程中的加速度变换进行观测和记录。

通过数据的同步和集成，车辆的运动状态、驾驶人操作行为和视频系统能够整合在一个平台上进行综合分析(图7-13)。

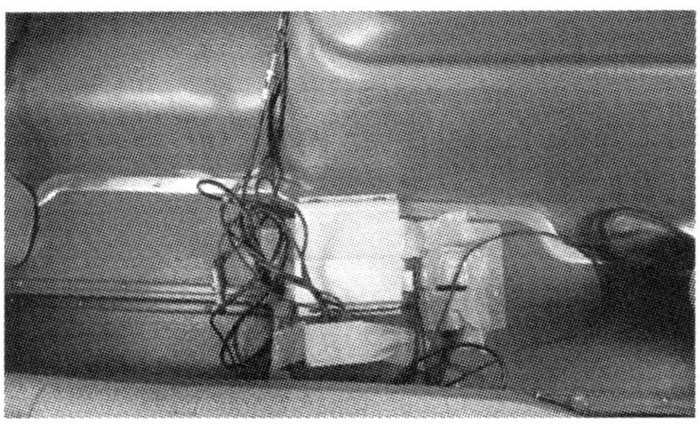

图7-12　加速度与横摆角速度传感器在实验中

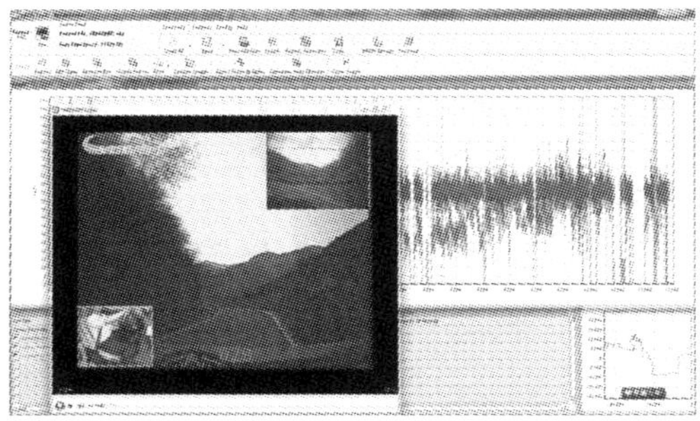

图7-13　视频系统与车辆运动状态数据的整合

同时，通过对GPS数据的操作，利用Google Earth等电子地图软件可以将实验的路线、实验过程中某一个特征点的位置在地形图上直接进行标定(图7-14)，结合交通环境场景摄像机获取的视频，能够对驾驶人的行驶环境进行深入的分析。

图7-14　实验数据在Google Earth中加载

第三节 驾驶人行为模拟实验系统

交通安全研究是一项以实验数据为基础的研究，但是很多交通事故发生过程和一些存在危险的交通环境与驾驶工况是不能组织实际交通环境实车实验的，特别是与驾驶人因素有关的实验由于要佩戴专用的实验设备，对实验安全有很不利的影响。交通安全实验研究的这一特点极大地限制了交通安全研究的发展，因此国内外一些知名的交通安全研究机构采用了建立高仿真度的驾驶模拟实验系统，在模拟环境中进行替代实验的方法。这一方法使交通安全实验研究摆脱了实验环境的限制，具备了可控、可设计、可重复、可回溯的特点，极大地拓展了交通安全研究的范围。事实证明，在危险驾驶工况和危险交通环境的交通安全研究中，驾驶模拟实验系统具有不可替代的优越性。

一、驾驶模拟实验系统

20 世纪 70 年代早期，通用汽车公司、弗吉尼亚工业学院和州立大学开始做人闭环系统模拟的早期探索工作，这项工作持续了 20 多年的时间，最后在 VPI-SU 模拟器上得到了实现。在这个 VPI-SU 模拟器系统最高级的版本中，包含一个有 16 个自由度的车辆模型和一个小型的可运动的底座。日本大阪产业大学则在 20 世纪 70 年代开始研究可赋予加速感的座椅模拟装置，它用液压机构来实现座椅在加速和制动过程中的运动模拟。20 世纪 70 年代研制的驾驶模拟器的视景系统多采用传送带和点光源式的地景系统，只能给驾驶人一种道路景象变化的速度感，缺少完整的地形信号。到了 20 世纪 80 年代早期，美国联邦公路管理局开始应用公路驾驶模拟器(HYSIM)，这种具有固定基座的驾驶模拟器主要用于对人性因素的研究，包括交通控制装置的研究、驾驶人危险驾驶体验、智能高速公路车辆系统和险情状况识别的研究。20 世纪 80 年代中期，瑞典道路交通研究中心开发出了有 4 个自由度的液压运动平台，支持复杂车辆模型的驾驶模拟器系统，该平台和一个可以摆动的工作台相连。1985 年，戴姆乐—奔驰汽车公司首先开发出了世界上最大规模的驾驶模拟器，它在一个可运动的基座上放置一辆实车，该基座可以进行大到数英尺的横向运动，并且该模拟器有一个高分辨率的视景显示系统。20 世纪 80 年代，日本的东京大学、丰田汽车研究所和马自达汽车公司也相继开发出了用于开发型的驾驶模拟器。20 世纪 80 年代后期、90 年代初期，美国的汽车制造商们开始开发他们自己的驾驶模拟器，福特和克莱斯勒汽车公司一直用固定基座的模拟器开展在这个领域的研究工作。1993 年初，美国的福特汽车公司也研制开发型驾驶模拟器，目前正致力于硬件在环的应用研究。1989 年，德国大众汽车公司改建了其原有的驾驶模拟器，更新了计算机运算系统和视景生成系统，并用于新产品的研制。1991 年，日本马自达汽车公司兴建了跑车开发型驾驶模拟器，它采用了高级的硬件平台，包括高性能的仿真计算机系统和高性能的图形处理硬件系统，其车辆动力学模型非常完善，运动系统可模拟六自由度姿态，生成的视景也非常复杂逼真。20 世纪 90 年代早期，相继制造出了几款新的驾驶模拟器，Iowa 大学的计算机辅助设计中心开发出了 Iowa 驾驶模拟器，它包括一个巨大的六自由度运动底座，并且用功能强大的计算机来处理由多体编码得到的车辆模型。1993 年底，美国交通部(DOT)招标建立美国的大型驾驶模拟器，由 Iowa 大学中标负责开发。动力学研究中心(Dy-namicResearchInc)也开发了一种支持各种各样车辆模型,并且也有一个六自由度的运动底座可以提供运动的模拟器。到今天,德国、瑞典、日本、美国的各大汽车厂家和研究室都相应更新了自己的开发型驾驶模拟器,具有更加完善车辆的动力学模型和更优质的运动系统。相对于上述发达国家,我国在驾驶模拟系统建设和应用领域仍然处于学习和引进的阶段。

目前,大多数优秀的驾驶模拟系统都是科研机构自主研发的,因此性能和特性的差异性很大。根据驾驶模拟器运动系统的不同,一般可分为座椅固定式、三自由度座椅式和多自由度驾驶模拟器。座椅固定式模拟器(图 7-15)仅靠视景显示系统来模拟车辆的运动,驾驶人无法获得车辆实际运动的沉浸感,容易引起神经系统失调,"模拟器晕车"现象就是由这种模拟装置导致的。当前部分驾驶模拟器是用真实车辆改装的,但是由于其是安装在固定底座上的,同样也是属于固定座椅式驾驶模拟器的一种。三自由度座椅式驾驶模拟实验系统(图 7-16)使用液压机构或电动机来驱动模拟驾驶座椅运动,通常具有 3 个转动自由度,能够部分模拟车辆的实际行驶工况,能使驾驶人获得接近实际的乘车体感。多自由度驾驶模拟系统(图 7-17、图 7-18)是利用复杂的运动平台系统使驾驶模拟器拥有多个自由度,该系统在实验过程中的车辆的声响与接地感以及操纵感都比较接近实际。

图 7-15　座椅固定式驾驶模拟实验系统

图 7-16　三自由度座椅式驾驶模拟实验系统

图 7-17　日本多自由度驾驶模拟实验系统

图 7-18　瑞典多自由度驾驶模拟实验系统

从满足驾驶人因素实验要求的角度来说,多自由度驾驶模拟器由于具有最真实的"路感",是目前世界上最先进的驾驶模拟实验系统,能够满足绝大多数实验的要求;三自由度座椅式驾驶模拟实验系统虽然能够模拟车辆的运动,但是由于自由度受限,驾驶人的"路感"仍旧与真实环境有相当差距,因此对一些要求精度很高的驾驶人因素实验就不再适用;座椅固定式驾驶模拟器则完全不能为驾驶人提供“路感”，因此只适用于一些要求不是很高的驾驶人因素实验，但是由于其造价低廉，实验准备简单，仍然具有很高的适用性。

二、驾驶模拟系统的局限性

国内外使用驾驶模拟器的经验证明，由于交通安全驾驶模拟实验系统在仿真程度上仍存在局限性，而且被试驾驶人在模拟实验环境中在心理认知上存在差异，因此即使高仿真度的驾驶模拟系统，其实验数据仍然与实际交通环境存在差异。因此驾驶模拟系统应用与驾驶人因素研究时限于模拟系统本身的特征也具有局限性。

福特公司在利用驾驶模拟器进行研究过程中指出驾驶模拟器具有局限性，突出表现在模拟器的模拟状态虽非常“逼真”，但毕竟与实际交通状态有区别。被试驾驶人的生命无风险，因此实验中驾驶人容易出现有别于实际交通状态的动机行为倾向。此外，在使用驾驶模拟器过程中，部分驾驶人会出现“模拟器感应症(SIS)”，表现为眩晕、恶心，福特公司的研究认为，SIS是制约模拟器使用的最大因素。此外，被试驾驶人在实验过程中缺乏稳定的情绪，以及仿真视觉效果仍不能真实反映实际景物，都会影响驾驶模拟系统的准确度和可靠性。荷兰 Henk J. van Zuylen 在研究指出，用驾驶模拟系统研究交通安全是可行的，但是必须解决两个问题，一是确定通过模拟系统可观测的指标中哪些与交通安全有关，二是这些指标与实际环境中的交通安全之间的准确关联关系。Henk J. van Zuylen 同时指出，所有的驾驶模拟实验系统在用于交通安全研究时均面临这两个基础性问题，而由于驾驶模拟系统自身的局限性和驾驶人群体的离散性，第二个问题是很难得到完全解决的。正是因为驾驶模拟系统在使用中面临着这些局限性，因此在国际上使用驾驶模拟系统的主流是通过对比法进行研究，即通过设置对比组和参照组进行比较研究，这种方法因为都是在同一个模拟系统上实施的，因此在很大程度上规避了不利因素的影响。例如 Preliminary findings 等利用瑞典 VTI 的多自由度驾驶模拟系统进行了隧道内驾驶人工作负荷的研究，该研究对隧道内外，以及不同形式隧道内驾驶人的工作负荷进行了对比实验研究；Qin Yaqin 等利用驾驶模拟系统研究了双车道公路设置爬坡车道后对微观交通流特征的影响，对比分析了设置爬坡车道前后车辆速度、在车道中的横向位置等交通参数的变化情况。但是参照对比法并不完全适用于交通安全研究，因此国际上也有很多研究是利用驾驶模拟系统作为直接的实验手段，但是在实验中会尽可能避免虚拟环境给被试驾驶人造成的影响。如 Carlo Benedetto 等利用驾驶模拟系统对公路几何设计进行安全性分析过程中，通过限定驾驶人行驶速度的方式降低了驾驶人因素对实验结果的影响，然后利用车辆动力学模型输出指标作为主要的评价指标。在这些驾驶模拟实验系统应用中，通过实验方案设计部分消除了虚拟环境对驾驶人的影响，但是实验方法的改良并不能真正解决虚拟环境与真实环境差异的问题。

F. Panera 等对 Renault-V. I 型货车驾驶模拟器在真实环境和虚拟环境下速度和安全距离的差异性进行了研究，并且建立了适用于 Renault-V. I 模拟器的速度修正线性模型。Burns P. C 等人也进行了类似的研究，结果表明，驾驶模拟系统在虚拟环境下获得的实验数据与在实际情况下是有差距的，但具有十分高的相关性，可以通过定量模型加以修正。

值得借鉴的是，随着国际上驾驶模拟器的广泛应用与推广，国外学者已经开始对驾驶模拟实验系统的有效性开展了理论基础研究，如 Rolfe 认为，一个驾驶模拟器的价值取决于它从操作者的反应中抽取行为特征的能力，这些行为特征若与现实中的反应一致，则最佳。确认有效性正是反映驾驶模拟器价值的一条途径。Blaauw G J 则指出，驾驶模拟器有效性确认是指对驾驶模拟器能否模拟真实驾驶状况进行的求证工作。确认包括两个层面：绝对有效性和相对有效性。绝对有效性，又称物理有效性，是指模拟器与被模拟对象之间物理属性保持一致，如模拟车速与实际车速保持一致，又如场景的尺寸与实际道路尺寸保持一致等；相对有效性，又称行为有效性，是指驾驶者在模拟器中的行为方式与在真车中的行为方式保持一致。一个驾驶模拟器系统若能以最接近真实车—路环境的方式运行，则具备绝对有效性。

因此，为了获得准确的驾驶人因素实验数据，驾驶模拟实验系统需要进行与真实环境相似性的校验，并建立诊断和修正模型。如果某个实验指标不能建立起可靠的修正模型，则不能通过驾驶模拟系统进行驾驶人因素实验。

第四节　自然状态下驾驶人行为实验系统

近年来，交通安全研究人员已经发现当驾驶人意识到自己正处于一项科学研究实验过程中时，其行为会发生很大的改变，驾驶人在实验中表现得更加谨慎，更加遵守交通规则，这是因为驾驶人在潜意识中不希望自己“坏的”驾驶行为被记录下来。这导致实验获取的数据不能真正反映驾驶人在交通环境中面临的风险，这一现象无论是在实车实验系统还是模拟实验系统中都存在。

为了解决这一问题，目前在美国已经启动了一项 NDS(Naturalistic Driving Study)研究计划，即自然状态下驾驶人实验研究。NDS 项目是北美 SHRP 2 战略计划的一个组成部分，其主旨是利用车内的数据采集系统记录自然状态下车内驾驶人的操作以及车辆行驶过程中各个指标(速度、加速度等)的动态变化。

NDS 项目的实施有两个关键，首先是研发集成在被试志愿者自有车辆内部的微型驾驶人行为数据采集系统，该系统利用车辆的 CAN 总线直接读取车辆的运行信息，交通环境视频系统集成在车辆外部，驾驶人行为视频系统则尽可能小型化并且隐蔽安装，使参加实验的志愿者很容易忽略实验系统的存在。根据 NDS 项目组的研究，在志愿者的车辆安装 NDS 系统一周之后，志愿者就会忽略实验系统的存在而表现出真实、自然的驾驶行为和状态，初步的实验表明，这种自然状态下的驾驶行为与实验室内的驾驶行为存在着比较明显的差异性。NDS 实验系统见图 7-19～图 7-24。

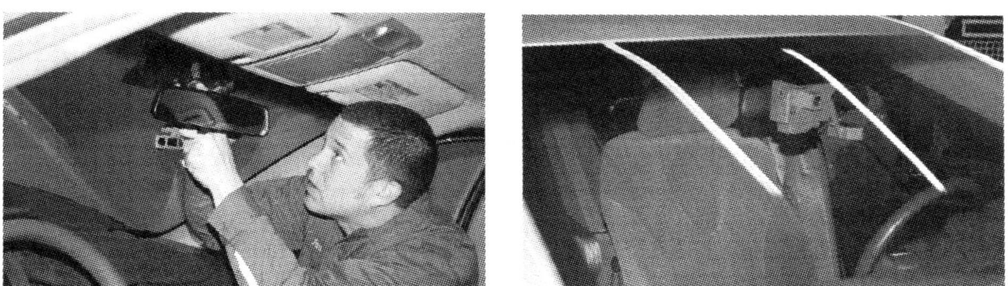

图 7-19　NDS 实验系统的前景摄像系统

图 7-20　NDS 实验系统的雷达系统

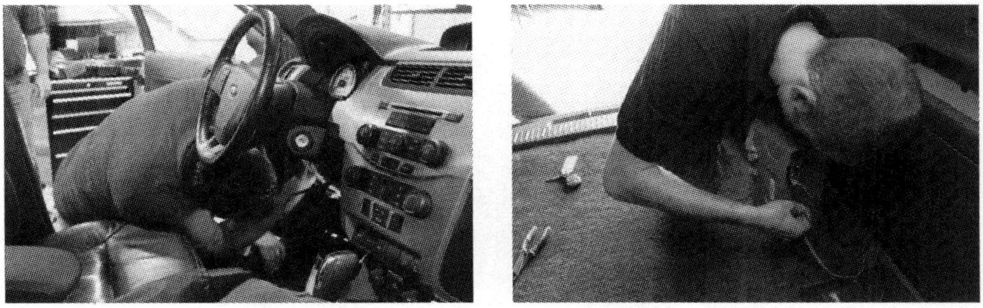

图 7-21　NDS 实验系统的车辆运行数据接口

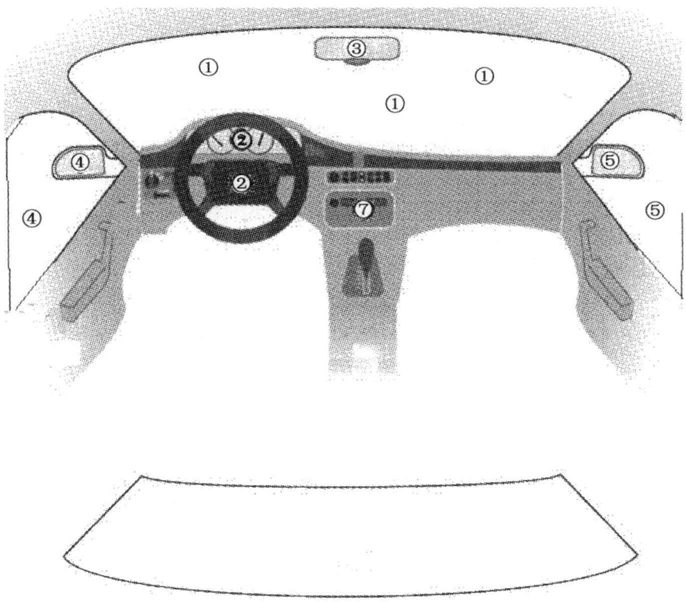

图 7-22　NDS 实验系统的隐蔽摄像头位置

NDS 项目实施的另一个关键是要对足够数量的志愿者进行足够长时间的实验，为此美国 TRB 计划对 3 100 名志愿者开展实验，对部分参与实验的被试驾驶人进行持续 2 年的数据采

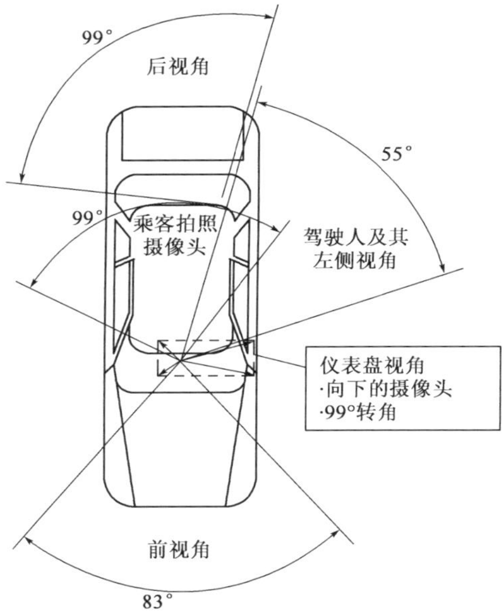

图 7-23 NDS 实验系统的摄像系统覆盖的视角

图 7-24 NDS 实验系统对驾驶人面部表情和注视点的数据采集

集。可以说 NDS 项目是目前为止世界上最大规模，也是最接近正常状态下的驾驶人因素研究，NDS 项目代表了驾驶人因素研究的发展趋势，这也是我国交通安全研究人员努力的方向。

第八章　人为因素理论及其在道路设计中的应用

在道路设计和运作过程中，人为因素的直接应用就是“人犯错，设计来补偿”。也就是说，在道路设计时对人可能出现的错误进行预期并探讨其原因，从而可以通过设计来切断隐患，减少事故发生的可能性。人为因素研究的目的就是依据人的行为特点和局限来设计道路，设置交通安全设施，从而避免人为失误、伤害和不幸的发生。

在运输过程中，人的失误是导致多数碰撞事故发生的主要因素。由于人类身体、知觉或感觉的局限，各类驾驶人都会频繁地出现操作失误。但是这些失误很少会导致碰撞事故，因为其他道路使用者会躲闪出错的驾驶人或道路环境允许驾驶人出错。然而，近距离的侥幸免撞或冲突却要比碰撞事故多很多。一项研究发现，城市道路交叉口的冲突事故与碰撞事故的比例为 2 000∶1。

道路使用者的失误可能是判断失误所致，如对于间隙的接受能力、前方路口的适当速度等；车内与道路的干扰、使用者的疏忽以及使用者的疲劳也会导致失误；同一时刻驾驶人因要作出判断而需加工过量的信息时，也会因信息过载而导致失误；为了降低信息负载，道路使用者往往依靠以往的知识或经验，但当这些与当前道路情况不符时，他们也会出错。除了无意识的犯错，有些驾驶人也会故意犯错去碰撞道路设施。

道路设计原理中的很大一部分要考虑道路使用者的安全，不管他们的失误是无意的还是故意的。如果道路环境的设计能够满足各种使用者的视觉需求、信息加工能力、运动操作能力，失误出现的可能性也会降低。同样，如果道路路侧采用宽容的设计理念，使用者的失误也有可能不会导致严重的后果。

关于道路使用者信息需求和任务需求的分析有助于设计最安全的道路。如果道路设计和管理者能够了解人的心理特征，那么他们能在很大程度上降低碰撞事故发生的频率。以下介绍几种人为因素的理论及其在道路设计中的应用。

第一节　六秒钟理论

一、道路必须给驾驶人充足的反应时间

每个人都是道路的使用者，驾驶汽车几乎是每个人都会有的活动。现代的生活方式使得任何人都无法脱离道路交通。不仅是合格的驾驶人，那些身体和(或)智力存在缺陷、不能集中注意力、反应迟钝和过于兴奋的人也会在道路上行驶。道路交通汇聚了各种不同能力和素质水平的人。

因此，那种认为所有驾驶人都应该并愿意付出连续不断的能量、注意和体能的观点是完全

错误的。人类永远没有想象中那么优秀，他们的行为和反应能力都是有限的。他们从一种交通环境适应到另一种，从一种需求调整到另一种，所需的时间远远比我们想象的要长。

六秒钟理论的基本观点就是，驾驶人平均需要至少 4～6s 的时间（“感知反应时间”）来调整到一种新的驾驶需求，而不是不足 1s（“简单反应时间”）。比如，驾驶速度为 100km/h，那么这种时间需求就意味着近 300m 的距离（考虑到制动时间），而不是单纯考虑车辆停止所需的 170m。

一条友好的道路应给驾驶人充足的时间来作出调整，允许他们有足够的时间来安全地改变其驾驶策略。表 8-1 是车辆由一定的初始速度降到不同速度所需要的制动总距离和时间，表 8-2 是车辆在不同速度下 2～6s 的行驶距离。道路设计中必须遵循这些基本的数值。

交叉口/弯道前* 制动所需的大约距离　　表 8-1

初始速度 v_1(km/h)	最终速度* v_2(km/h)	制动总距离* s_b(m)	制动总时间* t_b(s)
100	90	30	1.5
	80	55	2.5
	70	70	3.0
	60	85	4.0
	50	95	4.5
	40	105	5.5
	0	115	7.5
80	70	20	1.0
	60	35	2.0
	50	45	2.5
	40	55	3.5
	0	65	5.5
70	60	15	1.0
	50	25	1.5
	40	35	2.5
	0	45	4.5
60	50	15	1.0
	40	20	1.5
	30	25	2.0
	0	35	3.5

注：* 条件：纵坡 0%，地面潮湿，不考虑风阻力。

适应和接近距离(单位:m)　　表 8-2

车　速	与车速相关的驾驶时间和驾驶距离				
	2s	3s	4s	5s	6s
50km/h(14m/s)	28	42	56	70	84
60km/h(17m/s)	34	51	68	85	102
70km/h(20m/s)	40	60	80	100	120
80km/h(22m/s)	45	65	90	110	130
90km/h(25m/s)	50	75	100	125	150
100km/h(28m/s)	55	85	110	140	170

研究人员将驾驶人改变他们驾驶策略的过程分成三个连续的可辨识的逻辑阶段。

1. 适应段

在这一阶段,驾驶人察觉到危险点,但对危险点的具体情况却不清楚。因此,只知道应调整驾驶策略,但却不知道该作什么调整。也就是说,在这一阶段,驾驶人对即将到来的危险点有所准备,但不明确。

2. 接近段

在接近段,驾驶人逐步知觉到危险点的具体情况,明确具体的改变(转向、制动、加速),将作出恰当的驾驶策略决策,并开始执行新的驾驶策略("改变"),核查、测验并纠正制动、加速和转向的力度,为即将到来的危险点所需采取的驾驶操作做准备。

3. 制动反应

指驾驶人到达危险点前方制动所需要的时间。由于受车辆状态、天气以及道路和车的共同作用,这一距离并不是个定值。

图 8-1 详细描述了这三个阶段的过程,并给出了三个阶段所需要的时间。通过计算,可以得知,道路设计人员有必要在危险点前 300m 的地方警告驾驶人改变驾驶策略。

二、实际工程中的问题

道路上需要作出调整驾驶策略的常见危险点包括:

(1)各种不同的交叉口和匝道,包括有(没有)交通灯的铁路道口、自行车便道、人行道等。

(2)私人街道/停车区/农场便道与主干道的交叉口。

(3)弯道。

(4)施工点,道路施工/交通堵塞路段。

(5)高速公路进出口。

(6)城镇/农村入口。

(7)单一功能道路到多功能道路的过渡处。

交叉口、私有道路接入口、弯道以及道路维修点都必须通过下列标准严格系统地进行检查,这些标准适当可靠地描述了基于六秒钟理论常见的问题。

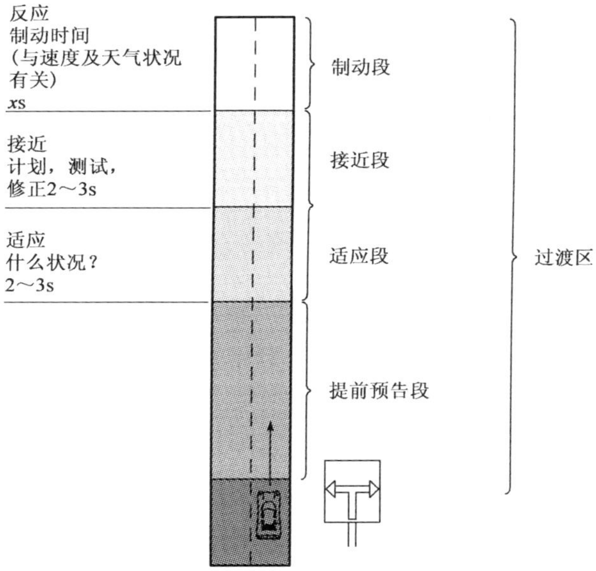

例如:在交叉口停车 $v_{接近}=100km/h$

适应段长度(2～3s)×28m/s=55～85m+

接近段长度(2～3s)×28m/s=55～85m+

制动减速长度从 100km/h 到 0km/h=115m

=过渡区长度=225～285m

图 8-1　六秒钟理论

(1)过渡段设计不足

主要体现在没有提前警告和过渡段,没有接近段,没有制动段等。

(2)感知和能见度不足

表现为驾驶人觉察不到危险点(被植被、建筑或标志遮挡);危险点不明显或不清晰(交叉口、车道、弯道);弯道不够清晰(看不到路肩、高坡后的弯道、弯道内侧不可见);支路:交叉口处不清晰(主要交通至少在 6～10s 前明确,危险点不在坡顶、远处可见的坡底和弯道处);支路:造成路权误解(支路没有主路窄,主路路基没有支路高,支路路面反光)。

三、相应的改善措施

在道路设计中,有可能采取一定的方法,让驾驶人清晰地知觉到道路危险点,提前改变其驾驶行为。但实际中由于受周边环境和财政预算等的制约,这种想法往往难以实现。在这种情形下,只有采取一些经济性的措施,如果还不行,那么只能设置警告设施了。其逻辑关系如下:

1. 排除

通过路线的调整、土建工程或相关设施的设置,排除危险点带给驾驶人的突兀感,令驾驶人不会感到意外,使危险点具有良好的感知和清晰度,从而使驾驶人能够轻易地感知到危险点的存在。

2.改善

通过矫正措施来确保清晰度，通过一定的能够吸引驾驶人注意并引导其安全驾驶的方法来警告驾驶人危险点的存在。

3.减小

通过警告措施给驾驶人以忠告，通过在危险点前安装交通标志给驾驶人提供适当的建议。

六秒钟理论是道路安全的基本法则，因为它使驾驶人有足够的时间来调整其行为。驾驶行为当然也受到其他一些道路特征的影响，比如环境和视野。

实际工程中的具体问题示例及其改善后的情况见图8-2～图8-5。

图8-2　过桥后左侧支路难以发现

图8-3　左侧支路有车时可发现

图8-4　支路可视距离不足：紧急制动以及高车速易引发追尾事故

图8-5　改善后的情况

第二节　视 野 理 论

一、道路必须为驾驶人提供安全的视野

人们在驾驶汽车时，往往比其他日常活动需要进行更频繁的视野改变。通过改换视野，多数人可以达到心情愉悦或情感兴奋的作用，这种情感的兴奋是无意识且无法压抑的。

愉悦的心情也是人们学习和做各种流畅动作的动力，一项活动所需的能量越少，越容易被很好地完成。

视野的改变及与之伴随的积极情感都是实现自动化驾驶的组成部分，这种基本的人为因素要求视野的设计必须满足 100km/h 车速的需求。单调乏味或阴暗的、带有误导和扰乱的感觉都会影响驾驶质量（图 8-6）。道路及其周边环境为驾驶人提供了一个完整的视野范围，这种视野可能会使驾驶人的驾驶更加稳定，也有可能扰乱驾驶人的驾驶；有可能使驾驶人感觉到兴奋，也有可能使驾驶人感觉到疲劳。好的充分考虑视野的道路设计可以称为“视野管理”。一个好的视野不仅可以有效地防护驾驶人，而且可使其正确地沿着行车道驾驶而不脱离行车道。

视野也会对跟踪精确度产生影响。如果道路为驾驶人提供了良好的视野，驾驶人对其驾驶的把握也就越好，即使偶尔出现短暂的疏忽，他们也能保持与中心线适当的距离行驶。然而，如果道路在上坡处没有良好的视觉目标，驾驶人就有可能会驶向道路中心线。

驾驶人安全地驾驶通过一个弯道也需要依靠良好的视野。只有弯道内侧视野没有任何阻碍且外侧有封闭的视觉轮廓，驾驶人才能更好地通过弯道。如果弯道内侧视线受阻或外侧轮廓没有或存在间断，那么驾驶人会自然而然地改变速度并转向。这是因为弯道处的运动引起了驾驶人两种互补的感知。结构物视线的变化伴随着愉悦情绪的产生，而这种愉悦的情绪又会因加速度和方向的改变而增强。所以，驾驶人可以从弯道处的驾驶操作中获得一种持续、积极、乐观、愉悦的情绪。

这些积极的情感是由人体几种腺体分泌愉悦的激素所导致的，所以是无法抑制的。这些积极的情感可以降低人们对危险的知觉阈限，所以驾驶人往往对弯道处的操作错误特别敏感，这些错误可能是由于弯道设施的不完善造成的。因此，我们在设计弯道时，不仅要依据对半径有规定的标准，还应设计安全的视野。即使是完全安全的弯道，也有可能因为两种视野问题的存在，而对驾驶人导致异常危险：①当弯道内侧被建筑、植被或地质形状遮挡时（图 8-7）；②当弯道外侧的轮廓有缺口或根本不存在由建筑、植被或地质形状所构成的轮廓时（图 8-8）。很多事故的发生都与这两种视野问题的存在有关。其中任何一种问题都会导致驾驶人在驾车通过弯道时不由自主地改变方向和加速。不管驾驶人多么努力地去改变其错误，车辆都会失去其稳定性，从而轻者导致行车道的改变，重者行驶到路肩上或改变其方向或者驶出道路。

图 8-6　单调的视野使驾驶人加速

图 8-7　弯道内侧的植被遮挡了驾驶人的视野

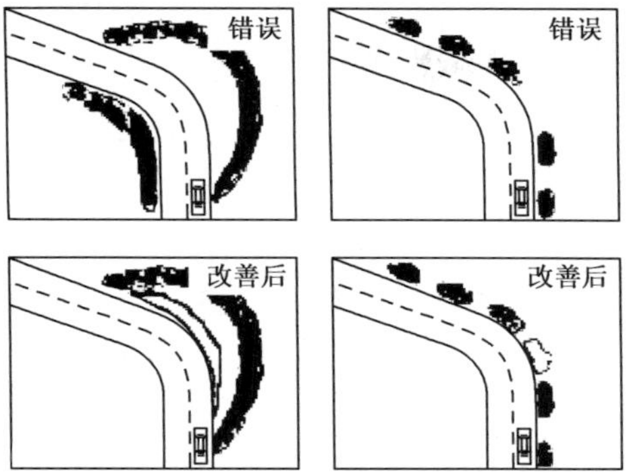

图 8-8　弯道外侧轮廓对视野的影响

二、实际工程中的问题

为了配合其驾驶行为，驾驶人往往会不知不觉且多数时候凭本能地调整他们的视野，以达到最佳效果。他们通过加速、制动和(或)改变行驶方向等，尽可能地获取足够的刺激(信息)。

当驾驶人通过操作反应无法得到满足或没有获得足够的信息时，他们就会不断地通过操作转向盘、加速踏板和刹车踏板等装置来尝试获取最佳的视野。驾驶人通过一种或几种驾驶操作来改变其视野：

(1)(不断地)加速。

(2)驶向或驶过道路中心。

(3)在道路中心线和边缘线间移动。

(4)到左侧的车道行驶。

(5)抄近路。

(6)无意识地改变行驶方向。

多年以来，驾驶人自主调整和优化其驾驶行为的现象一直没有被发现。对于重大事故原因的分析结果往往是看起来存在车速、车道和行驶方向的无故改变。极少数情况下，可以辨别出是因为视野的不足而导致的驾驶人的必然反应。

优良的视野使得驾驶人保持固定的速度、车道和方向行驶。视野的特性可以用于预测多数驾驶人的驾驶行为。视野特性和驾驶行为之间的相互关系可以被分成三种类型：

(1)与背景对比鲜明的客体数量决定了视野的密度，对 v_{85}(此段道路 85%驾驶人的驾驶速度)有影响(图 8-9～图 8-11)。

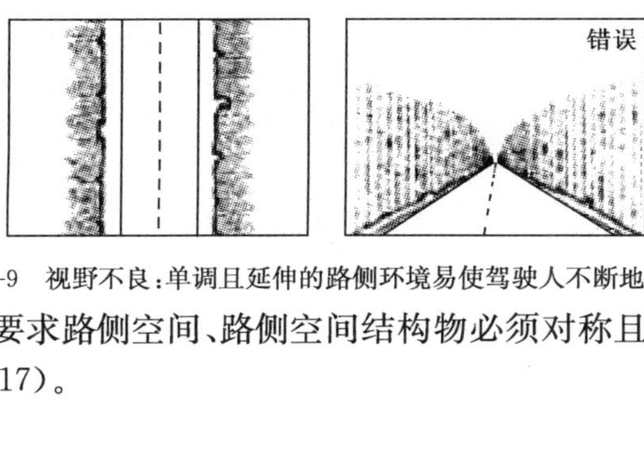

图 8-9　视野不良：单调且延伸的路侧环境易使驾驶人不断地加速

(2)规则的路侧轮廓要求路侧空间、路侧空间结构物必须对称且有规律，这对行车道的位置有影响(图 8-12～图 8-17)。

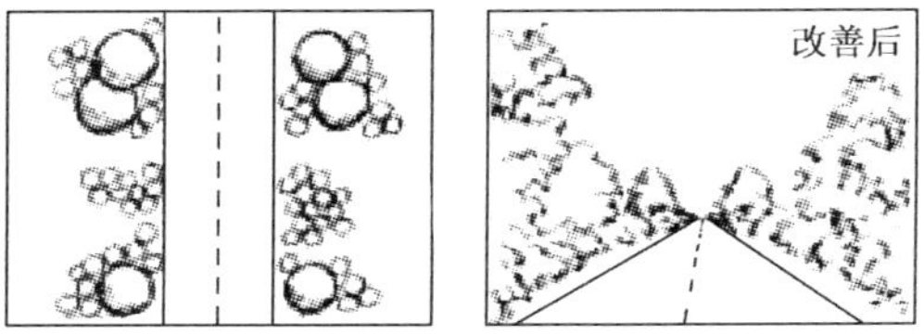

图 8-10　视野的局限性得到了改善

图 8-11　良好的视野和明显的道路线形

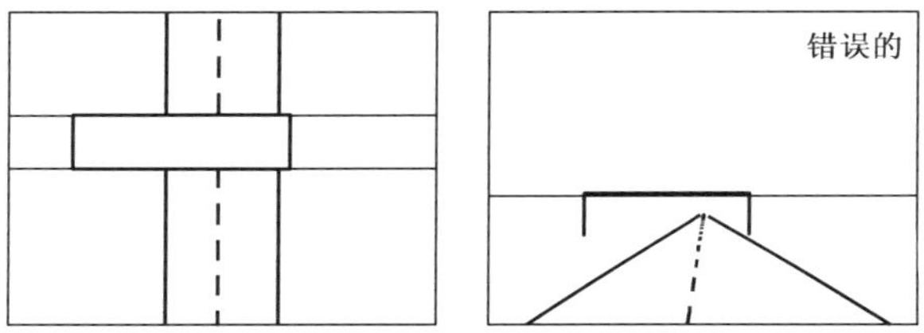

图 8-12　路侧空间结构物:不对称的空中结构物使得驾驶人感觉迷惑,并靠左行驶

道路边缘与植被线形不平行,使得驾驶人感觉弯道的距离比实际远,弯道起点车速过快而易驶出道路,碰撞障碍物(图 8-18～图 8-22)。

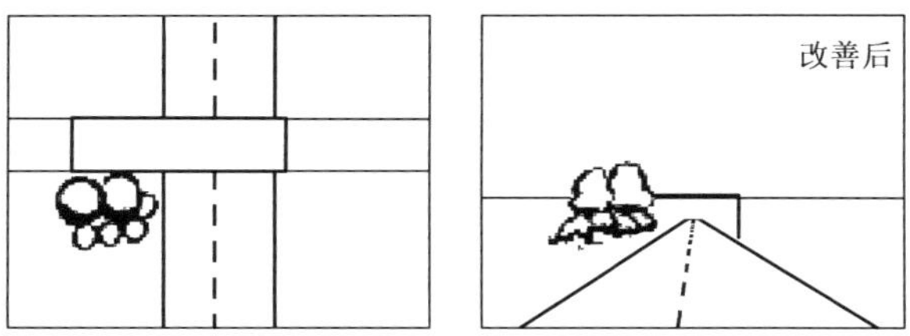

图 8-13　不对称的空间结构物得到了改善

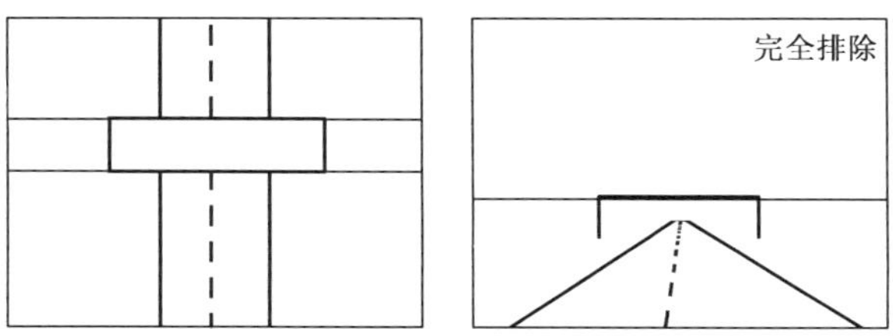

图 8-14　不对称的空间结构物完全排除

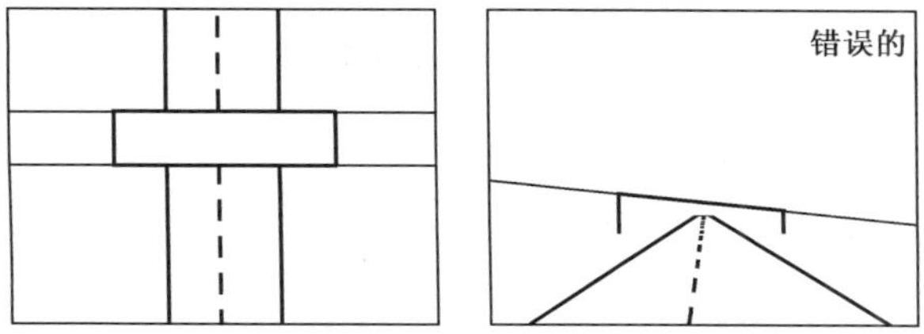

图 8-15　不对称的空间结构物：由于空间结构物左侧略高，使得驾驶人趋于靠左行驶

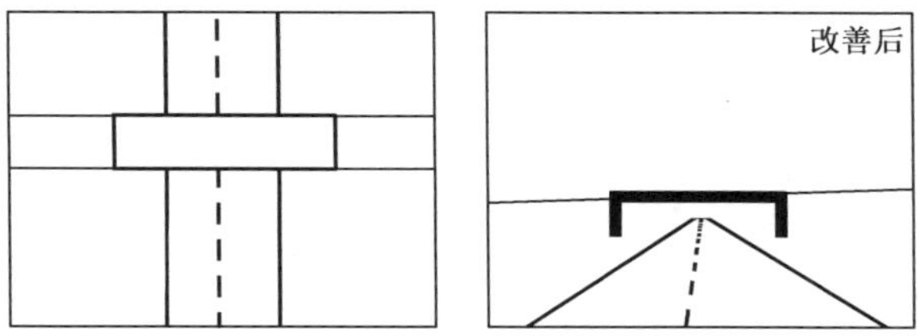

• 不同的高度得到了遮盖

图 8-16　不等高的结构物得到了改善

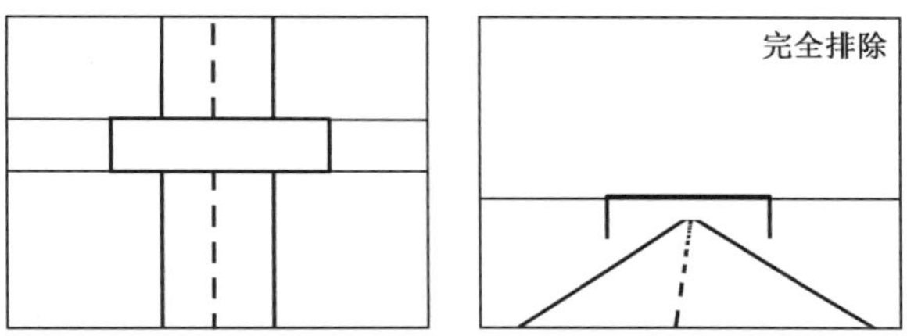

• 完全对称，不会存在靠左驾驶的趋势

图 8-17　结构物不等高的现象完全排除

图 8-18　视错觉路段

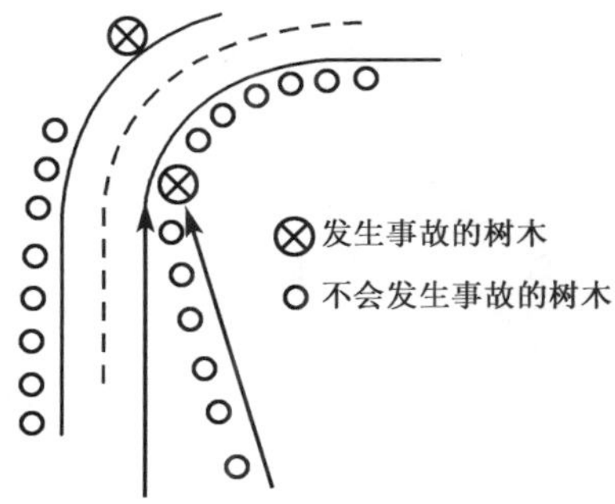

图 8-19　视错觉路段草绘图

另一种视错觉：坡底或坡顶与弯道的组合导致驾驶人低估（或高估）弯道的半径（图8-23）。

（3）行驶方向的空间形状决定了驾驶人的深度知觉。同时，深度视觉也会对驾驶方向和 v_{85} 有所影响（图 8-24、图 8-25）。

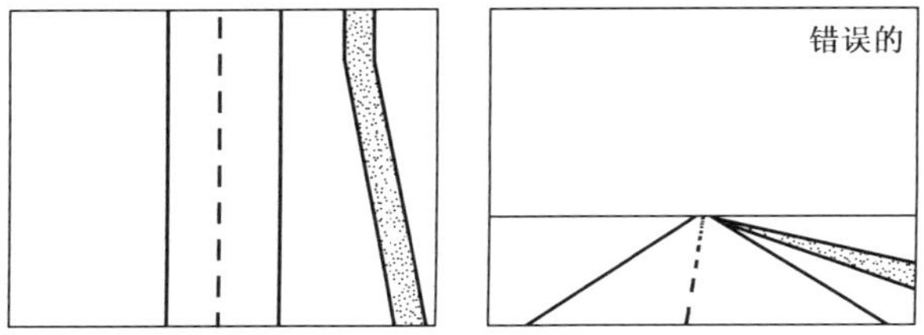

图 8-20　视错觉:道路走向与路侧线形不平行

(如栅栏、植被、防撞护栏及其他类似设施)导致对距离的错误估计

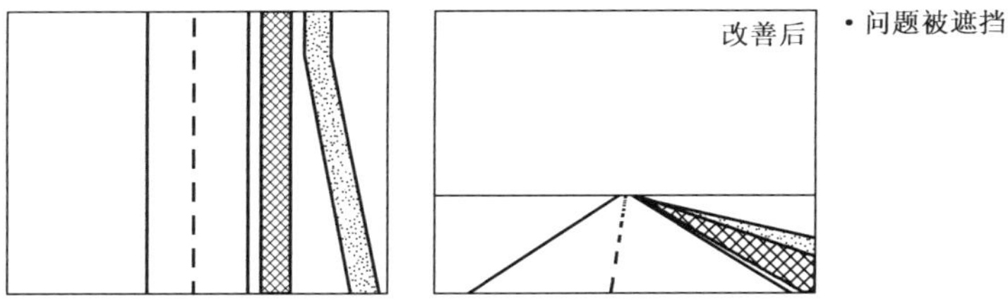

图 8-21　视错觉得到了改善

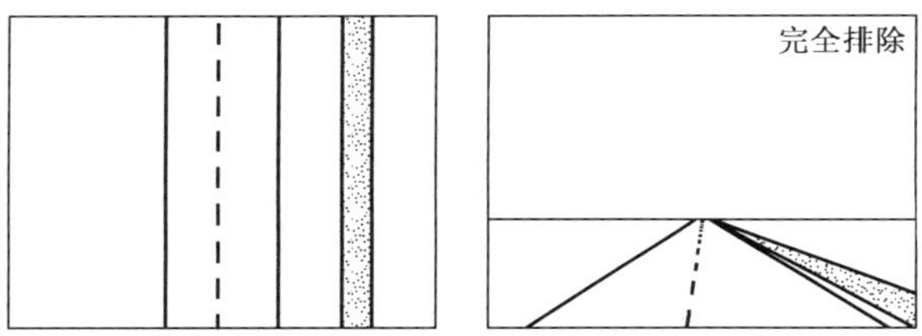

图 8-22　通过严格的道路边缘平行线,视错觉被完全排除

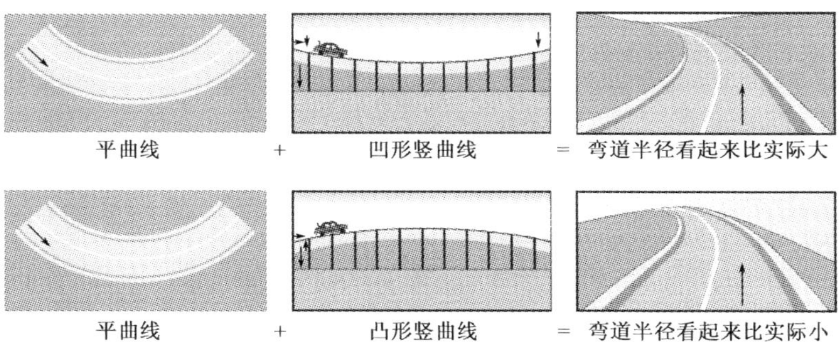

图 8-23　平曲线与竖曲线的组合引起的视错觉

当驾驶人不能获取良好的视野时,其反应基本是可以预测的。多数情况下,驾驶人潜意识的、不由自主的反应将是加速并且(或者)驶离车道并且(或者)不断地改变方向。

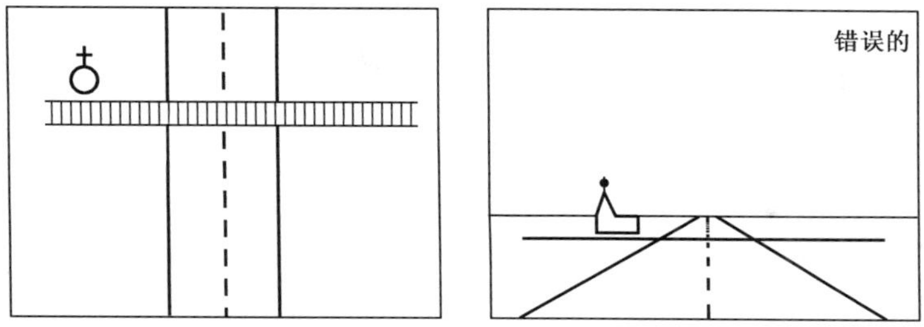

图 8-24 深度视觉:突出的客体比交叉口更易被感知

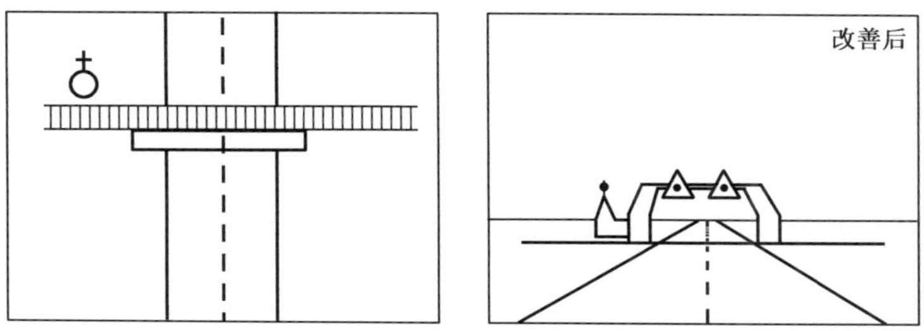

图 8-25 通过设置如交通信号灯等物体来改善突出的客体

因此,在考察一段道路是否安全时,应检查其 50m 的距离内视野是否良好。必须通过一定的措施来提高视野的质量,因为具有良好视野的道路要比视野不佳的道路安全得多。在检查一段 50m 的道路时,应采用以下标准进行系统地检查,这些标准准确地描述了常见的视野问题:

(1)视野本身的不足。

①单调的路段或环境,如乡间小路旁单调的、高度和距离没有变化的植被;隧道内单调的没有任何对比和吸引驾驶人注意的客体;国有道路旁单调的建筑形式;路侧风景单调或者路侧植被过于单一的道路。

②危险点前较长的可视的接近段:没有任何吸引注意的客体;道路线形没有变化。

(2)路侧空间结构方面的不足。

①上部构造物不对称且(或)不等高以及那些与视线不平行的物体:桥梁、广告、标志门架以及通行费收取设施;大量的植被群。

②距离道路路侧距离不对称的吸引注意力的客体,如树木、建筑、科技设备及其他单一客体。

③与道路路肩不平行的误导驾驶人视觉的设施,如标志物、隔离墩等;防撞护栏、雪及动物隔离栏等;树木、自行车道、马道和紧急车道等;公共维护道路等。

④与道路不正交的客体:树木、勾画物等;单一客体,如建筑、树木、交通标志等。

⑤弯道外侧错误的视觉轮廓(图 8-26、图 8-27):弯道外侧与道路线形不平行(植被、防撞护栏等);弯道外侧轮廓存在间隙;弯道内侧视野受阻碍或不清晰。

(3)空间结构延伸方面的不足。

①道路方向或冲突点处让人分心的易被注意的突出客体:使人分散注意力的教堂、其他建

筑物、照明设施、植被等。

图 8-26　没有外侧轮廓的弯道易扰乱驾驶人视线

图 8-27　有外侧轮廓的弯道稳定驾驶人的驾驶行为

②由不平行的视线、部分车行道的隐藏或坡底弯道引起的错觉:弯道错觉、方向错觉、远景错觉。

③下列情形下道路部分被阻碍:超车、在弯道处行驶、高速行驶。

一条设计中的道路,其视野的质量主要由这些因素所决定,通过考察这些因素,就可以对设计和结构物进行必要的改变。

三、相应的改善措施

为了有效地确保视野的效果,可使用道路上每隔 50m 的照片或模拟来进行分析(连串图分析法)。可以通过给道路使用者呈现一张二维的照片、三维的模型或一种模拟场景,来评估视野的优越。

通过这种方法识别的视野的不足被系统地进行处理,其处理方法的优先关系如下:

1. 排除

对视野进行设计,通过设计或结构的建筑(三维界限的引导)来补救视野的不足。

2. 改善

纠正视野,通过提高视线的诱导来持久地补救视野的不足。

3. 减少

在视野中设置警告标志,通过标志或者其他方式来告知驾驶人视野的不足。

第三节　逻辑性理论

一、道路设计必须符合驾驶人的认知规律

驾驶人凭借自己以往的经验和刚刚获得的感知信息所形成的驾驶期望和适应情况在道路上驾驶,它们对驾驶人的感知和反应有影响。

这一工作原理类似于爬楼梯,人们在登上一些台阶后,会凭借登上这些台阶的经历来调整

其动作的平衡，以便继续攀登刚刚看到的新的台阶。大多数情况下，这是潜意识的过程。如果一个台阶的高度较其他有所变化，那么动作的平衡就会被打断，就有可能导致摔倒或滑落。驾驶人在道路上对其驾驶行为的调整也是类似的潜意识的过程。

通过对行车道、行车道边缘以及行车道延伸方向的知觉，驾驶人会形成一个大体的认识。就像爬楼梯时凭直觉对不同高度、深度和宽度的台阶的反应一样，驾驶人会对这些道路因素作出反应。意外客体的出现将打断这一连续的自动化的操作过程，引起驾驶人进入“应激”状态，在关键的几秒钟后，才能恢复到正常状态。因此，道路设计和规划者应当从整体上掌握道路的特征，并尽早尽可能清晰地考虑到这些不可避免的变化。

许多国际性的规范也在道路布线中对此进行了要求。由于不符合道路线形的急转弯更易导致交通事故的发生，这些标准均对连续的三维道路线形管理的设计作出了规定。道路中连贯和不连贯的弯道见图 8-28。

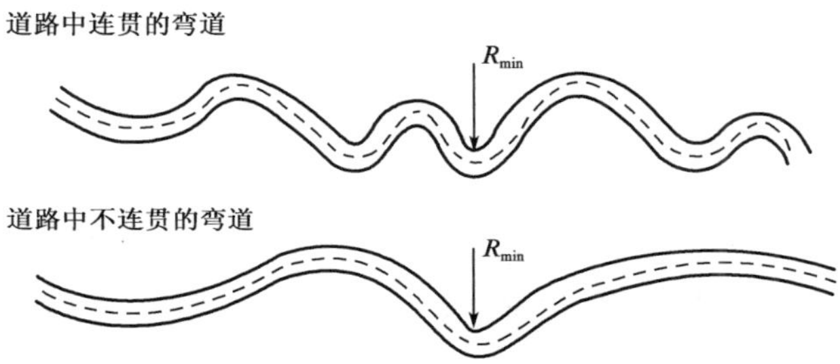

图 8-28　道路中连贯和不连贯的弯道

因此，事故点的改造和一段新道路的设计都必须考虑危险点前后的道路特征，以便排除意外的改变。通过连贯的弯道来排除事故冲突点见图 8-29。

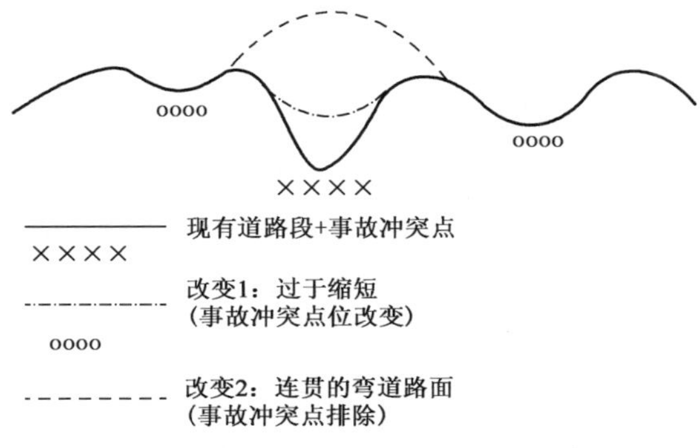

图 8-29　通过连贯的弯道来排除事故冲突点

二、实际工程中的问题

驾驶人凭借自己从以往的经历所获得的经验来决定其驾驶速度。对这种逻辑的打断和改变会导致操作错误，从而可能引起驾驶错误和事故。这一点可以应用到以下五种情况中：

(1)连续同一特性的道路但功能发生了改变(“城市入口的影响”/“乡间小路灌木林的影响”)。如道路功能改变，但道路特征并没有通过硬路面，容易引起注意的客体等作出变化

(图 8-30);以及道路功能改变,但路侧植被特征和(或者)过渡区没有变化(图 8-31)。

图 8-30　乡间小路上前方看不到的交叉口(300m 前)

图 8-31　林荫道上前方看不到的城市入口(150m 前)

(2)道路方向的改变与容易引起注意的客体方向相反。比如新建道路布局不可见;没有适当的过渡区;或者容易引导视线的注意点没有被遮挡(路堤的植被、广告牌等)。图 8-32 中道路走向是右转,但驾驶人容易误解为直行,而图 8-33 中这种误解就不会存在。

图 8-32　视觉误导:道路走向右转,但前方目标线却是直行(150m 前)

图 8-33　视觉误导得到改善

(3)道路特性的突然变化与正常的驾驶行为相违背,如:新的交叉口,道路右侧的改变等。这一现象具体体现在需要作出的驾驶调整没有被认识到;需要作出的驾驶反应没有被提前通过行车道的改变、适当的过渡区、可视的标志及其他交通设施告知;道路走向与期望不一致;交叉口、道路的变化和危险点不可见、被隐藏、难以理解和(或者)不适当等。

(4)由于大量的信息或者多个危险点的突然出现,引起驾驶人紧张程度的突然改变,主要体现在城市入口、过街道路上。这点在我国国省道上尤为常见。在《公路安全保护条例》颁布之前,由于没有保护路侧净空的意识,很多居民沿路建房经商。驾驶人在山区道路行驶一段时间后,突然进入这种穿村镇路段,信息量的增加会引起其紧张,易发生交通事故。图 8-34 是一个易发生事故的危险路段,通过采取一定的安全措施可得到明显改善,如图 8-35 所示。

(5)标志等道路路侧设施独特、不对称或不合逻辑的设置。图 8-36 中设置的红底黄图案的诱导标志,很多驾驶人不易从背景中识别出来(大小、对比度、亮度等不足)。但通过采用黄色反光标志，可视度得到了明显提高（图 8-37）。

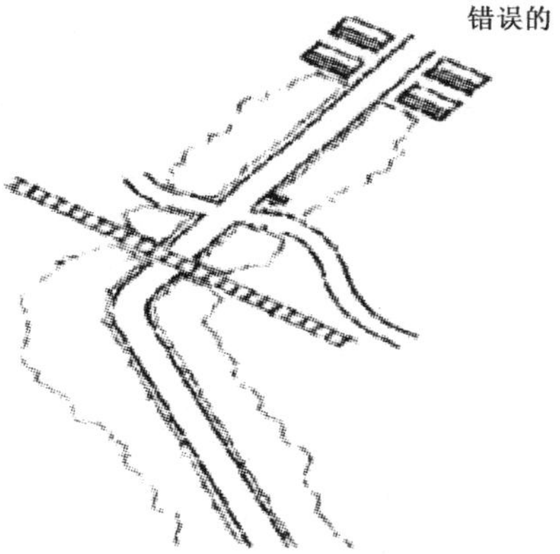

图 8-34　弯道后的铁道路口、交叉口、城市入口的积聚以及一段单调的直行路段

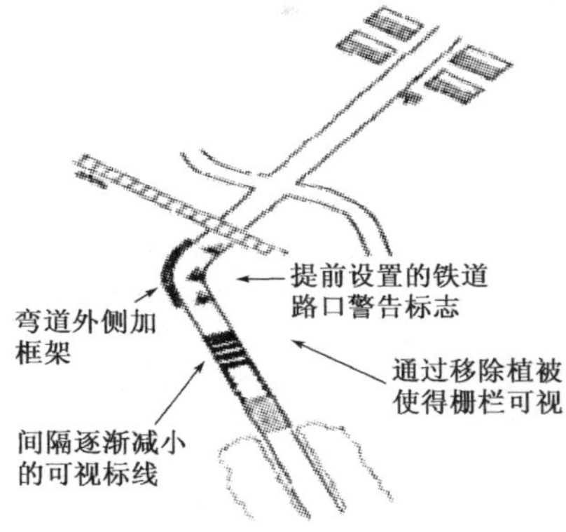

图 8-35　在危险点积聚路段前的一系列警告措施

图 8-36　你能在图中找到几块交通标志?

图 8-37　通过设置黄色反光标志，可视度得到提高

三、相应的改善措施

就发现道路设计中存在的逻辑性问题而言，有以下三种可能的改善策略。

1. 消除

设计符合逻辑的道路。在需要驾驶人改变驾驶行为的路段，确保危险点能够尽早被发现且容易被理解，如停车场进出口和其他关口。

2. 改善

改正不合逻辑的道路。通过特殊的道路路面、道路走向的改变，尽早地预告危险点（如交通岛）。设置与交通冲突点视线有联系的易引起注意的客体。

3. 减少

在不合逻辑的道路路段前设置警告，通过标志和其他说明标示出不合逻辑的原因（图 8-38、图 8-39）。

如在一个村庄/城镇前合适的位置设置了城镇警告标志，此处允许的最大驾驶速度是 50km/h，一旦超过此速度，就会存在风险。然而，v_{85}（85%的驾驶人在此处的驾驶速度）却经常高于这一允许速度。也就是说，大量的城镇标志并没有起到预期的在此处对驾驶行为产生影响的作用。这就要求工程师应用设计的方法或至少需要调整策略。于是，在其他一些地方，他们没有设置任何警告标志，而是采用了一些静止的速度控制措施或测速装置，但这时驾驶人往往又会感觉自己并无过错，而是无故受到了限制。

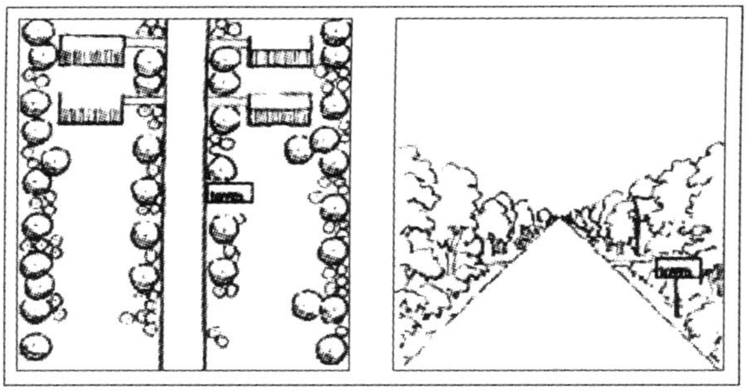

• 功能改变/城市入口不可见
• 城镇标志看不到，功能的改变没有预告

图 8-38　道路特征不变但功能发生改变

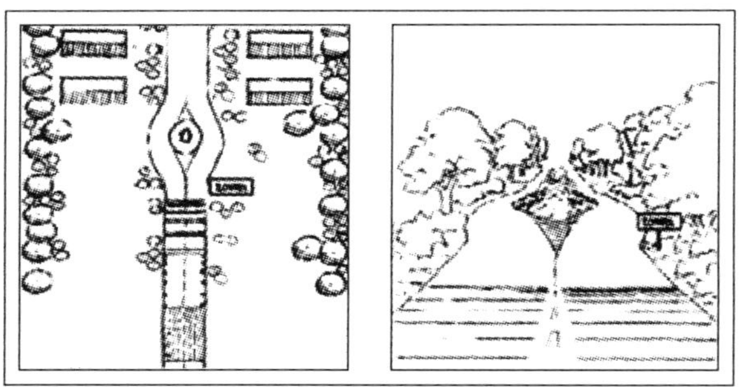

• 交通岛的设置导致道路线形的微小变化表明道路功能的改变
• 易觉察的客体引导驾驶人对危险点产生注意
• 道路结构进一步加强了功能的改变（路面平整度、亮度、标线等的变化）
• 城镇标志能够更加清晰地表明道路功能的改变

图 8-39 不合逻辑路段的改造

另一批设计者从人为因素的角度出发，提出了设置交通岛的建议，通过这种方法，他们在城镇入口前的道路中心设置了一个交通岛，原有的道路特征得到了改变，驾驶人不得不采取合适的驾驶行为来应对这种变化。对于这一案例，此种方法非常成功，但并不一定能推广到其他案例中。很多时候，在交通岛之后 v_{85} 往往会重新提高到原来的值。这是因为交通岛的设置是独立的，就像城镇标志独立设置一样，它们只能暂时地而不是持续地影响驾驶人的行为。

当然，两种措施一起使用能够起到更好的效果，因为交通岛和城镇标志能够互相补充、互相增强。不管怎样，当交通岛和城镇标志之后的道路与之前的道路有明显的不同时，其效果还是显而易见的。镶边石、人行道、照明设施、完整的有差异的植被、街道旁的建筑以及道路路面的变化，使得驾驶人对城镇入口的出现更加确信。他们会意识到自己不再是在一条开阔的没有限制的道路上行驶，而是前方有一个城镇。于是他们为此采取准备措施，v_{85} 的值也就随之下降到 50～60km/h，并且不再马上恢复。

因此，当你要让驾驶人知道前方是城镇入口时，城镇标志的设置位置没有任何选择余地，你必须把它设置在对着城镇的方向，从而充分、明确地告知驾驶人自由路段的结束。

第四节　人为因素理论应用的现状

从2001年至2006年，在德国的勃兰登堡州，有1 400多个交通事故原因的分析是基于以往已经发现了的道路设计中的人为因素理论错误。所有可能的错误被整理，并最终形成了"IST-检查表2007"，与现场侦查一样，这一检查表可用于对事故点或事故段的系统检查，它可以为道路安全稽查（RSA）和道路安全检查（RSI）提供一整套关于人为因素的需求检测。

IST-检查表2007

道路编号：　　　　起始点：　　　　上坡还是下坡：　　　　检查者：

日期：

理论1——六秒钟理论

1. 过渡区的设置	v(km/h)	最小长度 (m)	最大长度 (m)	是否正确 1=是，0=否	是否存在 1=存在， —=不存在	%
—是否有提前警告段？ —是否有适应段？(400～900m) —是否有接近段？(268～600m)						
—是否有制动段？(134～300m) 总的过渡区距离						
2. 可见度和清晰度	**v(km/h)**	**最小长度 (m)**	**最大长度 (m)**	**是否正确 1=是，0=否**	**是否存在 1=存在， —=不存在**	**%**
—危险点易见且清晰 o 没有视觉遮挡物(植被、建筑、交通设施……) o 交通设施是否能够被清晰地看到(交通标志、交通信号灯、标线……) o 每个危险点都能够被看到且明显(十字路口、车道、弯道、公共汽车/电车停靠站……) o 白天：路面/标志的照度和亮度足够 o 夜晚：路面/标志的照度和亮度足够 —弯道：可见度 o 弯道不处在高坡之上/之后，道路走向清晰 o 弯道外侧路肩和标注清晰 o 弯道内侧没有被遮挡 —交叉口(出口，支路)：危险点的清晰度是否足够 o 道路优先权必须在6～10s前得到明确 o 危险点不处于高坡上 o 危险点不处于远处的坡底 o 危险点不在弯道处 —交叉口—支路：道路权限不会被误解 o 支路比主路要窄 o 主路路面的高度比支路高 o 支路路面有一些色彩上的变化						
可见度和清晰度总分						
六秒钟理论总分						

理论 2——视野理论

1. 视野的强度	v(km/h)	最小长度(m)	最大长度(m)	是否正确 1=是,0=否	是否存在 1=存在, —=不存在	%
—单调的过渡段/环境是否有效地得到了避免? o 多变的植被(高度、间距的差异……) o 较好的光线与色彩对比 o 是否有空间结构物,如易引起注意的客体 —危险点前过长/远的可视的接近段是否有效地得到了避免? o 注意力是否被易引起注意的客体吸引 o 注意力是否能够集中在道路线形的变化上						
视野强度总得分						
2. 路侧空间结构物	v(km/h)	最小长度(m)	最大长度(m)	是否正确 1=是,0=否	是否存在 1=存在, —=不存在	%
—是否存在设计不足的上部空间结构物? o 等高 o 对称 o 直交 —路侧单一突出客体(桥墩)的位置是否合理? o 路侧轮廓上没有突出客体 o 突出客体是对称的 o 路侧突出客体到道路边缘的距离相等 —是否有视觉误导现象? o 防撞护栏与中心线平行 o 有规律且稳定 o 清晰 —瓶颈路段是否被标注出来(累积物、标线、交通标志)? —直交:客体与道路是否垂直? —弯道的视觉轮廓是否鲜明? o 弯道内外侧的轮廓平行 o 弯道外侧轮廓没有间隙(连续的轮廓标或植被分布……) o 弯道内侧:标注清晰可见						
路侧空间结构物总分						
3. 纵深方向的空间结构物	v(km/h)	最小长度(m)	最大长度(m)	是否正确 1=是,0=否	是否存在 1=存在, —=不存在	%
—突出客体会不会使人分神? o 突出客体与道路走向一致 o 突出客体引导驾驶人对危险点产生注意 —幻觉是否得到有效的避免? o 距离幻觉得到有效的避免(如不平行的方向线……) o 远景幻觉得到有效的避免(如防撞护栏遮挡了部分行车道) o 弯道幻觉得到有效的避免(如狭窄的弯道不处于坡底,没有方向错觉) 检查时间:白天 检查时间:夜晚 o 对车速/距离的估计充足 —道路走向是否清晰可见? o 视线连续且清晰(注意集中在道路上) o 突出路段具有良好的视认性 o 桥梁或上坡可见 至少 6~10s 前						
纵深方向空间结构物总分						
视野理论总分						

理论 3——逻辑性理论

1. 城镇入口的影响	v(km/h)	最小长度 (m)	最大长度 (m)	是否正确 1=是，0=否	是否存在 1=存在， —=不存在	%
—道路功能的改变是否明显？ o 通过改变道路特征(镶边石、人行道) o 通过改变植被特征 —使用突出客体来标识这种变化(标志、旗帜、物体……)？ —过渡段是否适中？						
城镇入口的影响总分						

2. 城市绕道路段	v(km/h)	最小长度 (m)	最大长度 (m)	是否正确 1=是，0=否	是否存在 1=存在， —=不存在	%
—新的道路布局是否可视并且能够被清楚地觉察到？ —突出的客体是否能够加强驾驶人对道路方向改变的感知(交通标志、物体、植被……)？ —过渡段是否适中？ —错误的视线诱导是否得到了有效的避免(如路侧的植被、物体……)？						
城市绕道路段总分						

3. 驾驶习惯与规律的影响	v(km/h)	最小长度 (m)	最大长度 (m)	是否正确 1=，0=否	是否存在 1=存在， —=不存在	%
—是否能够识别出要采取新的驾驶操作？ —驾驶计划是否有根据？ o 通过车道的改变(如环形交叉、定向、瓶颈路段、转移……) o 提前警告路段后有适当的过渡区域 o 迎面道路环境的清晰 o 交通设施能够被清晰地看到 —道路走向与驾驶期望是否一致？ o 道路特征连续 o 没有间断的弯道 o 没有意外形状的弯道 —十字路口、过渡区、危险点是否明显、易理解且合适？ o 明显 o 能够让驾驶人轻易地看到 o 易理解 o 合适						
驾驶习惯与规律的影响总分						

续上表

4. 多个危险点的重叠	v(km/h)	最小长度(m)	最大长度(m)	是否正确 1=是,0=否	是否存在 1=存在, —=不存在	%
—重叠是否得到了避免?(弯道—十字路口—幻觉) —所有的危险点是否都明显? —重叠是否合适?						
多个危险点的重叠总分						
5. 道路指示牌的问题	v(km/h)	最小长度(m)	最大长度(m)	是否正确 1=是,0=否	是否存在 1=存在, —=不存在	%
—交通标志与背景对比是否鲜明(大小、对比度、亮度)? —交通标志是否符合道路特征? —标志牌与驾驶期望是否一致? —道路走向与标志是否一致?						
道路指示牌问题总分						
逻辑性理论得分						
合计						

此外,一项涉及 1 400 例事故的研究发现,与道路设计无关的事故占 27%,它们是由交叉口(16%)、天气、断电或道路施工(8%)等当地的环境特征所造成的。只有 3%的事故是因为驾驶人自身问题,如酗酒、疏忽、侵犯性行为或服用药物造成的。至少 68%的事故是由于道路设计中的人为因素错误所造成的,并且这些都可以通过提高道路设计的用户友善性来得到改善。德国勃兰登堡州 1 400 个因设计错误导致的事故数据统计结果见表 8-3。

统计结果:勃兰登堡州(德国)1 400 个因设计错误导致的事故数据 表 8-3

事故原因		设计错误数	所占比例(%)
Ⅰ	非设计原因	383	27
1	动物	219	16
2	天气、断电、道路施工	117	8
3	驾驶人自身(酗酒、疏忽……)	47	3
Ⅱ	设计原因	953	68
1	六秒钟理论的缺陷	451	32
2	视野理论的缺陷	228	16
3	逻辑理论的缺陷	274	20
Ⅲ	解释不清	64	5
事故总数		1 400	100

这一结果提示我们道路的规划、建设和养护必须与人为因素理论结合起来。当在设计和建设道路时，必须考虑驾驶人的基本认知规律、信息加工过程、反应规律和决策过程。只要在道路设计中考虑了驾驶人的因素，就有可能大量减少操作错误，从而减少驾驶错误的数量，并最终减少事故的发生。

第九章　不同交通环境下驾驶人的心理

公路是一种承载交通运输的结构物，从其本质上讲，是人工环境的一部分。但是长期以来，结构决定论思想在工程界占有主导地位，而且绝大多数道路设计和管理人员也很自信，总是认为自己所设计的结构物能决定人的行为，驾驶人将会按照设计者的思想和意图去使用和感受交通环境。而事实上，缺乏公路相关知识的驾驶人只会按照自己的经验和学识去理解外部的交通环境，通常情况下驾驶人的理解与设计者的想法区别很大，例如很少有驾驶人清楚"缓和曲线"存在的意义，在驾驶车辆过程中能识别出缓和曲线的人就更加稀少。因此，为了保证交通安全，设计人员应该转变思维方式，应该按着驾驶人理解交通环境的方式去设计公路。

一个应该受到关注的事实是，对于任何驾驶人而言，驾驶车辆都是一项需要很强适应性的工作，因为驾驶人必须时刻感知和适应外界的交通环境，作出正确的驾驶决策，并及时地转化为对转向盘、加速踏板、制动踏板和挡位的操作。在这一过程中，驾驶人需要获取和加工大量的信息。但是交通环境是多变的、复杂的，而且有些与驾驶相关的环境因素是显性的，容易被驾驶人感知，如可视的弯道；有些则是隐性的，不容易被驾驶人感知，如坡长的积累。因此在当前越来越复杂的交通环境中，驾驶人面临越来越多的挑战。当个别驾驶人的能力和经验不足以适应复杂的交通环境时，发生交通事故的概率就比较高，目前社会上关注度比较高的"黑点"很多都是这样形成的。

当前主管部门在分析交通事故成因的过程中过多地强调了驾驶人是交通事故的主要原因，而没有清楚地认识到复杂的交通环境对驾驶人的适应能力提出了过高要求是交通事故发生的深层次原因之一。那种认为所有驾驶人都应该并愿意付出连续不断的能量、注意和体能的观点是完全错误的，人类永远没有想象中那么优秀，驾驶人的行为和反应能力都是有限的。在我国，驾驶人接受的有限培训和核发驾照的有关考试并不能保证驾驶人拥有足够的能力去应对特别复杂和不利的交通环境。因此，更有效的对策是探讨改变交通环境的方式，使交通环境"易于被驾驶人正确理解"，将隐性的信息转化为显性的信息，使交通环境能够更适应驾驶人而不是反之。

从 20 世纪末开始，世界上主要的重视交通安全的发达国家都在经历重要的理念转变，即从"控制驾驶人、管理驾驶人"向"适应驾驶人，为驾驶人建设容易、宽容的交通环境"转变，从强调执法、技术、管理向重视全社会交通安全文化的建设与提升转变。瑞典、荷兰、丹麦等国家的实践已经证明了交通安全理念转变能够极大地促进整个国家交通安全水平的持续改善。我国社会目前对"以人为本"的交通安全理念仍然在探索阶段，时机也不是很成熟，但是相信在不久的将来，随着机动化水平的持续提高和全民素质的提升，我国的交通安全理念也会实现这一转变。

为了让交通环境更加适应驾驶人的能力和需求，首先要了解在不同的交通环境中驾驶人是如何感知和理解交通环境的，以及驾驶人是如何受到交通环境影响的。

第一节　不同道路线形对驾驶人心理的影响

以往道路交通事故原因分析中，忽视了“路”在其中所起的作用。事实上，除部分事故纯粹是由于驾驶人粗心驾驶等主观原因引起的以外，有相当一部分事故是人为操作不当与困难的行驶条件共同引起的，而困难的行驶条件则与道路设计和养护有关。因此，作为车辆行驶的根本条件，道路对交通安全的影响不可忽视。

一、平直路段

驾驶人一般错误地认为直线是道路上最安全的线形，但事实上过长或过短的直线都存在着安全隐患。

1. 长直线

我国规范规定，直线最大长度应小于 $20v$（v 为设计车速）。从驾驶人的心理角度分析，人在旅途中都有一种以自我为中心，想尽快到达目的地的潜意识。同时，随着行车速度的加大，有效视野范围会变窄，长时间在直线上行驶会产生催眠现象，反应变迟钝，从而导致行车中判断失误，对突发情况惊慌失措，处理不当而引发交通事故。

2. 短直线

当同向曲线间的直线长度过短时，从线形连续、美观角度考虑，驾驶人容易产生错觉。当直线很短时，视觉上容易忽略其存在，而把 2 个曲线看成 1 个曲线；而当直线比较长（但不足以视为完全独立的 2 个曲线）时，容易把中间的直线看成反向弯曲的曲线，即通常所说的断背曲线。

视觉上的偏差总是不利的，运行速度越高，对线形的视觉质量要求越高。所以，各国对同向曲线间的最小长度都有所限制，我国规范规定对于设计速度 $v \geqslant 60$km/h，最小长度不应小于 $6v$。当受条件限制，需在两同向圆曲线间设置小于 $6v$ 的直线段时，可采取一些改善措施。如在满足行车视距的前提下，采取借用曲线内侧山丘地形或人工种植遮挡性树木等手段，避免两曲线和中间直线同时全部进入驾驶人视野。

当在反向曲线间设置直线段时，考虑到为设置超高或加宽缓和以及驾驶人转向操作的需要，要求设置不小于 $2v$ 长度的直线段。在反向曲线间设置直线的优点是为驾驶人反向操作提供了缓和区段，其缺点是破坏了线形的连续性。

二、平曲线

平曲线与交通事故关系很大，车辆在曲线上行驶，由于受到离心力的作用容易向外发生侧滑和倾翻，降低了车辆的稳定性和安全度。车速越大，离心力越大，发生事故也越严重。其次，车辆在曲线上行驶时，由于前方视距缩短的影响，不便于发现前方的情况，尤其是在夜间行车，因灯光照射不是沿着曲线方向的，更难发现前方的情况，增加了发生事故的潜在危险，如图 9-1 所示。

据统计，平曲线半径太小、超高不适、视距不足都容易造成交通事故。当在山区公路上行驶时，由于山体和挡土墙截断了驾驶人的视距，驾驶人长时间在猜测和紧张中驾驶，很容易身心疲劳，判断力下降，反应迟钝而导致交通事故。过小的曲线半径会降低驾驶人的停车视距，使他们不能提前观察到前方转弯处尤其是左侧对面行驶而来的车辆状况，也不能对道路线形的走势做到心中有数。这时一旦发生意外情况，驾驶人稍有疏忽大意车祸便在所难免。表 9-1 是英国学者格兰威尔研究的道路平曲线的曲率与道路交通事故率的关系。

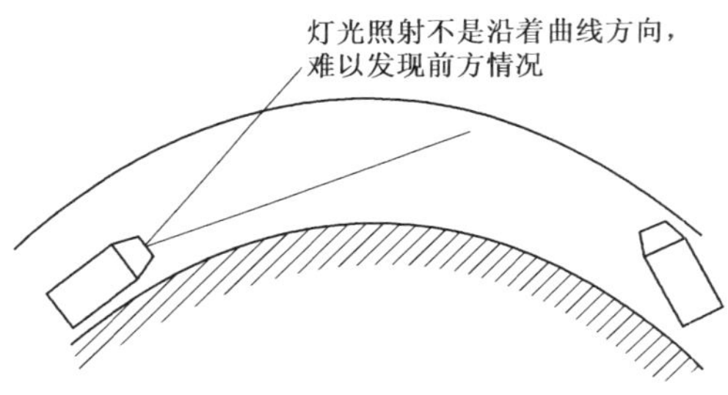

图 9-1 灯光照射沿曲线方向示意图

曲率与交通事故率关系统计表 表 9-1

曲率（$\times10^{-2}m^{-1}$）	0～1.9	2～3.9	4～5.9	6～9.9	10～14.9	>15
事故率［次·（100 万辆·km^{-1}）$^{-1}$］	1.62	1.86	2.17	2.36	8.45	9.26

三、竖曲线

竖曲线路段坡长、曲率和变坡点处的曲率都会影响交通安全。由表 9-2 的统计数据可知，同一条曲线在坡度大于 3%时，交通事故率会急剧上升。当坡度变大时，驾驶人下坡为了省油而使用空挡，若此时坡度过长就会造成汽车由于长时间受自重分力的加速度影响而加速过快。在我国的道路设计规范中，规定道路的坡度不得大于 8%，5%～8%的坡度是事故的高发区，在设计时应格外小心，不要在易发生危险的坡度下再设立危险的坡长。

道路纵坡度与交通事故率的关系 表 9-2

道路纵坡度（%）	2	3	4	5	7	8
交通事故率［次·（100 万辆·km^{-1}）$^{-1}$］	1	1.5	1.75	2.5	3	10

竖曲线还会影响驾驶人的视距，当凸形竖曲线设置的曲线半径很小时（图 9-2），由于其两头都是下坡段，驾驶人是在进行爬坡运动，他的视野也是朝斜上方观察前方的汽车，当汽车快到凸形竖曲线的坡顶时，驾驶人的视距就受到极大限制，出现一小段盲区，这时的视距只有几米，一旦出现逆道行驶的车辆，双方都处在措手不及的状态，极易发生交通事故。

对于凹形竖曲线两侧都是下坡路的情况（图 9-3），一方面驾驶人为了冲上对面的上坡会提前

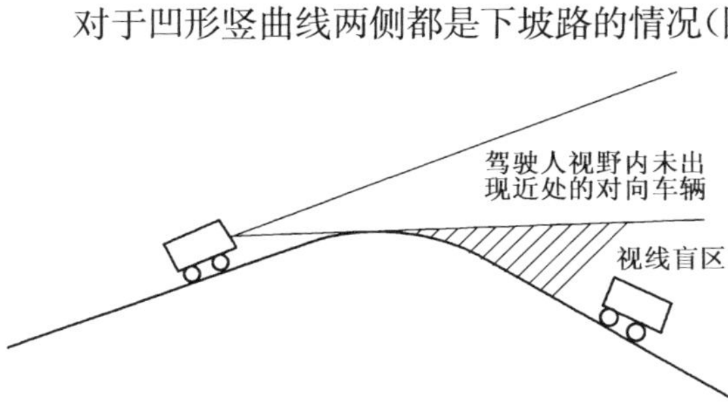

图 9-2 不合理的凸形曲线驾驶人视野示意图

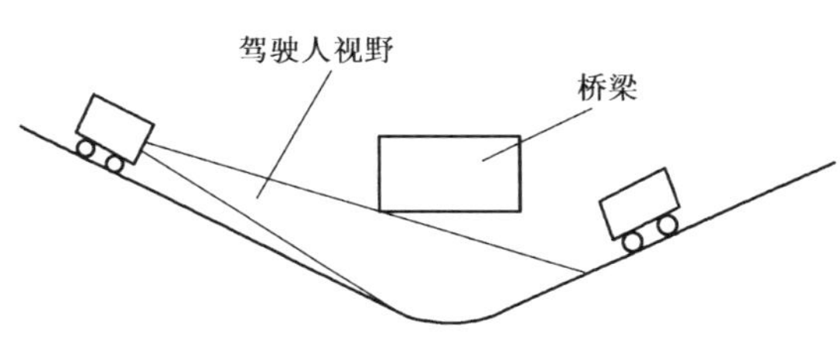

图 9-3 凹形竖曲线驾驶人视野受限示意图

加速以获得较大的汽车动量，另一方面汽车下坡行驶时驾驶人的视线会更贴近路面，这就减少了驾驶人的行车视距。有很多的凹形竖曲线设在铁路桥的下面，桥梁也使驾驶人的视野变得更狭窄，加上凹形竖曲线容易造成积水，减小了轮胎与路面的摩擦力，各种不利的因素综合起来，极易引发交通事故。

四、平纵组合

线形设计首先必须满足汽车行驶动力学的要求，并同时考虑驾驶人的视觉、心理和生理感觉。平纵指标均衡连续，有利于行车安全，不应不考虑前后路段的顺畅连接而追求单个曲线或独立路段的高指标。线形的突变，如大小半径平曲线对接、隧道洞口线形连续、横向超高的无预知变化等，都可能引发交通事故。因此，行车安全性的大小与不同线形之间的组合是否协调有密切关系。常常导致交通事故发生的不良线形组合有：

(1)长直线、长大下坡尽头设置较小半径的平曲线，车辆行至小半径平曲线时经常出现侧滑甚至翻车的事故。而对同样的纵坡，如果设置爬坡车道，能大大降低事故率。

(2)短直线介入两同向曲线之间，形成断背曲线，使驾驶人产生错觉，把路线看成反向曲线，在直线过渡段发生翻车事故。

(3)在直线路段的凹形纵断面路段上，驾驶人位于下坡段看到对面的上坡段，容易产生错觉，把上坡的坡度看得比实际的坡度大，这时就有可能加速以便冲上对面的上坡路段；在下坡路段驾驶人看上坡车时，察觉不出自己是在下坡，因而可能发生交通事故。

(4)在一平曲线内如出现纵断面反复凹凸的现象，则可能造成驾驶人只能看见脚下和前方而看不到中间凹凸的线形，这样容易发生事故。

五、线形组合与道路景观的协调性

为实现公路建设的可持续发展，现代公路建设对景观设计日趋重视。良好的景观设计可以使公路和自然景观融为一体，给驾驶人和乘客创造舒适感和美感。此外，从交通心理学的角度讲，公路景观设计会直接或间接对驾驶人的心理产生影响，从而影响道路行车安全。在空旷的地段设置长直线线形，因景观单调，不能有效地诱导驾驶人的视线，极易诱发事故。因而，公路的设计应坚持与自然景观相协调的原则，以使驾车环境从心理和生理两方面对驾驶人的驾驶行为产生积极作用，以利于行车安全。

安全是道路景观设计的基础和前提，景观的布设应突出强调道路行车安全感。如何消除驾乘人员在行车过程中产生的压抑、恐惧、压迫等不良感受，是线形设计，景观、绿化布设的重要内容。

从驾驶人的心理角度分析，科学合理的线形设计可以使驾驶人对道路的走向和路况作出准确的判断从而减少操作时的失误；反之，恶劣的道路条件会使人心情压抑，从心理上出现抵触情绪，甚至对相邻的车做出挑衅性的驾驶行为，这就增加了车辆发生碰撞的概率，易引发交通事故。

综上所述，为了最大限度减少交通事故的发生，作为道路的设计者，应该尽可能为驾驶人提供足够的行车安全空间和心理安全空间。

(1)在长直线的末端要布设可引起驾驶人视觉变化的景观。如：使树木与广告牌交错出现,修建风格变化的收费站等。

(2)在同向曲线之间的短直线内侧要加设防撞护栏,中间直线段上尽量避免设置凹形竖曲线,以避免造成反弯错觉。

(3)竖曲线拐点处尽量不设小半径平曲线,因道路等级受限而必须要设的,要增加醒目路标。

(4)凹形竖曲线的拐点要清除道路两旁障碍物,加大驾驶人的视距,并在危险处加设警示牌。

除了在道路设计上力求更科学合理外,设计时还要使道路更加人性化,更多地考虑使用者的感受,更多地体现"以人为本"的公路设计新理念,采取主动措施改进公路线形设计,减轻驾驶人的心理负担,让道路的使用者更加安全舒适,最大限度地减少交通事故的发生。

第二节　不同道路环境对驾驶人心理的影响

一、高速公路

近年来,我国高速公路的建设有了长足的发展。截至 2011 年,全国高速公路通车里程已达到 7.4 万公里。

1.高速公路事故特点

据国家公安、交通部门统计,随着高速公路里程的增加,交通事故也呈逐年上升的趋势。仅以近三年为例,2001 年高速公路发生交通事故 25 000 起,造成 3 150 人死亡,99 000 人受伤;2002 年高速公路共发生交通事故 29 611 起,造成 3 927 人死亡,12 254 人受伤;2003 年高速公路共发生交通事故 36 257 起,造成 5 269 人死亡,14 867 人受伤。交通事故多为以下四种:第一,追尾事故,即前车遇险情减速或制动,后车未保持足够安全间距,在高速行驶时来不及减速而发生尾撞,并可能导致失火、爆炸;第二,碰撞事故,即碰撞中间隔离护栏或路边护栏,在路面上平地翻车;第三,超车事故,两车在超车时发生刮擦,这主要是因汽车驾驶人未能正确使用灯光信号和没有很好确认车前和车后的交通情况就变更行车路线;第四,侧滑事故,因天气不良,路面较滑,在转向或制动时发生的侧滑事故。根据有关统计资料,高速公路上的交通事故,因汽车驾驶人采取避让措施不当的占 36%,雨天路滑且高速行驶发生侧滑的占 24%,违章超速、超车发生事故的占 16%。

2.高速公路驾驶人的心理特点

高速公路交通环境是一个包括人、车、路等主要元素的系统,其中人这一动态元素是该系统的核心。驾驶人行驶在高速公路上,根据道路环境信息进行感知、判断、操作等一系列信息处理过程,从而持续保持车辆的健康有序运行,保证系统的平衡和安全。

值得注意的是,在该"人—车—路"系统中,"路"具有不同于其他公路的特点,如封闭的道路设计、道路宽阔平坦、路面情况变化较少等。因此,处在该系统中"人"这一元素受"路"的因素的影响,也具有不同于其他道路驾驶的特点,如快速行驶使得紧急制动难以控制、道路情况单调极易造成驾驶疲劳等。

高速公路驾驶人因失误(HE)是人的因素(H)、车的因素(V)、路的因素(R)的函数,即 HE=f(H,V,R)。H、V、R 三类因素又是可以分解的,并且具有不同的重要性。对人的因素、车的因素、路的因素进行分解,如图 9-4 所示。

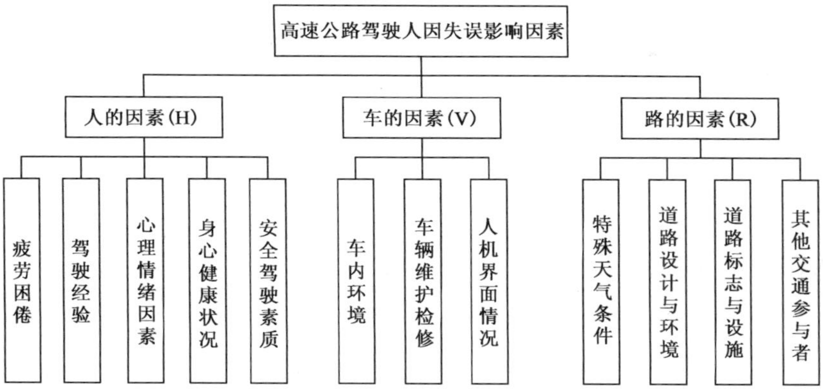

图 9-4　高速公路驾驶人因失误影响因素

交通事故调查的情况表明,在高速公路上超速行驶会给汽车驾驶人心理带来以下影响:一是产生"道路催眠"现象。众所周知,车辆速度越快,汽车驾驶人的注视点越远,视角减小,其视野也就越窄,而高速公路路景单调乏味,刺激较少,久而久之,会使汽车驾驶人的大脑活动水平下降,思维减少,若开车时间较长,自然而然会产生困倦的感觉。这就是所谓的"道路催眠"。该现象会使驾驶人的反应速度及操纵车辆的准确度明显下降,很容易发生交通事故。一些国外的交通安全专家认为,汽车驾驶人在行车路上的注意力分配以七三开为宜,即七分向前方观察,三分顾及车内及后方。二是出现汽车驾驶人视觉能力降低现象。汽车驾驶人视觉能力与车辆的行驶速度关系密切。一般来说,车辆速度加快,视野变窄,可视范围变小,距车辆较近物体的动态很难引起汽车驾驶人的注意,在遇有紧急情况时,往往措手不急,酿成车祸。车辆速度加快,还可使驾驶人的动视力降低。视力的强弱与被观察物体刺激眼中视网膜时间的长短有关系,所以刺激时间越短,视力越低。因此,车速越快,汽车驾驶人的动视力越低。驾驶人极有可能因观察和判断不太仔细、准确而发生交通事故。

二、山区公路

我国幅员辽阔,属于多山地国家。山区路大都根据自然地理条件修筑,有的修筑在崇山峻岭之中,一般具有坡长而陡、路窄弯急、险情较多的特点。

1. 山区道路驾驶人的视野受限

在通过弯道、桥梁、涵洞及路况不良的地段时,由于视野有限,不易预先发现对面来车,驾驶人需要减速并靠右行驶;驾驶操作中,转向时机要准确,换挡动作要迅速,同时还要注意多种交通标志,以便提前采取措施。

2. 山区临崖道路给驾驶人带来紧张感

山区道路由于建设成本问题,一般采用较低的设计标准,道路横断面较窄。在通过一边靠山、一边临崖或河流的傍山险路时,由于对危险的清晰感知,汽车驾驶人一般会表现得更加紧张。

3. 山区道路景色优美

相对于单调的高速公路，山区公路一般具有优美的风景，加上道路设计指标较低，弯多坡多，驾驶人需要不断地改变其驾驶行为，因而一般不易产生疲劳。但同样由于优美的环境，驾驶人也会精力分散，思想不集中，遇到危险路段易发生事故。

4. 山区道路交通量小

由于山区道路交通量较小，驾驶人多数情况下是一个人在道路上行驶，因而容易占用对向车道。当在弯道内侧有山体或树木遮挡，而对向又有来车时，驾驶人往往来不及调整驾驶行为而发生碰撞事故。

三、高纬度公路

我国的西北和西南是高原地区，海拔高，大气压低，气候恶劣，自然灾害频繁。高原地区特殊环境的主要特点：一是空气稀薄，含氧量少。仅以青藏公路全线为例，全年平均大气压为海平面的53.7%～76.5%，海拔最高处的空气含氧量不足海平面的60%。二是气候干燥，风沙天气多。高原地区多为荒漠地带，降水量少，遇刮风天气，尘土飞扬，沙土弥漫。三是天气寒冷，昼夜温差大。如青藏高原西南地区，高山连绵，终年积雪，是世界上罕见的高寒、雪山、冰川区。全年绝对气温低，年平均气温为－6.612℃，其中1月最冷，极限气温可达－42.12℃；8月最热，气温可达35.12℃。总之，大气压低是高原地区气候中最突出的问题。大气压低对汽车驾驶人安全行车的心理和车辆均有很大的影响。

内地汽车驾驶人到高原地区工作、生活，受到的最大威胁是山高缺氧。人在低氧环境下，生理功能受到特殊环境影响，能量消耗增大而导致体质下降。据抽查，对18～28岁男性汽车驾驶人进行肺通气量心率测定，在海拔4 600m地区，肺通气量为40.16L/min，心率为103次/min；海拔5 020m地区，肺通气量为44.37L/min，心率为115次/min。随着海拔升高，人体内血5-羟色胺含量不断上升，血液黏滞性增加，血流速度缓慢，组织供氧量下降，劳动能力明显降低，且海拔越高，人体缺氧越明显。当海拔达6 000～7 000m时，人体适应不了缺氧状态，必须给氧，否则会增加机体耗氧，加重缺氧而诱发高山病，主要表现为头痛、乏力、心悸、厌食、恶心、呕吐、面部浮肿、口唇紫绀、手足发麻、气喘、胸闷、胸痛、呼吸急促、反应迟钝、失去知觉、发生昏迷，重者导致肺水肿、脑水肿和心脏病等。同时，大气压低，空气密度较小，使汽车的动力性变差，出现发动机功率降低、燃料消耗增加等问题。据测定，海拔每增高1 000m，发动机功率下降10%左右，百公里油耗量增加12%以上。气压低，水的沸点也低。汽车上长坡时，常常出现冷却水沸腾（在75℃左右）的情况，燃料系也易发生“气阻”；下长坡时，冷却水又会发生过冷现象，冻坏散热器。空气密度小，使低温下启动发动机更为困难；轮胎气压相对变高，容易损坏。此外，在高原地区行驶，经常通过坡道和盘山路，使制动器、离合器及换挡的次数增加，加快了机件的磨损。高原地区独特的地理气候环境对车辆技术性能产生很大的影响，使汽车故障率增加4.6%，车辆耗油量增加40%，功率下降30%～40%。

根据高原地区的地理自然条件，对进入高原地区执行任务的汽车驾驶人，要注意加强高原卫生知识的学习和身体素质的锻炼，并进行必要的体格检查，消除思想顾虑，做好心理准备，提高自己战胜高山缺氧的信心和勇气。遇有胸闷、脑胀时（主要是缺氧），不必紧张，适当休息一段时间就可逐渐适应。同时,应遵循循序渐进、逐步升高的原则,注意防寒保暖,备有必要的预防和治疗药品,食用容易消化的营养丰富的食物,多饮水,多吃蔬菜和水果,晚餐不宜过饱,禁止饮酒,以减少耗氧量。睡觉时枕头应垫高,以使呼吸畅通,提高睡眠质量,增强对高原特殊环境的适应能力。随着海拔升高,体能下降,可适当减少工作时间和工作量,增加休息时间,并根据气候变化情况把主要工作集中安排在4～10月进行。

实践证明,长期在高原地区行驶的车辆,最好选用高原型汽车,即对发动机进行了高原技术性能改造、底盘进行改进的车辆。这种车辆无论是汽油车还是柴油车,其动力性、经济性、可靠性、舒适性都适合高原特殊环境下使用。高原地区行车,出车前应了解气象情况,做好充分的准备。行车途中遇有天气突然变化,应采取安全措施,或减速缓行,或暂停行驶,等天气好转、能见度提高后再行驶。高原地区路线长,人烟稀少,村镇相距比较远,出车前应根据需要随车备带易损零件和常用维修工具,配备防滑链条、车用篷布、铁锹、十字镐、牵引绳、防雨、保温和严寒启动所需的预热设备和充足的燃料、润滑油及冷却液等,以供途中使用。行车中,要随时注意制动器的工作效能,经常观察气压表读数;液压制动器主要是防止气阻,感到踏板软弱时,应及时停车检查。高原山区较多,沿途山高坡陡、路窄弯急,常有山洪冲毁桥梁、泥石流、雪崩、塌方、水毁等现象,进入这些环境时,要仔细观察,果断处理,或进或退,应快速脱离险境。

四、沙漠公路

沙漠公路特殊的道路交通条件,使驾驶人产生了各种不利于安全驾驶车辆的生理和心理变化,而这些变化又会直接反映在驾驶行为上,导致交通事故频繁发生。根据对塔克拉玛干沙漠干线公路建成通车以来的交通事故统计数据的分析,人的因素是影响沙漠公路交通安全的决定性因素,其重要度远较一般的、有绿洲支持的公路要高。在包括驾驶人、乘车人以及行人在内的沙漠公路道路使用者群体中,驾驶人是沙漠公路交通事故的主体,由于驾驶人的原因而造成的交通事故几乎占整个人为事故的全部。

通过对塔里木沙漠公路上驾驶人进行心理、生理特性检测,并对检测结果进行灰色关联分析,结果发现:

(1)沙漠公路驾驶人心理、生理各单项指标检测结果与国内绿洲公路上的相应指标对照可以发现:在沙漠高温、干燥以及单调景观等环境的影响下,驾驶人的动体视力受到较大的影响,而且表现出了较强的急躁心理,驾驶人急于作出判断,速度估计和复杂反应时间相应指标值均小于全国平均水平,同时复杂反应错误次数和处置判断错误次数均高于绿洲公路,判断准确率低。

(2)对驾驶人速度估计和反应判断能力影响较大的是驾车时间,其次是测试温度。可见驾驶人的疲劳程度以及当时的自然环境会对驾驶人的心理焦躁程度产生相对较大的影响。

(3)驾驶人的疲劳程度和沙漠高温环境对驾驶人的反应和判断能力有着直接的影响,其中驾驶时间对沙漠公路驾驶人的反应和判断特性的总体影响程度大于其他几项因素,且驾驶人在沙漠环境下行车出现反应时间相对缩短,选择反应和处置判断错误次数增多的现象与沙漠高温环境的影响是密切相关的。

第三节　不同天气条件对驾驶人心理的影响

天气除了对人类的身心健康有影响外，对人的行为也有一定影响，突出表现在驾驶人身上。德国医学气象学家沃尔夫冈·施潘教授早在20世纪50年代就对慕尼黑市区的交通事故进行了长达4年的研究，发现当天气发生变化时，交通事故发生率上升10%。

一、雨天

雨天道路条件变差，尤其是久旱初雨而又下细雨时，雨水和路面上的油污、轮胎橡胶混合，形似润滑剂，使路面滑溜异常。如果久雨不停或大暴雨，会造成路肩松软，路基塌陷，以及路面积水等。雨天行车驾驶人遇到的障碍主要表现在：

(1)下雨使能见度降低，视线不良。雨下得越大，对汽车驾驶人的影响就越大。

(2)雨天路面和车轮间的附着系数减小，容易发生侧滑和溜滑现象。在急弯路段，如果驾驶人仍采取之前的驾驶操作转弯，就有可能发生侧滑事故。

(3)由于雨天驾驶室内的温度与车外环境温度相差较大，容易在驾驶窗前的玻璃上产生雾气，从而影响驾驶人的视线和正常驾驶。

(4)制动距离延长。一般说来，当车速一定时，制动距离的长短主要取决于道路附着系数。由于雨天润滑作用，道路附着系数发生改变。路面上的尘土、油污等夹杂物混入水中，这些夹杂物黏度高，流动性不好，积于路面之上，起着润滑作用，使附着系数大为降低。由于附着系数下降，制动距离将显著增加，通常要增加两倍左右。驾驶人往往在碰到紧急状况时，由于适应不了这种突然的变化，采取未下雨时的操作，而导致事故。

(5)长时间在雨中行车，汽车驾驶人容易疲劳，心理上有一种烦躁或压抑感。应当说，这种情绪的滋长，对安全行车极为不利。

二、雾天

雾是道路交通的大敌，国外称雾是道路上最凶狠的“刽子手”，这是因为雾对安全行车构成了很大的威胁。雾对汽车驾驶人的主要影响是遮挡视线，使其视距变短，妨碍汽车驾驶人的视觉。浓雾天气对行车是非常不利的，表现在：

(1)雾天行车的视觉能见度低，不能看清路面的行人、车辆、交通标志等，影响汽车驾驶人定向、定位、确定距离和对迎面来车行驶速度的感受，使车辆行驶左右为难。

(2)当浓雾与车辆相对而行时，容易使汽车驾驶人产生犹如一堵墙压过来的错觉，完全看不到前方的行人和障碍物，容易产生恐惧和孤独感。加之雾气潮湿，路面浮滑，驾驶人常会因为判断和操作的错误而酿成事故。

(3)雾天行车由于车速太慢，注意力高度集中，心身能量消耗大，容易导致驾驶疲劳。

由于上述因素，汽车驾驶人在雾中行车容易产生三种不良心理：

(1)急躁心理。浓雾中行驶，即使打开车前灯和雾灯，能见度也极差，汽车驾驶人坐在驾驶室中，只能慢慢地前行。这样，一些驾驶人尤其是年轻驾驶人很容易产生急躁情绪，依仗年轻、视力好、反应快，认为速度快一些也可以保证安全。

(2)侥幸心理。当漫天浓雾改变行驶环境时，对于常跑这条路线的老驾驶人，思想上容易疏忽大意，自认为雾大点没关系，这条路跑了好多年，就是闭着眼睛也能开到目的地。

(3)紧张心理。一些新驾驶人开车时间不长，常因方向不明、视线不清而产生心理紧张的情绪。

三、冰雪天

冰雪天气在我国的北方和高原地区多见。冰雪天气对驾驶人的影响主要有以下几方面：

(1)下雪对汽车驾驶人能见度有影响。降雪时，雪花铺天盖地洒落下来，挡住了车窗的玻璃，也挡住了汽车驾驶人的视线。皑皑白雪对眼睛有刺激，会使汽车驾驶人的立体视觉功能下降，影响对道路上障碍物的认知和判断。

(2)由于冰雪覆盖了路旁的交通标志，汽车驾驶人在行驶中辨别道路状况和选择路线出现困难。

(3)冰雪天由于汽车驾驶人穿戴比较厚，手脚生硬不够灵便，操纵不够及时准确；操纵机件沉重，增加了汽车驾驶人的劳动强度，致使汽车驾驶人容易开"疲劳车"。

(4)由于冰雪天气温很低，道路冻结，汽车与地面摩擦力很小，很容易发生侧滑和甩尾，使汽车的制动距离大大延长。有人测算，在冰雪路上的制动距离，大约是在干燥沥青路上制动距离的3～4倍以上。这样就扩大了汽车的制动非安全区。

不良天气条件对驾驶人的驾驶行为有明显的影响，也大大增加了事故发生的可能性，必须采取相应的措施以保障安全。汉堡的警察从1978年起，尝试在恶劣天气下减少交通事故。当天气预报发出低压区逼近的警告后，或者当剧烈天气变化出现在交通高峰期时，交警就在危险的十字路口竖起"危险，事故多发时间！"的标语牌，所有能动用的警察都被派到大街上去执勤。因为驾驶人看到维持秩序的人，会自动变得小心翼翼和集中注意力开车，用规定允许的速度行驶并遵守交通规则。

第四节　特殊交通环境中驾驶人的因素

一、隧道内的驾驶人因素

隧道是现代公路交通运输基础设施的重要组成部分，特别是在山区较为常见(图9-5)。隧道使公路能够用较短的里程穿越山岭，跨越海峡，极大地提升了公路的运输效率。同时，隧道能够最大限度地减少对自然地貌和生态环境的破坏，因此出于环境保护的目的，隧道在我国公路建设中越来越受到重视。我国目前已经是世界上首屈一指的公路隧道大国，截至2010年底，我国公路隧道7 384处、5 122.6km。其中，特长隧道265处、1 138km，长隧道1 218处、2 020.8km。

因此，隧道已经成为大多数驾驶人必须适应和熟悉的交通环境，但是由于在我国没有针对隧道对驾驶人进行任何有效的培训，因此驾驶人都是根据自己的经验和理解在隧道路段采取自认为合适的驾驶方式，不幸的是很多驾驶人没有正确理解隧道特殊的交通环境，也不清楚隧道对自己的视觉、心理和注意力分配等产生的重大影响，因此很多驾驶人不能正确认知隧道内行车的危险，采用了不合适的驾驶行为，这导致隧道成为了交通事故发生比较多的路段。

从结构形式上看，隧道是一种周边封闭的结构物，隧道内外交通环境的亮度、能见度、视野开放性等完全不同，可以说隧道内外是完全不同的两个天地。而在高速驾驶过程中，驾驶人必须快速地适应这种巨大的变化，这给驾驶人的生理和心理都带来了巨大的压力。

图 9-5　隧道

根据研究，隧道对驾驶人的视觉影响最大，同时对驾驶人的心理也有重大的影响，而视觉是驾驶过程中最主要的获取外部交通环境信息的感觉，因此隧道内外交通环境的剧烈变化会直接影响驾驶人的驾驶行为。

1. 隧道路段驾驶人的视觉适应

隧道内外的环境亮度差异很大，特别是在白天阳光很强烈的时候，这种环境亮度的剧烈变化会给驾驶人的眼睛带来很大的影响，要求驾驶人的眼睛有很好的视觉适应性。

视觉适应是指人的眼睛由一种光刺激到另一种光刺激的适应过程，它是眼睛为适应新环境连续变化的过程，这个过程所需要的时间称为适应时间，适应时间与视场变化前后的状态，特别是视场亮度有关，视觉适应可分为暗适应、明适应和色适应。在公路隧道路段对驾驶人影响更为显著的是暗适应和明适应。

暗适应是指人由亮度较高的环境进入到亮度较低环境时，人眼逐渐适应黑暗环境，视觉的敏感度在暗处逐渐提高的过程。现代医学研究已经证明，暗适应是一个复杂的过程，它不但涉及人眼瞳孔直径的变化，而且涉及眼睛视杆细胞和视锥细胞的功能转换，如图 9-6 所示。人眼的视网膜包含两种光感受器：视杆细胞和视锥细胞。这两者的分布和机能都有区别。约在一个世纪以前，Schultze 便已经清楚地指出过视细胞的双重性：视杆细胞与在日间较高的亮度水平上看清外界物体（明视觉——Photopic Vision）有关；而视锥细胞与在夜间较低的亮度水平上看清外界物体（暗视觉——Scotopic Vision）有关。最近的研究资料支持在明视觉和暗视觉之间应该划分出另一类别的视觉——中间视觉（Mesopic Vision）。

克劳福德（Crawford，1947）用分光描记法确定视杆细胞中的视紫红质的化学反应过程是暗适应过程的机制，并研究得出人眼的暗适应曲线，见图 9-7。纵轴是达到视觉绝对阈限时测试靶的亮度的对数，横轴是眼睛离开高强度的光视野以后经历的时间。○表示用白光对全眼的测定结果，●表示用红光对中央凹测定的结果。

从图 9-7 可以看到暗适应过程中视觉阈值（能看清物体要求的最低亮度）逐渐变小，即视觉的敏感度在暗处逐渐提高。一般是在进入暗室后的最初约 7min 内，视觉阈值明显下降，以后又出现阈值的量明显下降；大约 25～30min 时，视觉阈值下降到最低点，并稳定于这一状

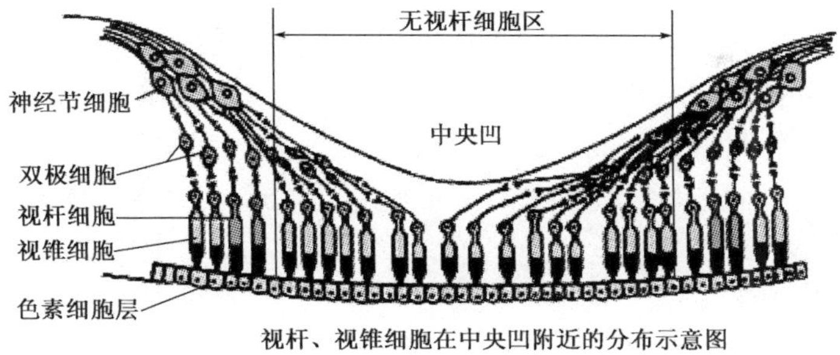

图 9-6　视网膜视杆细胞和视锥细胞分布

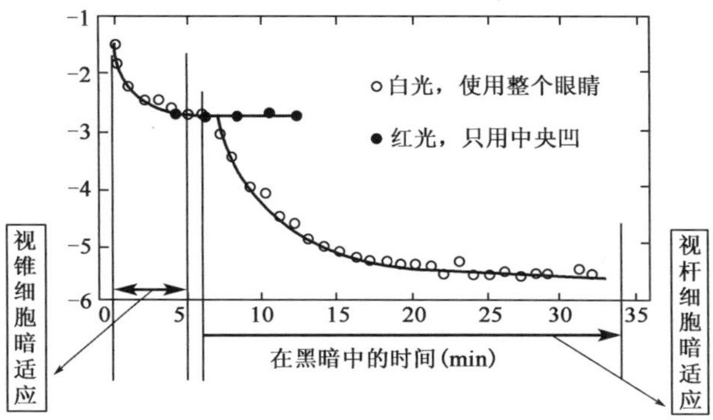

图 9-7　人眼的暗适应进程

态，此时人眼才恢复了在暗处的视力。伴随暗适应的还有瞳孔大小的变化。从明亮处进入黑暗处，在 10s 时瞳孔扩大到最大直径的三分之二，达到完全扩大约需要 5min。这个过程中，瞳孔的直径由 2mm 扩大到 8mm，进入眼球的光线增加 10～20 倍。但暗室中较强阳光照射的光照强度实际减弱约 100 万倍，因而单靠瞳孔大小的改变，远不足以使进入眼内的光量保持恒定。瞳孔直径增加的同时，人眼的灵敏度逐渐增加，最后达到稳定和清晰。暗适应在最初 15min 视觉灵敏度变化很快，以后较为缓慢，半小时后灵敏度提高 10 万倍，但要达到完全适应需要 35min～1h。

CIE 测定人眼的可见光的光谱范围是 380～700nm，光谱光视效率函数的峰值在 555nm 处，这实际是明视觉状态下视锥的灵敏度特性。在暗视觉条件下，视杆细胞的灵敏度峰值在 507nm 处。因此，在适应亮度从暗到明的变化过程中，光谱光效率曲线逐渐移向短波方向，称之为 Purkinje 现象。这表明同一种颜色在不同的适应亮度条件下，人眼的观察效果——颜色和亮度刺激是不同的。并且由于视锥细胞无色彩感受能力，在暗视觉条件下，人眼对颜色的分辨能力是很差的。

当然，公路隧道不同于暗室，不是完全黑暗的，因此暗适应的过程相对短暂，但是很多研究均指出在隧道入口段，白天驾驶人的眼睛要完成暗适应并达到稳定的视觉阈值的时间是比较长的，暗适应前视场亮度越高，视觉感受性越差。

在晴朗的白天，当隧道内的照明亮度不够高时，隧道内外的亮度差异是很大的，驾驶人在驾驶车辆进入隧道时，眼睛必然会经历一个暗适应的过程，此时驾驶人的眼睛有可能在短暂的时间内看不见事物，就像人由明亮的地方进入黑暗的房间一样，这被称为“黑洞效应”。相反，在夜间隧道内照明比较亮的情况下，驾驶人在离开隧道时会遇到“黑洞效应”。

与暗适应比较，明适应出现得较快，约需 1min 即可完成。耀眼的光感主要是由于在暗处蓄积起来的合成状态的视紫红质在进入亮处时先迅速分解，因为它对光的敏感性较视锥细胞中的感光色素高；只有在较多的视杆细胞色素迅速分解之后，对光较不敏感的视锥细胞色素才能在亮光环境中感光。

明适应过程中，随着光量的增加，瞳孔在 3～4s 内就能迅速缩小以保护视网膜，避免过强光线对它的损伤。与此同时，视杆细胞作用转到视锥细胞作用。在暗视觉和明视觉之间还有一个过渡阶段，称为中间视觉。研究者一般认为，当亮度达到 3～10cd/m^2 以上时，视锥细胞便被激发，间视阶段是视锥细胞和视杆细胞相互作用的阶段。瞳孔对光反应的特点是效应的双侧性，即如果光照的是一侧眼睛，除被照眼出现瞳孔缩小外，同时未受光照眼的瞳孔也缩小，后者为对光反射的互感性。

明适应时眼的感受性不是提高，而是降低，与暗适应正好相反。布兰查德（Blanchard，1931）用阈限法揭示：视杆细胞在极端黑暗转入极亮的条件下，其感受性下降 100 万倍。赖特（Wright，1934）用间接方法求得明适应曲线，发现中央凹的明适应过程很快，它暴露在光线中 1min 后就几乎全部完成。眼睛适应光强度变化的范围很大，这个范围约达到 13 个对数单位，大约要比最弱的绝对阈限的光强一万亿倍。

研究发现，在视网膜的外层还有许多黑色颗粒，它们是一些具有保护作用的物质，能减少直接作用于感光细胞的光能量。视杆细胞和视锥细胞明适应曲线见图 9-8 和图 9-9。

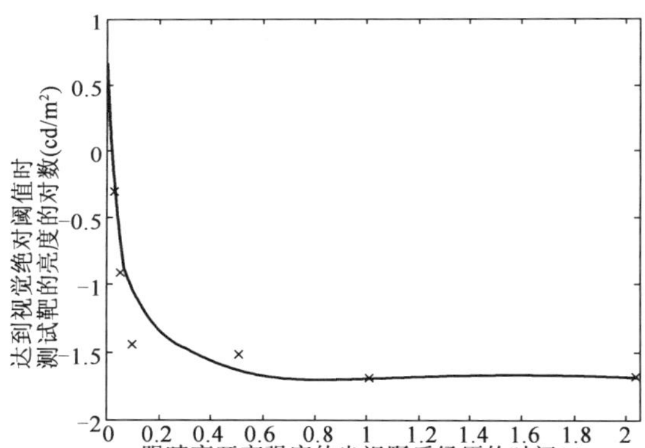

图 9-8　视杆细胞明适应曲线

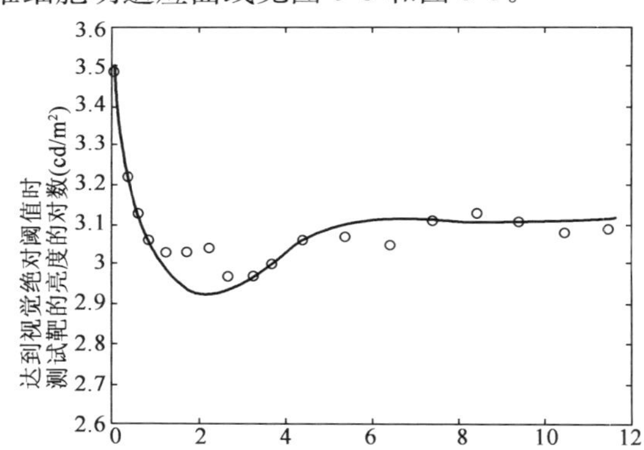

图 9-9　视锥细胞明适应曲线

比较明适应曲线与暗适应曲线可知，视杆细胞和视锥细胞的亮适应过程比暗适应过程快得多。因此，相对于暗适应而言，明适应对行车安全性影响要小得多，但是在明亮的白天驾驶人离开黑暗的隧道，或者在夜间进入照明强烈的隧道时，由于亮度突然增大，隧道洞口看起来会异常明亮，此时驾驶人的视觉进入明适应过程，这被称为“白洞效应”。

“黑洞效应”和“白洞效应”在驾驶过程中会导致驾驶人出现短时无法看清前方事物的情况，可想而知，这会导致驾驶人无法识别隧道进出口路段的变化情况。事实上在隧道进出口处不但是环境亮度发生了突然变化，公路的几何线形、横断面宽度、净空，甚至路面的结构形式都有可能出现重大的变化，这很可能导致驾驶人在视觉适应过程中无法及时地发现环境的变化而出现事故。

为了解决这一问题，首先应该意识到“黑洞效应”和“白洞效应”的产生是由人眼的生理结构决定的，要求驾驶人去主动地适应隧道内外的亮度变化是不可能的。唯一途径是使隧道洞口内外交通环境尽可能地保持一致，同时采取合理的照明方案，使隧道内外的亮度变化能够满足驾驶人的视觉适应性要求。

2. 隧道洞口的驾驶人“瞬盲”现象

暗适应和明适应过程中，驾驶人的眼睛必须快速适应剧烈变化的环境亮度，这对驾驶人的视觉生理极限是一个挑战。

众所周知，人的眼睛在外部环境的亮度发生变化时，瞳孔直径会根据亮度的情况而调整，外界的亮度越高，瞳孔直径越小。在暗适应过程中，驾驶人的瞳孔急剧放大；在明适应过程中，驾驶人的瞳孔直径会急剧缩小。但是，人的眼睛是有极限的，当瞳孔缩放的速率过高时，人的眼睛在短时间内就无法看清楚外界的事物，这种现象被称为“瞬盲现象”。

图 9-10 是白天时在国内某隧道路段（隧道长 1 073m）利用眼动仪获取的驾驶人瞳孔直径变化的情况，图中的横轴是车辆行驶的里程，纵轴是驾驶人眼睛瞳孔的直径。隧道的入口和出口位置在横轴上标出。

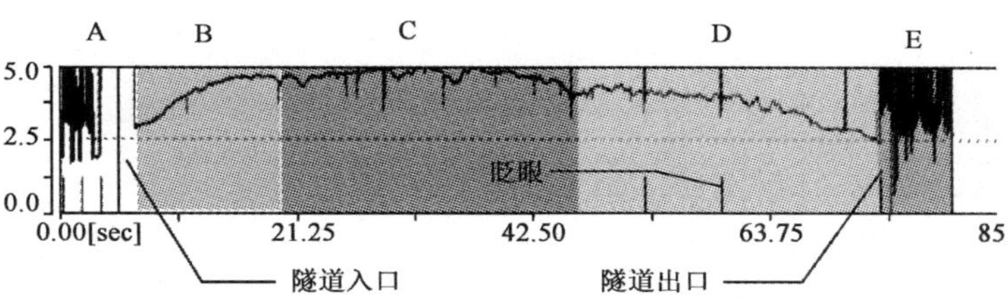

图 9-10　隧道路段驾驶人瞳孔直径变化图（白天）

可以发现，在驾驶人驾驶车辆进入直至驶离隧道的整个过程中，驾驶人的眼睛发生了比较剧烈的变化。概况而言，可以分为五个不同的阶段。

（1）暗适应瞬盲阶段：如图 9-10 中的 A 阶段，当驾驶人驾驶车辆接近隧道洞口时，由于隧道内十分黑暗，驾驶人的瞳孔开始急剧调整，具体的方式是先急剧放大，然后在急剧缩小，眼球以这样的方式寻找比较合适的感光方式，在图中可以看到瞳孔直径呈现剧烈、高频率的波动。在这一过程中，瞳孔直径变化率极高，如果瞳孔的变化率超过了驾驶人视觉适应能力，则眼睛就难以在视网膜上清晰成像，进而产生瞬时盲期，在这一时间段内驾驶人的眼睛无法看清楚路况。在隧道进出口的 72 次白天有效实验中，56.9%的驾驶人在暗适应过程中出现了瞬盲的情况，这表明暗适应瞬盲现象普遍存在，暗适应瞬盲对交通安全的危害是十分严重的。

（2）暗适应调整阶段：如图 9-10 中的 B 阶段，当驾驶人眼睛确定了合适的瞳孔直径，并且开始转换视觉功能以适应隧道内的低照度环境，此时驾驶人的瞳孔直径以较慢的速度增加，直至完全适应为止。在这一阶段内，虽然眼睛仍然处于调整之中，但是已经能够在视网膜上形成清晰的像，能够识别外界的交通环境。

（3）暗适应行驶阶段：如图 9-10 中的 C 阶段，驾驶人基本适应了隧道内的亮度环境，瞳孔直径较大，正常地驾驶车辆。

(4)明适应调整阶段：如图 9-10 中的 D 阶段，驾驶人已经能够看到隧道的出口，驾驶人视线注视点处的亮度逐渐增加，驾驶人的瞳孔直径以较小的速度减小。在此过程中，虽然明亮的洞口带来强烈的反差，但是驾驶人的眼睛能够清晰成像，正确识别外界交通环境。

(5)明适应瞬盲阶段：如图 9-10 中的 E 阶段，驾驶人到达洞口位置时，外部的亮度急剧增加，为了保护眼睛不受损害，瞳孔会急剧收缩，然后再次急剧扩张，以寻找合适的瞳孔直径，在图中能够看到瞳孔直径急剧、高频率地缩放，在此过程中会产生瞬时盲期，驾驶人的眼睛无法看清楚路况。在实验研究中，29.2%的驾驶人在明适应过程中出现了瞬盲的情况。虽然明适应过程中瞬盲现象相对暗适应较少，但是也普遍存在，对交通安全的危害同样是十分严重的。

事实上，驾驶人的眼睛在整个隧道路段内都在不停地变化，除了 C 区域相对稳定之外，在其他区域眼睛的瞳孔直径均处于不断变化和调整之中。

瞬盲现象对交通安全的危害是显而易见的，如果驾驶人不能通过视觉获取外部信息，即使这段时间很短暂，也可能产生十分严重的后果，因此隧道设计和运营管理过程中必须采取措施消除、避免瞬盲现象。目前被普遍接受的最有效的措施是科学设置隧道照明，或者是控制隧道的长度和线形以保证隧道能够良好通视。

如图 9-11 所示，在可通视的短隧道(隧道长度 240m)内，由于隧道远端出口处的亮度较高，驾驶人在进入隧道之前即能够看到隧道远端出口，而且隧道外的自然光补偿了隧道内的照度，因此在整个行驶过程中驾驶人没有出现瞬盲的不利情况，而且驾驶人眼睛瞳孔直径的变化也比较平缓。视觉适应性对驾驶人的操作行为没有产生直接的不利影响。

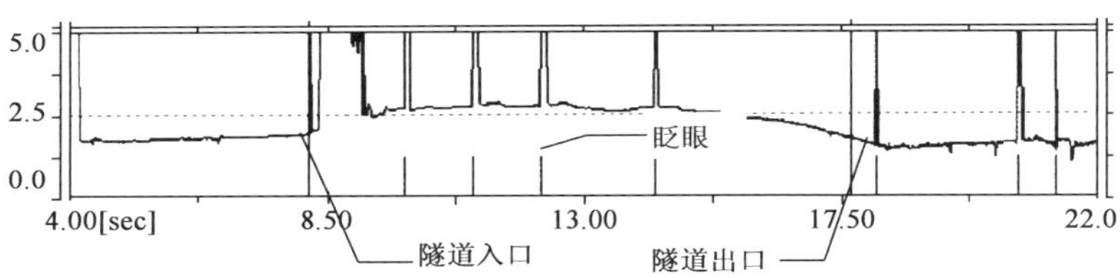

图 9-11 可通视的短隧道内驾驶人瞳孔直径变化图(白天)

如图 9-12 所示，对于照明良好的隧道(隧道长度 3 300m)，隧道内外的照度过渡比较合理，因此驾驶人也没有出现瞬盲的现象，洞口处明暗适应过程中瞳孔直径的变化较为平缓，说明合理设置的照明能够有效避免瞬盲现象的出现。

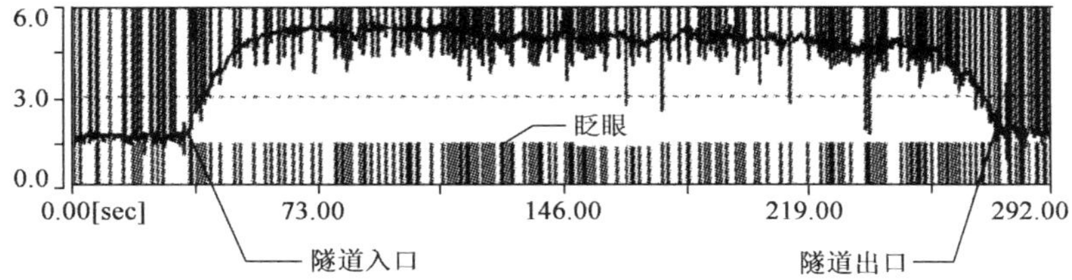

图 9-12 照明良好的隧道内驾驶人瞳孔直径变化图(白天)

但是，从图 9-12 也能十分明显地发现，驾驶人的眨眼频率明显提高，说明隧道内的幽闭环境对驾驶人的心理影响和工作负荷影响较高。

在夜间公路隧道内的亮度与外界环境相差不大的情况下，驾驶人在明适应和暗适应过程中均不会出现瞬盲现象，如图9-13所示（隧道长度620m）。

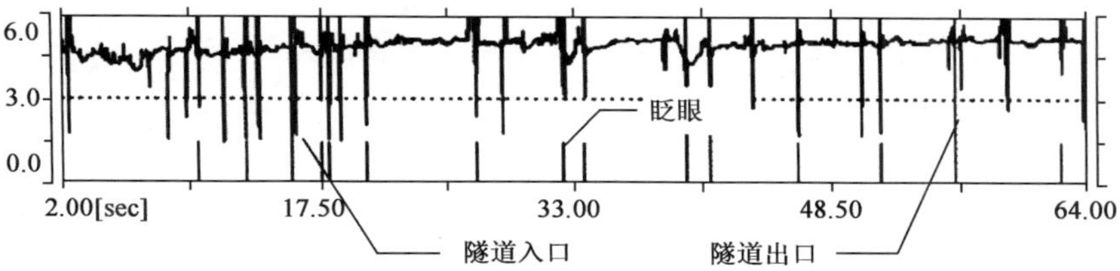

图9-13　夜间隧道内驾驶人瞳孔直径变化图

可见，瞬盲现象是可以通过良好的隧道线位选择、洞口遮阳设计和隧道照明设计加以避免的。但是在我国绝大多数的山区，双车道公路隧道内尚没有条件设置很好的照明，部分高速公路隧道内的照明设施不开启，或者部分开启，在自然环境亮度很高的时间段内很容易在隧道进出口路段出现瞬盲的现象，在瞬盲期间驾驶人几乎不能对交通环境的变化作出反应，是十分危险的。

根据实验，大多数情况下视觉适应导致的瞬盲现象比较短暂，70.8%的隧道进口与95.2%的隧道出口瞬盲持续的时间均在0.05～1.00s之间。而心理学实验研究证明，人有知觉意义的视觉刺激持续时间为0.2s，也就是说某种视觉刺激的时间小于0.2s时，人不会对这一刺激产生知觉，因此只有持续时间超过0.2s的瞬盲才会对驾驶人产生不利影响。

对于不同的人，由于个体差异的存在，瞬盲出现的条件也是有差异的，当前比较被大家所接受的结论是当瞳孔面积需要比上一时刻缩小或增加50%以上时，就会导致瞬盲情况的出现。在隧道设计和管理过程中，可以利用这一规律判断是否存在出现瞬盲现象的危险。

驾驶人眼睛的瞳孔直径与路面照度之间的关系，可以用以下公式进行计算：

$$D = 3.6979e^{-0.0349\log_2 E} \tag{9-1}$$

式中：D——人眼瞳孔直径；

E——路面照度。

考虑到驾驶人驾驶过程中的注视点主要集中于路面上，因此采用路面照度值进行计算。隧道洞口路段的照度分布极不均匀，而且距离隧道洞口很近的路段还会受到外界自然环境亮度的影响，因此在进行是否出现瞬盲现象判定时，应该选择不被外部环境亮度影响的隧道路面照度。

图9-14是隧道外部亮度对隧道内影响的观测结果，可以看到，距离洞口25m范围的隧道路段会受到外部环境亮度的影响。而且实验证明，在隧道内驾驶人的注意分布以近视注意为主，即视觉注视点的位置比较靠近车辆。因此隧道内环境照度应选择洞口内25m以内的数据，具体位置按表9-3选择。当车辆在洞口位置的速度小于50km/h时，按25m为标准值进行计算。

隧道洞口驾驶人路面注视点与车辆之间的距离　　表9-3

洞口速度(km/h)	50	60	70	80	90	100
注视点位置(m)	28	33	39	44	50	56

这样就能够利用式(9-1)计算不同路面照度条件下人眼瞳孔的直径，然后以洞口内外人眼瞳孔直径的变化不大于50%为判断标准，就能够确定隧道洞口处驾驶人是否会出现瞬盲现象。

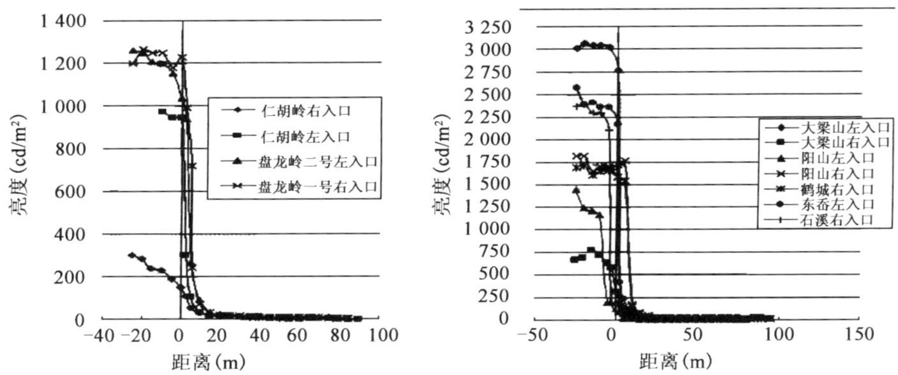

图 9-14　白天隧道内照度与距离洞口的关系

瞬盲现象是可以被克服的,但是必须清醒地认识到,即使不发生瞬盲现象,驾驶人在隧道内也需要时刻面临比普通路段更加复杂和多变的交通环境。因此,避免瞬盲现象发生仅仅是保证隧道入口路段交通安全的最低标准,为了保证隧道内驾驶人的交通安全,需要对隧道内驾驶人因素有更深入的了解,也需要付出更多的努力。

3. 有照明隧道路段驾驶人注意分配

很少有驾驶人意识到,注意力其实是一种有限的资源,当驾驶人对某些交通信息过于关注的时候,就很有可能忽略其他的有效信息。在隧道路段,驾驶人面临的交通环境复杂多变,在隧道洞口和隧道内部都有很多交通标志和其他管理设施,这些设施向驾驶人传达各种各样的信息,如果驾驶人没有注意到这些信息就有可能出现交通事故,因此驾驶人对注意资源的合理分配对保证安全驾驶是至关重要的。

在驾驶车辆过程中,驾驶人的注意力分配情况可以通过驾驶人眼睛注视的位置和方式表现出来,并被精确地观测。驾驶人的眼睛用于注意的活动可以分为注视和扫视两种。

注视是指眼球对准目标物,使其影像落在视网膜的中央窝上,以获得更充分的加工而形成清晰的像。研究驾驶人的注视特征主要采用注视次数与注视持续时间两项指标。注视点反映一段时间内人所注意的空间焦点。眼睛会根据以往的经验自然地注视引人注目的、极显眼的或重要的区域。驾驶人眼睛注视点的变化能够比较直观地描述眼睛运动过程,它反映了驾驶人注视点瞬时的位置。注视次数是指注视点的总数量,一次注视称为一个注视点,是区域重要程度的一个标志,注视次数越多,表明被试对这个区域关注越多。注视持续时间指驾驶人对某一固定区域的注视时间。它反映的是驾驶人对某一固定区域的关注程度。注视持续时间反映的是提取信息的难易程度,眼动过程中信息处理越困难,导致的注视持续时间也越长。长时间的注视反映出观察者花费了更长时间来解读注视,或将显示的注视对象与其内在含义联系起来。但是对观察者而言,需要长时间注视的目标物并不比注视持续时间短的目标物更有意义。区域的几何形状重要性与在该区域的注视持续时间之间具有相关性,隧道环境的阻断特征及隧道洞口的构造,都使驾驶人的注视特征不同于普通道路环境。

扫视又称为眼跳,是指眼睛从一个注视点到另一个注视点飞快地改变注视方向或视轴,扫视过程中可以获取刺激的时空信息,但几乎不能形成刺激的清晰像,扫视可以实现对视野的快速搜索和对刺激信息的选择,其主要作用是将目标物的新内容移到中央视觉范围内。通常以扫视平均幅度和扫视平均速度来表征驾驶人的扫视特征。扫视幅度用来表征驾驶人眼球转动的角度大小，扫视幅度一般与扫视平均速度呈线性关系。扫视平均速度是指驾驶人在行车过程中眼球转动的速率，即每次扫视的角度与扫视持续时间的比值。通常情况下，当驾驶人在观察某一重要目标物体或者处理某种突显信息的时候，眼睛角速度会有大幅度的变化。

通俗地讲，扫视是驾驶人筛选注意力分配目标的过程，注视是理解和解读注意目标蕴涵的信息的过程。注视的时间越长，说明驾驶人的注意力越集中，驾驶人获得的信息越少，但是同时对关注的信息理解得也越深刻；扫视的时间越长，扫视的幅度越大，说明驾驶人注意到的信息越多，但是对于信息的理解就不够深刻。在正常情况下，驾驶人扫视和注视是交替进行的，或者说是注意对象筛选和注意集中的过程交替。

对驾驶人的扫视和注视行为的观测结果表明，在隧道路段驾驶人的注视和扫视行为与普通路段截然不同，反映出在隧道路段驾驶人对于注意力的分配，以及对外界交通环境信息的关注方式也与普通路段不同。

如图 9-15 所示，在隧道入口前，驾驶人驾驶车辆逐渐接近隧道入口的过程中，在隧道外驾驶人注视时间逐渐上升，尤其在进隧道前 100m 路段大幅增加，而注视次数大幅度下降，说明此时驾驶人的注意力较多地集中在隧道洞口；在进入隧道后驾驶人的注视时间开始下降，注视次数增加，说明驾驶人的注意力比进入隧道前有所分散；进入隧道约 100m 后，驾驶人的注视时间又再次上升，注视次数保持在一个相对稳定的水平上，说明此时驾驶人的注意力集中在比较固定的信息上。与此同时，驾驶人的扫视行为呈现完全相反的规律，见图 9-16。

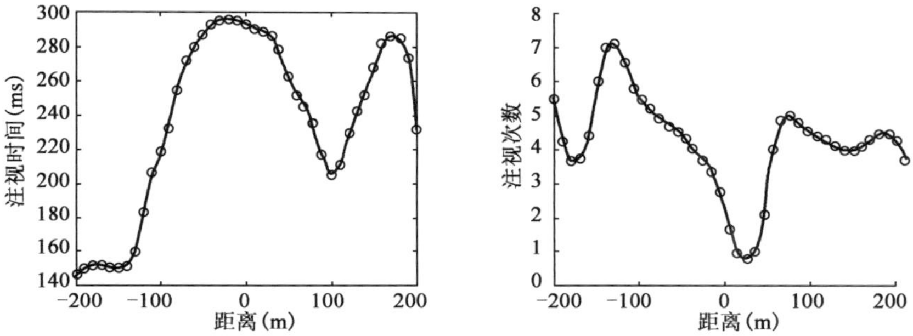

图 9-15　隧道入口路段驾驶人的注视模式

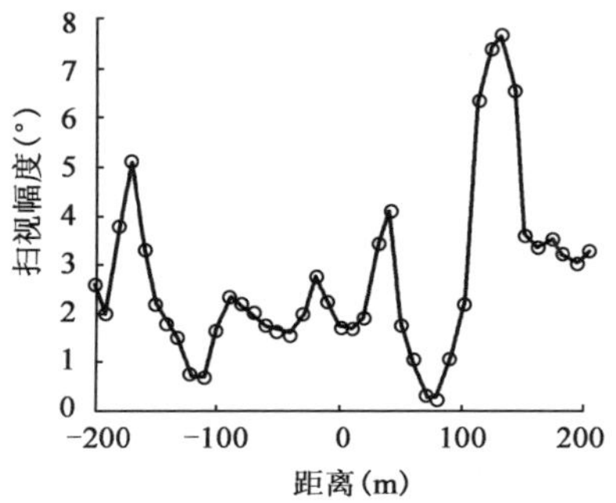

图 9-16　隧道入口路段驾驶人的扫视幅度

如图 9-17 和图 9-18 所示，在隧道出口前，驾驶人驾驶车辆在隧道内行驶逐渐接近隧道出口的过程中，驾驶人注视时间逐渐下降，在出隧道前 100m 路段注视次数则大幅增加，而扫视幅度急剧上升，表明此时驾驶人不断地对前方不同的交通环境信息进行短时的注视，说明驾驶人不断地对前方的交通环境进行鉴别和筛选，选择与行车相关的信息，驾驶人的注意力分配比较分散，这一过程在隧道出口处达到峰值；在离开隧道后驾驶人的注视时间开始上升，注视次数增加，扫视幅度开始得到抑制，说明驾驶人在离开隧道后很快找到了有价值的关注目标，注意力分配向集中注意过渡。但是需要注意的是，在隧道进口和出口处，驾驶人的注视和扫视水平均远远高于普通路段，说明在隧道内行车驾驶人要付出更多的注意力，驾驶工作的压力和负荷均很高。

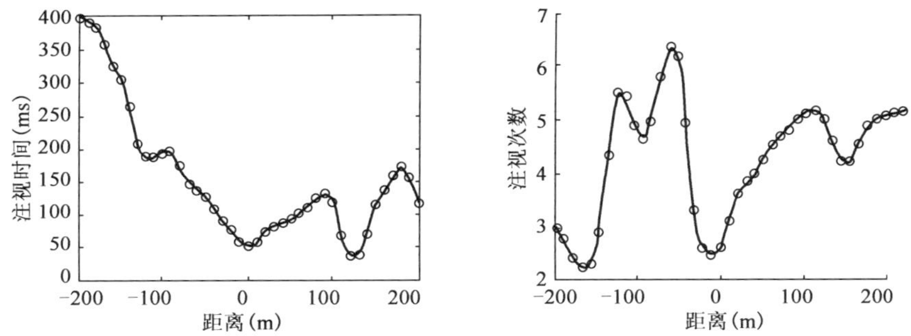

图 9-17　隧道出口路段驾驶人的注视模式

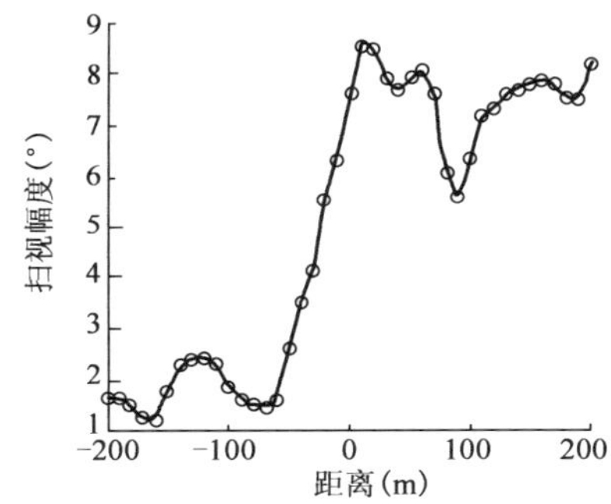

图 9-18　隧道出口路段驾驶人的扫视幅度

为了对驾驶人的注意分配规律进行更加深入的研究，有研究者对 7 名不同驾驶人在隧道不同路段的注视位置进行了连续追踪，得到如表 9-4 所示的结果。

隧道路段驾驶人注视点位置　　表 9-4

位　　置	注视点分布图	结　　论
隧道前 200m	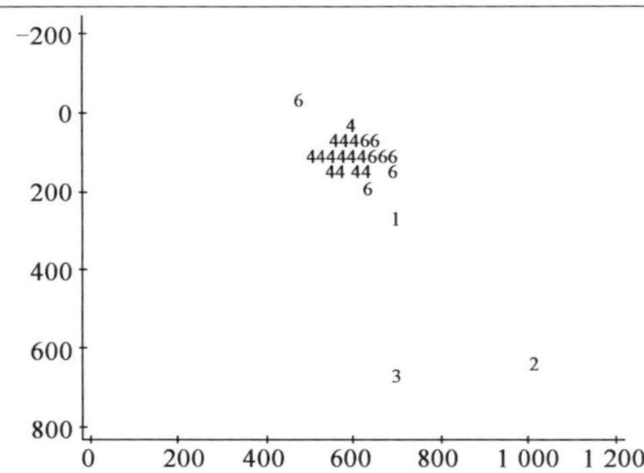	隧道前 200m 处，驾驶人已发现隧道并关注进口周围环境，注视点集中在隧道洞口位置

续上表

位　　置	注视点分布图	结　　论
隧道前 100m	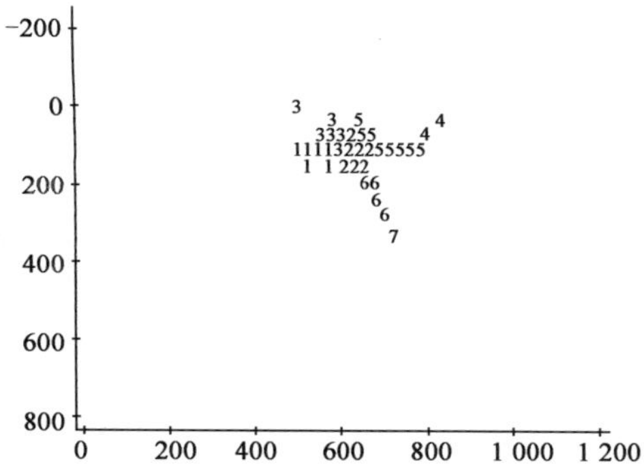	注视点仍集中于正前隧道口方向,但对隧道洞门右侧及右侧路肩的关注开始增加。表明虽未进入隧道,但边墙效应已对驾驶人产生影响,表现为加强对隧道右侧洞口区域的关注,以控制车身与隧道边墙的安全距离
隧道前 50m	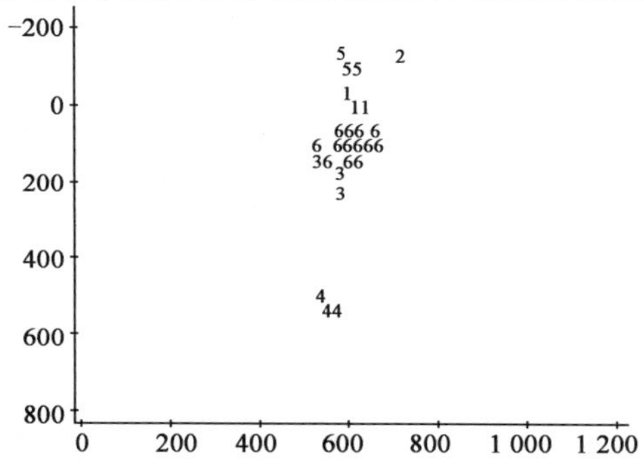	驾驶人注视点在垂直方向呈狭长带状分布,表明驾驶人重点关注前方隧道内的路面位置,以获取相关道路信息。隧道洞口两侧的信息基本不被驾驶人关注
隧道内 50m	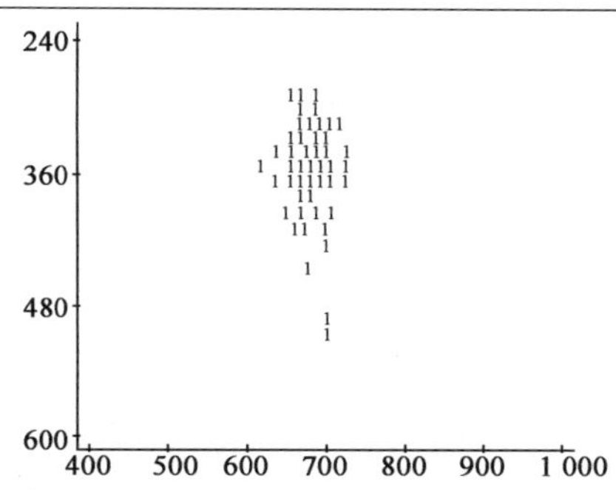	在进入隧道后 50m 路段驾驶人注视点的分布同进隧道前 50m 路段相似,仍呈带状分布,驾驶人重点关注区域集中于隧道内路面
隧道内 100m	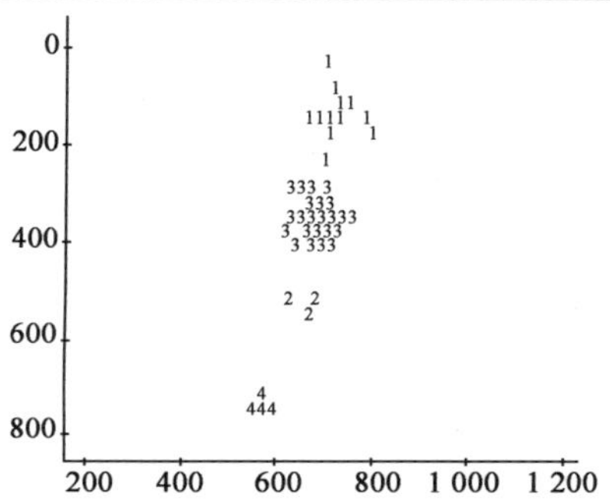	进入隧道后 100m 路段,注视点仍称狭长带状分布,除对前方路面的关注外,对左后视镜的注视增加。同时能发现不同驾驶人对于前方路面关注的距离不同,表现出驾驶经验的差别

续上表

位　　置	注视点分布图	结　　论
隧道内 200m	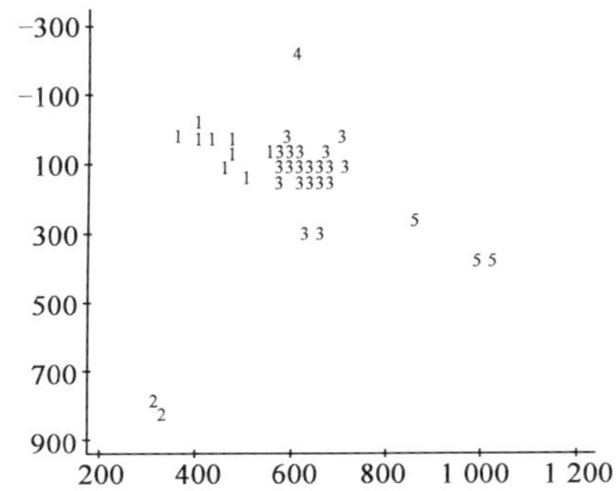	注视点分布较刚进隧道明显分散，主要集中分布于正前方、前方左侧、前方右侧及左后视镜，说明驾驶人开始观察和熟悉隧道内的环境
隧道内路段	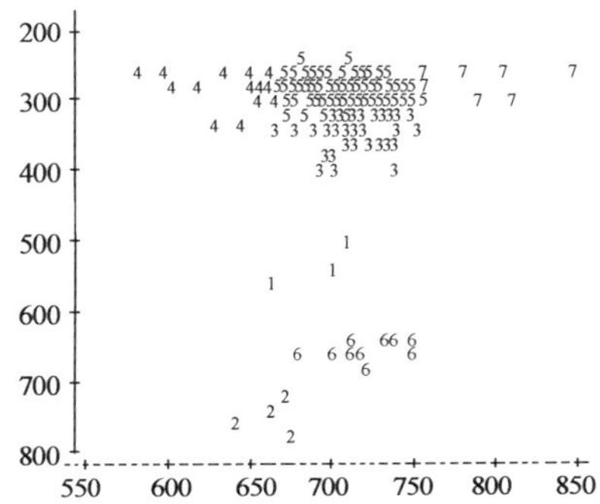	驾驶人的注视点在前方各个方向均有分布，说明驾驶人对于前方路面的关注时间缩短，关注的目标增多。隧道左右侧墙都被驾驶人多次注视，说明隧道侧墙对驾驶人识别隧道线形和走向有不可忽视的作用
距出口 200m	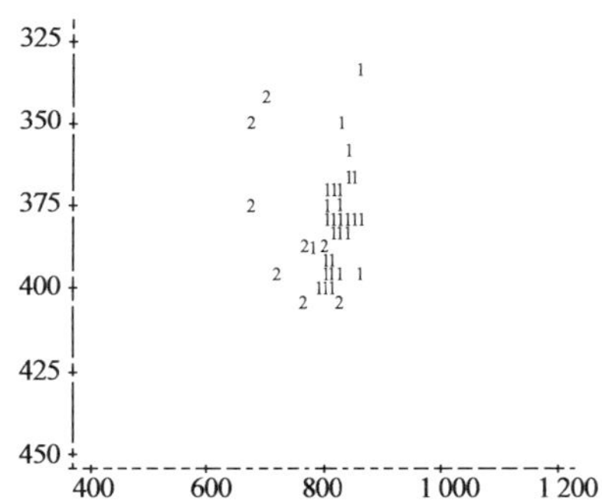	驾驶人的注视点收缩至隧道洞口，集中在前方路面至洞口位置的狭长区域，对于隧道左侧侧墙也有所关注，主要是进一步调整车辆的横向位置
距出口 100m	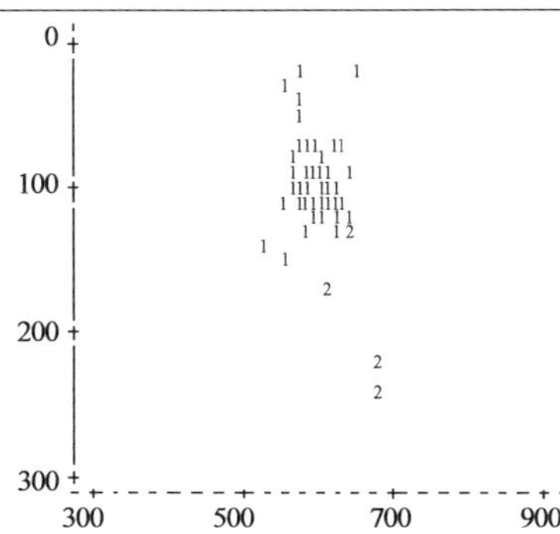	驾驶人的注视点集中在前方路面至洞口位置的狭长区域，相比 200m 处注视点更加集中

续上表

位　　置	注视点分布图	结　　论
距出口 50m	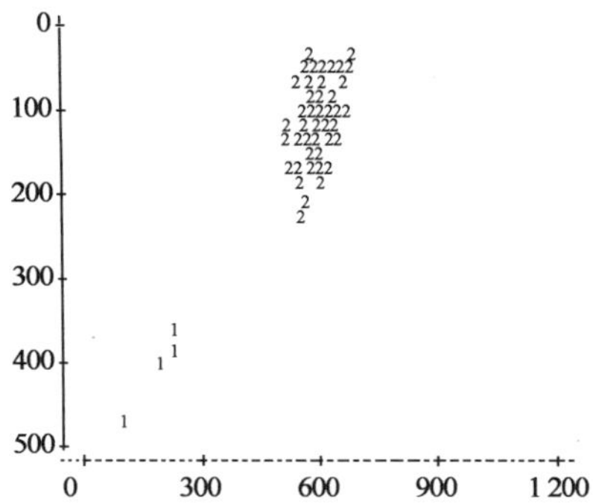	驾驶人的注视点集中在洞口附近位置，说明驾驶人主要的注意力都在安全驶离隧道上；同时部分驾驶人对于左侧后视镜也有关注，说明有经验的驾驶人在洞口前降速的同时会关注后方车辆情况
隧道出口外 50m	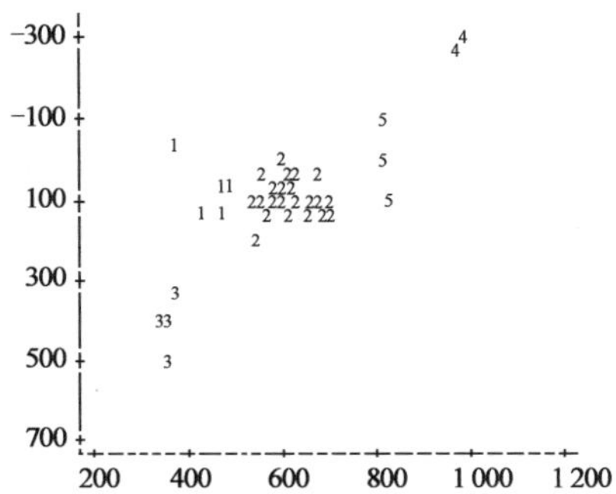	驾驶人注视点的集中区域位于前方路面上，但是相对于隧道内已经比较分散，对于前方左右侧的交通环境和左侧后视镜的交通情况都有所关注
隧道出口外 100m	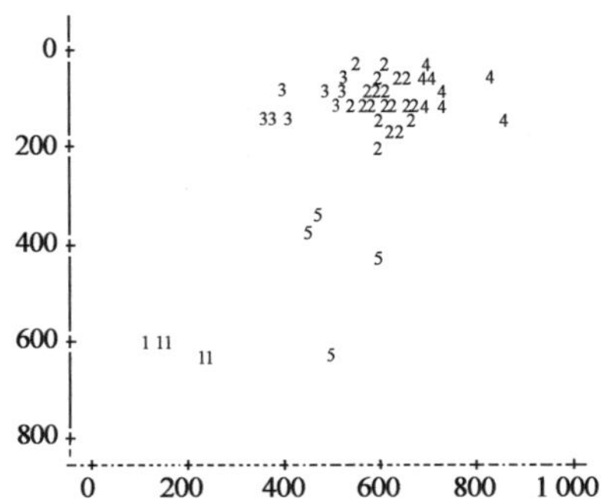	驾驶人的注视点较隧道内明显提前，在横向的分布比刚离开隧道时更广泛。说明与单调、简单、视野狭窄的隧道内环境相比，出隧道后道路环境信息变得丰富，视野开阔，出隧道后驾驶人加强对周围道路交通信息的搜索

注：图中的阿拉伯数字表示参与实验的驾驶人编号。

对隧道路段驾驶人的注意分配进行研究是为了建设更符合驾驶人特性的隧道，如隧道前的标志和相关交通管理设施最好设置在洞口前 100m 之外，如果设置得过近，有可能由于驾驶人注视点过于集中在隧道洞口而被驾驶人遗漏；在隧道中段对隧道侧墙进行视线诱导处理，以满足驾驶人识别隧道线形的需求；隧道出口外的交通标志等应设置在驾驶人注意分布比较广泛的 100m 之外等。

4. 无照明隧道路段驾驶人注意分配

对于无照明的隧道或者照明不良的隧道，驾驶人在黑暗中能够获得的信息是很有限的，这些信息不能满足驾驶人安全驾驶车辆的心理需求。实验研究表明，在山区双车道公路无照明的隧道内，驾驶人的注视点位置明显更加靠近车辆，而且在隧道内行驶的整个过程中，驾驶人眼睛的注视点不断地跳动，说明在无照明的隧道内驾驶人不断试图寻找更有利于眼睛聚焦、更清晰的、能提供更多可供判断信息的参照物，在隧道出口处则尽可能地多停留在较暗区域，以更好地适应隧道外较高的亮度，如图 9-19 所示。

<table>
<tr><td></td><td>在进入隧道洞口处，虽然车辆前方有先导车，驾驶人的注视点仍然位于距离车辆很近的路面上，说明驾驶人更多地需要隧道本身的信息</td></tr>
<tr><td></td><td>隧道内，驾驶人注视点很近，仅略微超过车头位置，而且驾驶人的注视点不断横向移动，试图寻找更多的可辨识的信息，当前位于车辆的右侧</td></tr>
<tr><td></td><td>隧道内，驾驶人注视点依然很近，注视点位于路面上，且不断横向移动，当前位于车辆的左侧</td></tr>
<tr><td></td><td>在隧道洞口前，由于洞外过于明亮，驾驶人注视点仍然位于洞内较暗区域， 以逐渐适应亮度变化</td></tr>
<tr><td>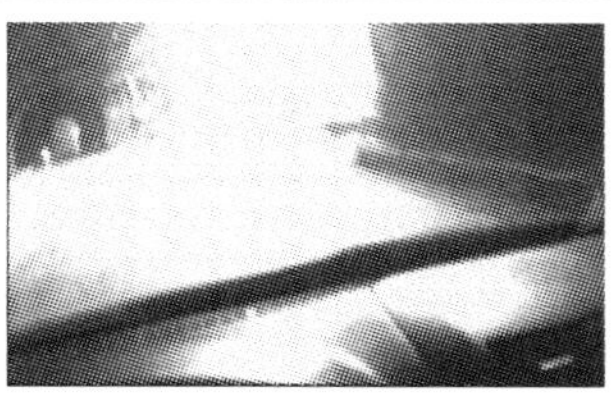</td><td>隧道出口位置，实验设备无法捕捉到驾驶人的注视点，因为此时驾驶人处于瞬盲状态，无法看清外部环境</td></tr>
</table>

图 9-19　无照明隧道内驾驶人注视点变化过程

与有照明的隧道相比，无照明隧道路段驾驶人更难获得信息，因此驾驶人的注意力集中在距离车辆很近的地方，而且不断地扫视前方视野，试图寻找更多的信息。在这种环境中，驾驶人很难获取足够的信息，而且对于前方车辆的关注也被对近处路面的关注所取代，同时驾驶人几乎不关注后视镜，因此发生追尾事故的概率大大增加，同时在隧道出口驾驶人出现瞬盲现象也使无照明隧道的安全性得不到保障。因此,对于公路隧道,特别是无法通视的较长隧道,应该尽可能地设置合理的照明设施。

可见,隧道路段驾驶人的视觉适应和注意力分配特征与普通路段存在较大的差异,因此隧道的设计必须充分考虑这些因素。除此之外,隧道内驾驶人的心理压力也明显高于正常路段,但是由于相关研究还不充分,因此本书没有进行更加深入的论述。

二、连续长纵坡路段的驾驶人行为

随着我国公路建设事业的发展,特别是高速公路在山区的大量建设,出现了一些新的交通安全问题,其中最重要,也是引起国家和社会广泛关注的是连续长纵坡路段上频繁发生的交通事故。

2006 年,中央电视台 CCTV10"走进科学"栏目播出了《揭秘死亡高速》的专题节目,节目介绍了国内某条山区高速公路的连续纵坡路段上在开通不到一年时间内发生 200 多起交通事故的情况,并且揭示了这些交通事故发生的原因,即在连续纵坡上超载货车在长时间下坡过程中制动系统温度持续升高,导致制动毂出现热衰退,从而导致制动能力不足,甚至完全丧失,最终酿成交通事故。节目的播出在社会上引发了极大的反响,因为这种由于在连续纵坡上制动失灵而导致特定路段上交通事故频发的现象并不是孤立的,而是普遍存在于我国的山区公路上(图 9-20)。据不完全统计,类似的长纵坡路段在国内超过百处,已经对我国的交通安全构成了严重的威胁。

图 9-20　连续纵坡上的制动失灵事故

事实上,目前在发达国家的一些公路上有很多坡度更大、更长的连续纵坡,但是却很少发生类似的交通事故,这是因为虽然连续纵坡上交通事故的直接原因是连续制动导致的制动失灵,但是其深层次原因是我国当前的货运车辆性能、运输管理水平、驾驶人的意识、能力与公路的建设水平之间存在着不协调的因素。其中驾驶人的因素是一个不容忽视的重要因素,一个掌握长纵坡上安全驾驶知识的驾驶人,能够有效地避免交通事故的发生;反之,驾驶人的错误操作会放大交通系统存在的不协调因素,加速交通事故的发生。

研究表明,驾驶人对于下坡速度、车辆挡位和制动方式的选择与长纵坡上的交通安全息息相关。

1. 连续长纵坡路段驾驶人对速度的选择

根据能量守恒原理,车辆下坡的速度越高,制动系统需要平衡的能量就越高,其负荷也越高,出现制动失灵的可能性也越高,因此在很多的长纵坡路段上交通主管部门都设置了针对大型货车的专用限速标志(图 9-21),其目的是通过降低车辆的速度减少制动系统的工作负荷以避免制动失灵。

但是，我国的驾驶人很少能够真正理解在连续长纵坡上限速的必要性，也很少能够正确地判断在连续长纵坡上安全的速度值。其根本原因是我国驾驶人对于坡长积累给制动系统造成的负担，以及对交通安全的负面影响没有清晰的认识。

在一项研究中进行了我国货车驾驶人在不同坡度(2%～8%)上下坡速度的实验。在实验中发现，当坡长足够长之后，车辆的运行速度即趋于稳定，如图 9-22 所示。自由流状态下货车以 80km/h 的速度进入不同坡度的纵坡，经过一个速度折减的过程后运行速度趋于稳定，而稳定后的速度基本上不会随着坡长的增加而发生变化。说明在连续纵坡路段上，坡长的增加不会使驾驶人对安全速度的感受发生变化，影响驾驶人心理速度选择的主要控制因素依然是公路的纵坡。

图 9-21　连续纵坡上的限速标志

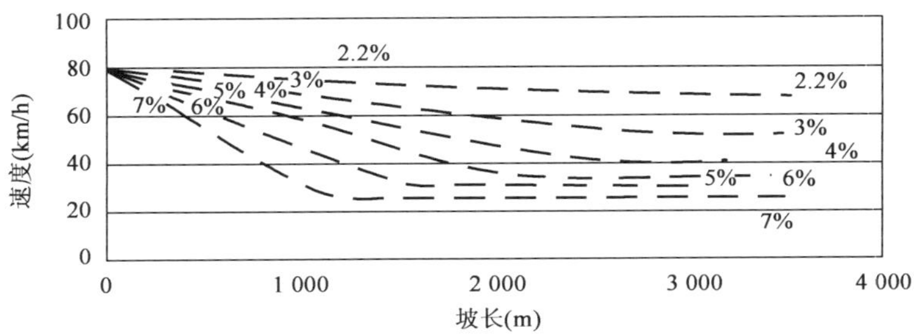

图 9-22　货车驾驶人在纵坡上的速度—距离曲线汇总图

另一项实验进一步验证了这一结论，实验车在实验前按照车辆的额定载重进行了配载，在实验中利用 GPS 系统对连续长坡段驾驶人的速度选择进行了详细的记录。实验选择的路段的连续纵坡长度在 4km 左右，如图 9-23 所示。

图 9-24 的横坐标是公路的里程桩号，纵坐标是实验车辆的行驶速度，图中的阴影部分位于连续纵坡路段上(阴影前的部分是车辆离开停车场通过互通立交进入高速公路的过程，因此速度较低)。实验中发现，在核定载重情况下，驾驶人在连续纵坡上的行驶速度非常稳定，基本上维持在 80km/h(几处速度起伏较大的路段经过分析视频均是因为前方慢车的影响)。实验数据表明，驾驶人对于速度的选择并不会因为坡长的增加而发生变化。

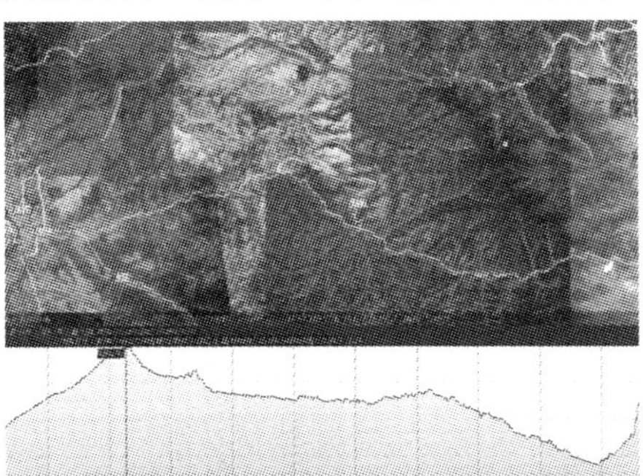
图 9-23　实验路段线路与高差

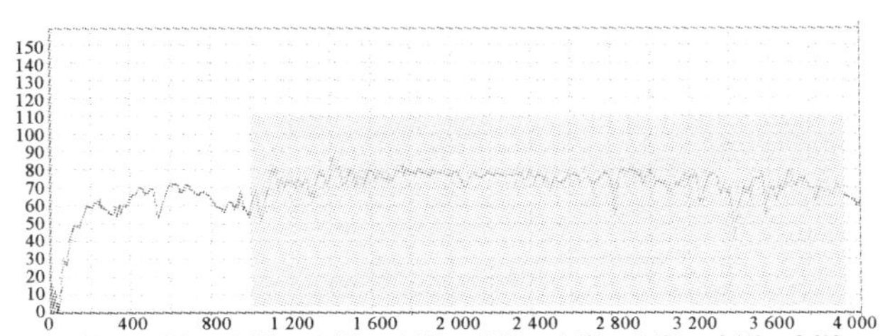
图 9-24　驾驶人运行速度选择

这些实验研究的结果揭示了一个危险的事实，即我国的驾驶人对于坡长因素对交通安全的影响熟视无睹。这一事实解释了为什么在高速公路上连续长纵坡路段的事故率反而要高于普通公路，这是因为高速公路上的纵坡坡度值都比较小，通常不超过3%，因此驾驶人会采取更高的行驶速度下坡，导致制动系统性能的衰减更迅速。

更为重要的是，在上述实验路段上均设置了相应的限速标志，但是在缺乏执法的情况下，驾驶人仍然按照自己的理解选择行驶速度，这些选择往往是高于限速标志规定的。也就是说我国驾驶人在进行驾驶行为决策的时候，更多地依靠和相信自己的感觉，而不重视公路上的标志信息；更多地追求快速和效率，而忽视安全。这一方面说明我国驾驶人的交通安全意识不强；另一方面也说明坡长对于交通安全的影响相对于坡度而言不易被驾驶人所察觉，而我国驾驶人对于这种隐性的交通安全危险因素缺乏教育和培训。

我国货运车驾驶人对于纵坡路段行驶速度的心理预期在本书的第十章有详细的论述，本章不再赘述。

2.连续长纵坡路段驾驶人对挡位的选择

在连续长纵坡路段，采用较低的挡位能够利用汽车发动机的牵引力辅助制动，有效地降低下坡过程中制动系统的工作负荷，国外的大型货车驾驶人在下坡过程中普遍采用低挡位行驶，虽然速度和油耗会受到影响，但是安全性得到了有效提升。

为了确定我国货车驾驶人在连续纵坡路段上对车辆挡位的选择，研究人员采取了问卷和随车调查的方式获取驾驶行为数据，随车调查是在驾驶室内进行的，在下坡过程中观察驾驶人的操作行为，确定其采取的挡位。同时利用车载实验系统对驾驶过程中的驾驶行为进行了全程录像，并进行分析。

问卷、随车调查和实验记录的内容包括下坡过程中挡位的使用情况、采取制动情况等方面的问题。在实际调查中发现，下坡过程中，尤其是载重货车的驾驶人，往往抱有侥幸心理，考虑近期利益，总想多拉快跑而忽视行车安全。虽然在下坡过程中采用低挡位滑行会降低车速并提高行车的安全性，但由于高速低挡滑行会加剧发动机的磨损，因此，出于对车辆的最小磨损和最短运行时间的考虑，绝大部分货车驾驶人都尽可能地采用较大挡位。表9-5和表9-6是对驾驶人下坡采用的挡位的调查结果。

驾驶人下坡挡位表(平均纵坡4%)　　表9-5

速度(km/h)	30		40		50		60	
制动辅助设施	无	有	无	有	无	有	无	有
挡位	5	5	5	6	5	6	5	6

驾驶人下坡挡位表(平均纵坡4.8%)　　表9-6

速度(km/h)	30		40		50		60	
制动辅助设施	无	有	无	有	无	有	无	有
挡位	4	4	4	5	5	6	5	6

从调查情况来看，尽管多数驾驶人知道采用低挡位下坡会更安全，但是在实际驾驶过程中驾驶人对于成本和效率(速度)的需求更加强烈，因此多数驾驶人仍然会采用高挡位下坡。其结果是车辆的发动机对下坡车辆的拖曳作用被大幅度削弱，平衡高差势能主要依赖于车辆的

制动系统,加剧了车辆制动性能衰减的速度。导致这一现象的原因一方面是驾驶人接受的教育和培训不足,对下坡坡长对安全影响的重要性估计不足;另一方面是社会和经济环境对货运车驾驶人造成的运输成本压力。

3. 连续长纵坡路段驾驶人的制动行为

制动系统的性能热衰退是导致连续长纵坡路段交通事故的直接原因,显然驾驶人的制动行为与车辆制动系统温度变化之间有着密切的关系。

研究表明,驾驶人在连续纵坡路段对于制动的使用与其对行驶速度的预期息息相关。图9-25为一辆四轴的满载重型货车在长纵坡路段行驶的速度变化图。在下坡过程中,该四轴满载货车在整个下坡过程中的最高车速为42.8km/h,最低车速为12.0km/h,平均车速为33.3km/h。在下坡过程中,驾驶人的制动行为比较频繁,共有约20次的明显制动,平均制动频次约为2.8次/km。每次制动的持续距离多数都在100m以上,相应的制动持续时间也多半在10s以上,属典型的持续制动方式。

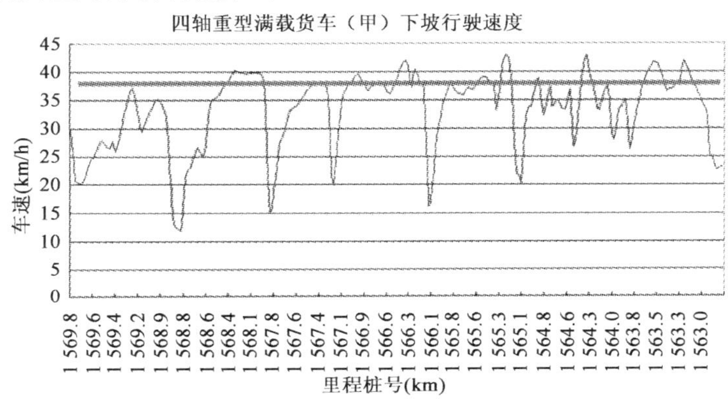

图9-25 满载重型货车下坡行驶速度图(1)

图9-26为另外一辆四轴满载重型货车在同一下坡路段的行驶速度图。该满载重型货车在下坡过程中的最高车速为38.5km/h,最低车速为13.9km/h,平均车速为28.3km/h。且在下坡过程中,该车的制动也较为频繁,共有约16次的明显制动,平均制动频次约为3.6次/km。每次制动的持续距离多数在50m左右,相应的制动持续时间约为5s左右,属于点制动与持续制动结合的方式。

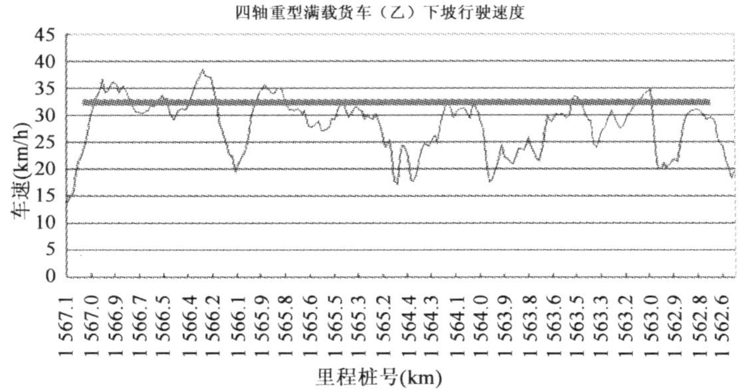

图9-26 满载重型货车下坡行驶速度图(2)

从上面两幅图可以看出，虽然不同驾驶人的速度选择不同，但是驾驶人的下坡行驶和制动策略却是一致的，即当车辆的运行速度高于其心理预期的安全速度时即开始实施持续制动，让车辆的速度出现较大的下降，然后让车辆在重力作用下持续加速，直至车辆速度超过心理预期后再次制动，周而复始直至连续纵坡路段结束。在这一过程中，驾驶人对于安全速度的心理感受和预期并没有随着坡长的增加而出现明显的下降。

为了对驾驶人的制动行为与制动系统性能之间的关系有明确的了解，利用在制动摩擦片上安装热电偶的方法进行了实验研究。实验中使用的车辆是CA4250P66K2T1A1E型解放牌6X4平头柴油半挂牵引汽车（图9-27），其理由是半挂车目前已经是我国货物运输的主要车型，具有更好的代表性。

为了保证实验过程的安全性，未加载额外配重。通过实际称重，实验车辆的总质量为17.7t。实验过程中为实时记录数据采集过程，还进行了全程摄像，并且记录沿线桩号、时间、驾驶人挡位等信息。实验路段见图9-28。

图9-27　实验中使用的车辆

图9-28　实验路段

实验之前在汽修厂对实验车辆进行制动平衡校准，校准后的制动力基本达到平衡状态。在实验车辆的制动摩擦片上安装热电偶探头（图9-29），用于检测制动毂的温度，以获取驾驶人对制动使用频率和幅度的数据。

图9-29　在制动摩擦片上安装热电偶探头

鉴于多数驾驶人在连续纵坡上采用高速挡位下坡的事实，实验过程中主要采用了 6 挡控制、30km/h 下坡以及 5 挡控制、20km/h 下坡两种实验条件。实验过程中采用的速度较低主要是出于保证实验安全性的考虑(因为在制动摩擦片上安装了设备)。

图 9-30 为实验车采用 6 挡下坡，速度控制在 30km/h 以下时，制动器温度随长下坡里程增大的变化图。从图中可以发现，制动器温度在长坡上呈现破浪式增长，在 14km 长坡段结束后制动毂温度从 64℃升高至 110℃，但是在使用制动器时，峰值能够达到 180℃以上。

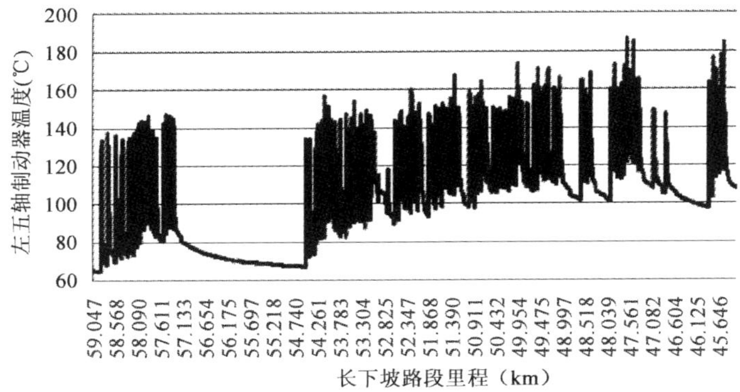

图 9-30　6 挡控制，30km/h 条件下制动器温度随长下坡里程变化图

图 9-31 是图 9-30 的局部放大图，能够更加明确地显示驾驶人的制动方式，即当实际行驶速度接近或超过心理预期速度时，驾驶人采用点制动或连续点制动的方式降低车辆行驶的速度。根据热电偶探头采集到的制动摩擦片温度，在采用 6 挡下坡，将速度控制在 30km/h 之下时，驾驶人每次采用点制动时，制动摩擦片表面温度变化幅度约为 60℃。当制动行为消失时，制动摩擦片表面温度随即开始下降，直至下一次制动出现。

图 9-32 和图 9-33 为实验车采用 5 挡下坡，速度控制在 20km/h 以下时，制动器温度随长下坡里程增大的变化图和驾驶人制动的方式。可以发现，尽管车辆的挡位和速度有所不同，但是驾驶人的操作行为方式没有发生改变，其行为规律与 6 挡、30km/h 是一致的。但是在完成长下坡路段实验之后，制动摩擦片温度只增加了不到 20℃，在点制动过程中峰值也不超过 140℃。而且每次制动所导致的制动摩擦片表面温度变化幅度约为 40℃，较 6 挡、30km/h 条件下下降了 20℃左右。

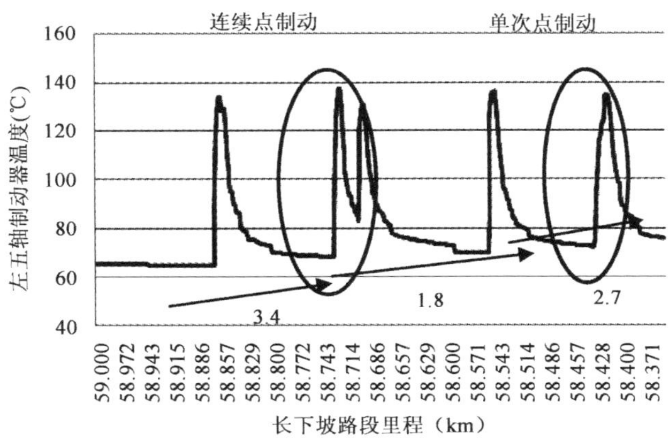

图 9-31　6 挡控制，30km/h 条件下制动器温度随制动方式变化图

综上所述，连续纵坡路段上驾驶人主要采用间断制动的方式，具体的行为模式是在车辆速度低于心理感觉安全的期望速度之前不制动，任凭车辆在重力作用下自然加速，待车辆速度接近或超过期望速度之后，采用点制动或连续点制动的方式使车辆速度产生很大的下降，然后再重复前述的操作，直至下坡路段结束。同时也能证明较低的挡位和较低的速度能够有效地延缓制动摩擦片温度的上升，降低在长纵坡路段上发生交通事故的风险。

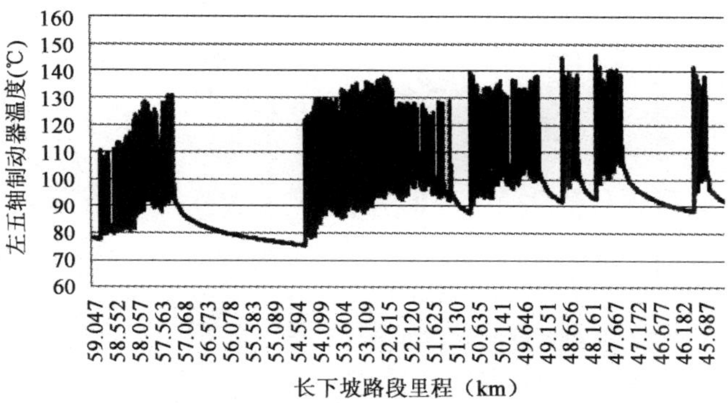

图 9-32 5 挡控制，20km/h 条件下制动器温度随长下坡里程变化图

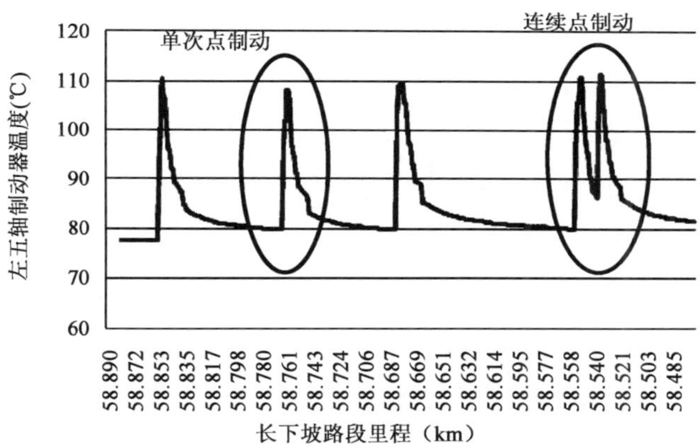

图 9-33 5 挡控制，20km/h 条件下制动器温度随制动方式变化图

第十章　驾驶人的心理预期与安全

第一节　驾驶期望的定义与作用

驾驶期望的定义是美国首先提出的，中文"驾驶期望"来源于英语词汇"DRIVER EXPECTANCY"的翻译引用。

驾驶期望的内涵是指驾驶人在驾车过程中的一种内在心理过程，在心理学范畴内指驾驶人根据心理准备去反应，即通过心理预测试图把握自己前方的情况，因此"DRIVER EXPECTANCY"也可以翻译或者定义为驾驶预测或者驾驶心理预期。它是驾驶人长期在某些交通现象作出反应后所形成的一种心理倾向，即驾驶人试图通过自己的驾驶经验去预测前方的交通环境，并提前做出驾驶行为操作的准备。一般而言，对于驾驶经验较为丰富的驾驶人，其期望值更符合实际情况。

驾驶人对道路的期望主要表现在对道路的交通环境和其他车辆运动状况的预期，同时受到交通信息的显示、路权的拥有等因素的影响。当交通环境导致驾驶人的期望出现较大的偏差，且未及时获取有关修正信息时，会造成驾驶行为错误和反应时间长，增加驾驶人的心理负担，甚至会酿成交通事故。

驾驶人的期望来源于驾驶人过往的驾驶经验，驾驶人的经验越丰富，出行距离越长，对道路的期望值越准确。此外，研究表明，在一次特定的出行过程中，驾驶人对于初次行走的道路形成的期望值通常会比较高，即驾驶人倾向于认为该路段的线形指标较高，设施比较齐全，或者说在不了解当前道路实际情况时，驾驶人会认为道路的安全水平较高，可以用较高的速度行驶，这种现象反映了人内心对于较高服务水平的追求。

图 10-1 描述了驾驶期望在驾驶人信息处理过程中形成的过程和作用。驾驶人的驾驶过程也是其心理活动的过程，驾驶人通过眼、耳等感觉器官感知车辆、行人等当前道路环境，并通过注意行为摄取有用信息传入中枢神经系统进行分析加工，完成知觉、思维、想象、判断和决策，最终通过手脚等反应器官完成操作。而驾驶人的经验、个性、能力、气质等个性心理特征也会对这一过程产生影响。驾驶期望实际上是驾驶人的一种提前预判，是驾驶人根据过往的驾驶经验，在对当前道路环境感知、思维的基础上产生的。而当驾驶人行驶在之后的一段道路上时，会将道路环境的感知和思维结果与之前的驾驶期望进行对比，如相符，则证明驾驶人之前的期望是正确的，其驾驶行为完成效果也会较好；如不符，则需要驾驶人进行自我协调，进入一种应激的状态，此时驾驶人以往的经验和心理素质会起到更大的作用，协调较好则驾驶人能顺利完成驾驶操作进入下一路段，否则易出现错误操作，引发事故。由于驾驶过程中驾驶人的心理活动是不断进行的，驾驶人的期望也是不断产生、改变的，它伴随着驾驶的整个过程。

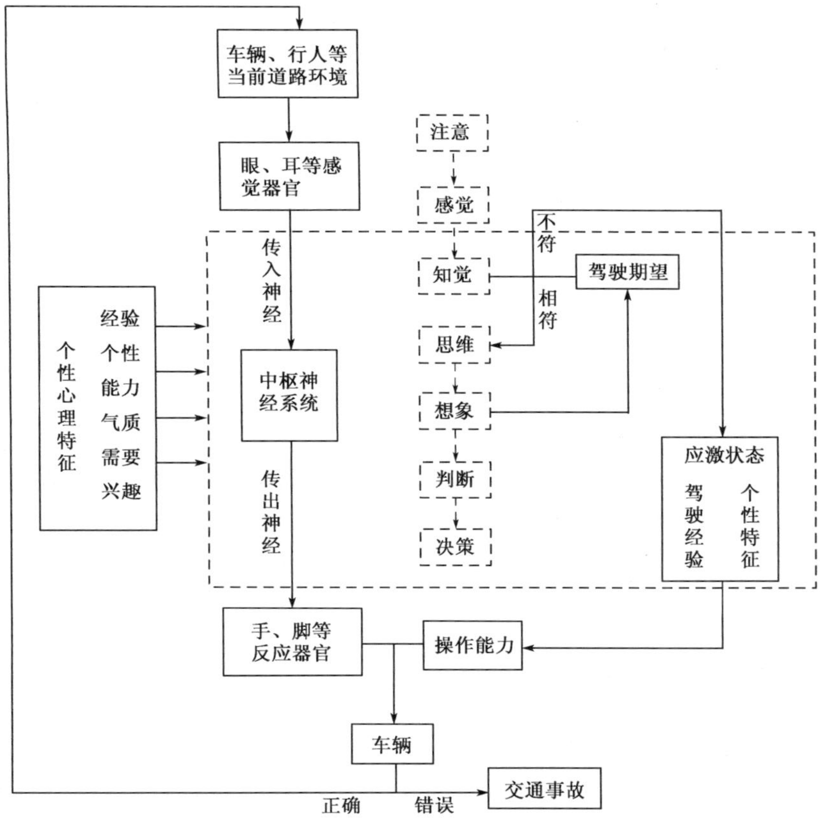

图 10-1　驾驶期望在驾驶人信息处理过程中的作用

一、驾驶期望的提出与演变

1978 年，美国《Transportation Research Record》第 681 卷中的“HIGHWAY DESIGN CONSISTENCY AND SYSTEMATIC DESIGN RELATED TO HIGHWAY SAFETY”论文中，首次提出了驾驶人的预期与公路设计的一致性问题。但是在该报告中，驾驶人期望是一个笼统的表述，更多是作为一种道路设计的新理念来对待。

最先完整地提出驾驶期望概念的是美国联邦公路管理局在 1986 年发布的 FHWA-TO-86-1 研究报告“DRIVER EXPECTANCY IN HIGHWAY DESIGN AND TRAFFIC OPERATIONS”。该报告重点探讨了期望是如何形成和发挥作用的，并且提出了技术人员如何利用期望为工具，将公路建设得更符合驾驶人的需求。在该报告中驾驶期望被定义为：“Expectancy relates to a driver′s readiness to respond to situations, events, and information in predictable and successful ways. It influences the speed and accuracy of driver information processing and is one of the most important considerations in the design and operation of highways and the presentation of information”，即期望是驾驶人对外界环境、事件和信息以成功预测的方式作出的反应。并指出，期望对驾驶人处理信息的准确程度和速度有重要的影响，也是公路设计

和管理中要考虑的一个重要因素。这一定义源于心理学对于期望的相关研究,但是该定义并没有针对驾驶人的工作特性进行考虑,也没有对驾驶期望在驾驶人操作过程中的作用进行描述。

从那以后,美国和欧洲的一些国家从符合驾驶人期望的角度出发,针对道路设计的安全性、舒适性,开展了公路设计一致性和运行速度连续性设计研究,特别是 20 世纪 90 年代提出的“自解释道路”(SER,Self-explaining Roads)等一系列研究与实践。这些研究均在不同程度上体现了道路设计符合驾驶人期望的理念,但是在这些研究中没有对驾驶期望的定义进行进一步的更新,也没有将这一定义量化、模型化,也没有研究基于驾驶期望概念的应用技术,这也导致驾驶期望目前仍然停留在理念阶段,距离能够真正为公路设计和管理服务还存在较大的差距。

目前,美国 TRB 和 FHWA 为完善 IHSDM(公路交互设计模型),开展了 DVM(Driver Vehicle Module)模型研究。DVM 研究主要是建立特定交通环境下驾驶人和车辆的关系模型,并用来评价和指导公路的设计。美国在 DVM 的研究过程中,虽然没有明确地引用驾驶期望的概念,但是 DVM 是以驾驶人对于路径和速度的选择为基础的,而这两点正是驾驶期望可量化的表征形式。DVM 研究是目前最接近驾驶期望概念核心的有关研究。

二、驾驶期望的定义

综合国内外有关研究的成果,驾驶期望是指:驾驶人根据获取的当前交通环境信息,利用以往驾驶过程中获取的经验,经过思维加工所形成的对前方交通环境的心理预测,是驾驶人对于外部交通环境的一种主观预期,是驾驶决策和操作的内在动因。

驾驶人对于道路的整体环境有自己的认识和经验,行车过程中驾驶人对车辆和道路环境的感知则促使驾驶人对前方道路环境形成特定的预期,这种预期指导驾驶人后续的驾驶决策和驾驶行为,这些认识、经验和预期构成了驾驶人行车过程中的期望。

图 10-2 前三种线形同样是凸形竖曲线坡顶的线形,其中 a)图平面线形是左转,b)图是直线线形,c)图是平面右转。由于凸曲线遮挡了视线,驾驶人通过视觉无法正确预测线形走向,但是大部分驾驶人,尤其是新驾驶人倾向于认为线形是继续直行。d)和 e)两种线形是平曲线延伸到竖曲线的顶部,d)图是一处反弯曲线,e)图是右转曲线,竖曲线遮挡了驾驶人的视线,在这种情况下大部分驾驶人会认为路线是按 e)图线形发展。驾驶人的这种认知倾向实际上就是驾驶期望作用的结果,而且驾驶人会按照这种倾向去做好操作的准备。在图 10-2a)、c)、d)所示的线形上,经验不丰富的驾驶人可能会被自己的错误期望或者预期所左右,导致反应不及时或者措施不当,因此路段发生事故的可能性相对较高。

如图 10-3 所示,路线在竖曲线之后的平曲线是左转的,但是驾驶人的期望往往是直线,也有部分驾驶人认为是右转,在这一路段就容易产生驾驶期望与实际交通环境不符合而导致的交通事故。

驾驶车辆需要驾驶人进行一系列操作行为,这些行为可以归纳为对速度的操作和对方向的操作。与此对应,驾驶期望包括驾驶人对行驶速度的预期和前方车辆行驶轨迹的预期。

需要特别加以区别的是,驾驶人对于非常熟悉的道路情况(如上下班必经之路),基本不存在预测和预判的问题,在心理学中属于记忆的范畴,不能用驾驶期望进行解释和描述。

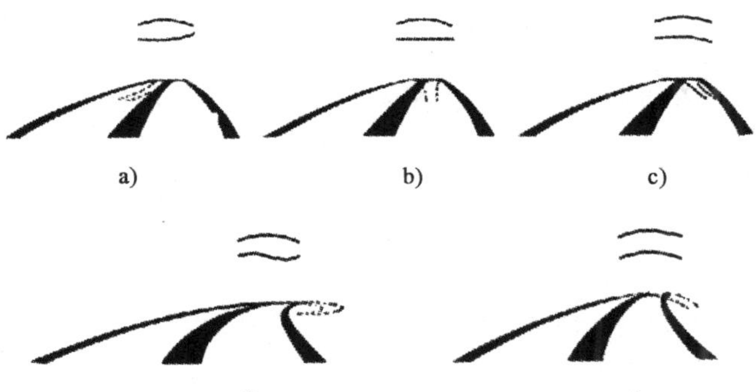
图 10-2　不利于驾驶人形成正确期望的线形

a)左转弯；b)直线；c)右转弯；d)反弯曲线；e)右转弯

图 10-3　驾驶期望与交通环境不相符路段案例

三、驾驶期望的形成机理

人倾向于用已经发生的事件中存在的规律去看待未知的事物，这样一个过程存在着预测性，而且并不总是正确的，这是人的一种最基本的心理活动。下面一个心理学测试的案例能够对期望的形成给出一个定性的描述。

在这个案例中，要求被试根据一组数字的前面三个数字推测第四个数字，进行测试的数字总共有三组，如表 10-1 所示。

预测形成的心理学案例　　表 10-1

组 别 序 号	第一个数字	第二个数字	第三个数字	第四个数字
一	3	6	9	?
二	3	9	27	?
三	3	14	159	?

对于大多数人而言，第一组和第二组数字都很容易完成，因为第一组数字是自然数(从 1 开始)对“3”的乘数，第二组数字是“3”以自然数序列(从 1 开始)为幂的乘方。但是在同时给出这三组数的情况下，5 000 名被试中只有三个人正确完成了第三组数字。这是因为第一组和第二组数导致被试产生了思维惯性，认为第三组数也是以“3”为基础采用某种运算法则后形成的，但是实际上第三组数字只是将圆周率(3. 1415926……)进行了简单的分割。

这个心理学案例揭示了人对于外界环境的认识模式，即人们倾向于用已经确认为正确的方式或规则去理解未知的事情。驾驶人在驾驶过程中不断获取失败和成功的经验，并形成一定的分析和预测思维模式，驾驶期望就是驾驶人在驾驶过程中按这种思维模式形成的动态的思维成果。

驾驶期望作为一种用已知交通行驶规律去分析未知交通环境的思维活动的结果，其准确性和合理性依赖于已知交通行驶规律的适用性，以及已知规律的完备性，而这种完备性和适用性是在驾驶人不断的驾驶学习过程中逐渐建立起来的，这从另外一个角度解释了为什么新驾驶人发生交通事故的概率更高。因为驾驶期望是驾驶人在长期的驾驶过程中逐渐形成的，所以驾驶经验越丰富，期望的准确程度就越高。通俗一点讲，驾驶经验丰富的驾驶人一般能对道路状况有更好的判断，对行驶轨迹和速度的选择也更加合理，这是因为经验丰富驾驶人形成的期望更加符合交通环境的安全需求。

“学习”是人的一种基本属性和能力，美国著名的心理学家爱德华·桑代克(Edward L. Thorndike)认为：学习是个体在刺激情境中表现反应时所产生的刺激—反应联结。个体所学到的就是一连串刺激—反应联结的组成。每个刺激—反应联结，都是经由先是错误的反应多于正确的反应，而后逐渐变为正确的反应多于错误的反应，最后达到全部正确而无有错误反应的历程。经由此种历程的学习方式，就称为试误学习(trial-and-error learning)。显而易见，能够适用于大部分路况的正确驾驶期望的形成是一个典型的试误学习过程。

根据 PIARC 道路安全手册中“human factor”章节，道路使用者通常依据三种类型的经验通过学习过程产生期望。

(1)频繁发生的事件：频繁性的经验是指那些已经重复发生过多次，形成了一定的模式或者已经经过时间证明了的事情。道路使用者会通过这些频发的经验产生对前方道路的预期，并作出决策。例如，如果驾驶人过去曾多次从一条没有控制的支路左转进入一条同样没有控制的主路，并且差点被主路上一辆正常高速行驶的车辆碰到，那么他就会增加其可接受的最低差距。

(2)突发事故：一次事故可以影响驾驶人的期望，尽管这种经历只有一次。无论将来的环境与事故发生时是否相同，驾驶人都会依据从事故中得来的教训作出决策。这方面的一个例子是，一个驾驶人曾有一次被一辆闯红灯的车撞过，从那以后，每次这名驾驶人进入路口时，他都会事先确定一下交叉道路的车辆是否已减速或停在停车线前，即使当时信号灯是绿色。

(3)瞬时信息：道路使用者不仅依靠过去频发事件的经验和经历过事故的教训来作出决策，还要依据刚刚获得的道路信息，这些信息被称作瞬时信息。瞬时的或临时的信息并不基于先前的经验，除非这些经验刚发生过。瞬时信息受当地环境、当时其他驾驶人的行为、个人肌体状态以及心理状态的影响。驾驶人使用可能对预期有用的瞬时信息会增加理解和决策的困难程度。

四、驾驶期望的作用过程机制

驾驶人的驾驶操作是一个不断更新的动态过程，驾驶人不断地根据外部交通环境的变化来修正驾驶的行为。从观察者的角度来看，驾驶人不过是在进行转动转向盘、换挡、操作加速踏板和刹车踏板等动作，但是在这些操作的背后，隐藏了驾驶人内在的一系列复杂的信息加工过程。利用心理学的理论对驾驶行为进行分析，可以将驾驶行为看成驾驶人处理外界信息，并转化为自身行动的过程。

驾驶人通过感觉器官接受外界交通环境的刺激，一般而言，驾驶人主要通过视觉、听觉和触觉来接受外界交通环境和自身车辆行驶状态有关信息的刺激。根据相关研究，至少80%的信息是通过视觉获得的，因此视觉是最重要的外界信息来源。但是外界的交通环境是十分复杂的，在空间坐标系内的三个维度都会有大量的事物对驾驶人形成刺激，实际上大部分刺激对驾驶人决策是没有任何意义的无效刺激，或者说在外界交通环境中只有很少的一部分关键线索对驾驶人形成正确的驾驶决策有指导意义。

如图10-4所示，对于不同的交通环境，有效的线索也是不同的，在图a)中，道路的走向是对驾驶人决策唯一重要的线索；而在图b)中，由于前方交通流的影响，前方车辆引发驾驶人的

a)

b)

c)

图10-4　有效和无效的刺激信息

a)无交通流时，道路的走向是对驾驶人决策唯一重要的线索；b)交通流或标志成为比道路走向更重要的知觉线索；c)复杂的交通环境中，驾驶人需要在更多的知觉线索中进行选择

跟驰行为，此时前方车辆是比线形更为关键的线索，而交通标志作为重要的交通信息，也是重要的线索；图 c)中，公路线形有两个平曲线，即使远处的平曲线还有一定的距离，也同样是驾驶人必须掌握的线索，同时路侧的标志和前方可能成为行驶障碍的车辆也是必须关注的。可见，除了对驾驶人决策有效的外界信息(图 10-5 中的圆圈内部分)，大部分信息是对驾驶人没有指导作用的无效信息。对于接受的外界刺激信息，驾驶人通过知觉过程进行筛选(图 10-5)。人的知觉天然具有选择性，即总是将部分刺激作为知觉的对象，而把另一些刺激作为知觉的背景。驾驶人通过知觉过程，在思维中建立起一种经过精简的，只服务于驾驶行为和决策的交通环境映射。

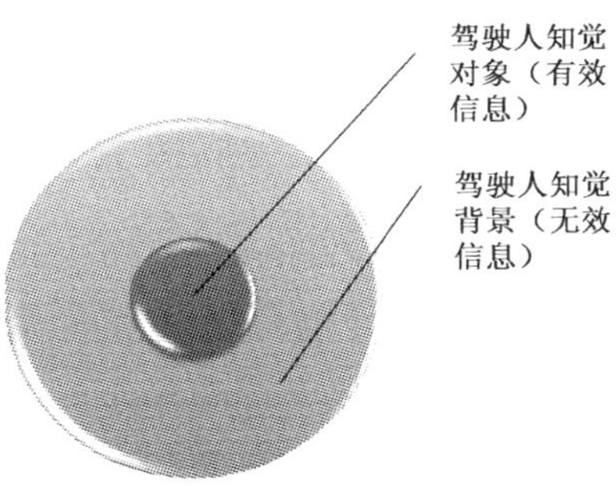

图 10-5　驾驶人的知觉选择

但是，驾驶人的知觉筛选过程并不总是准确的，有时候驾驶人会错误地将有效的信息作为知觉的背景，这将导致驾驶人不能正确地掌握外界交通环境的安全特征，从而作出错误的判断。知觉筛选是形成最终的驾驶期望的前提条件，也是驾驶期望形成过程的第一个重要过程，因此驾驶期望的一个重要特性就是：驾驶期望具有自主的选择性。

虽然知觉筛选是人本身具有的一种心理学属性，但是对于同样的外界环境，不同的人，如驾驶人和摄影师的知觉筛选结果会完全不同，即使是同一个人，在摄影和驾驶的时候知觉筛选的结果也不同，也就是说知觉筛选的结果和人的工作属性息息相关。因此，在驾驶过程中，驾驶人的知觉筛选是有其自身的规律性和特殊性的。驾驶人知觉筛选的过程是驾驶期望的一个重要组成部分。

可见，驾驶人的知觉筛选并不是先天形成的，而是驾驶人通过长时间的驾驶经历，通过不断的试误学习过程逐步形成的。因此对于新驾驶人而言，其驾驶知觉筛选存在着不合理的地方，相关文献研究也表明，新驾驶人通过视觉检索信息的方式不同于老驾驶人，新驾驶人筛选有效信息的速度和准确率都不如老驾驶人，这就导致驾驶人最终形成的期望与交通环境之间出现较大差异的概率增加，这是新驾驶人发生交通事故的概率较高的重要原因之一。

驾驶人通过知觉筛选过程从复杂的外界交通环境中提取出有效的信息之后，通过思维和决策过程转化为最终的期望。人具体的思维和决策过程牵涉到复杂的信息加工和决策，在目前的研究水平下仍然是一个未知的过程。但是对于驾驶人而言，思维的结果是很明确的，即指导下一步驾驶操作的路径预期和速度预期，也就是驾驶期望的最终结果。这一过程在人的信息加工过程模型中受到工作记忆和长时记忆的影响，这正体现了驾驶人利用已经形成的规律预测未知交通环境的预测特性。路径预期和速度预期会根据驾驶人的驾驶技能水平形成一系列具体的操作指令集(对加速踏板、挡位、转向盘等的操作)，这一系列指令集通过驾驶人的肢体动作转化为具体的驾驶操作之后，就能引导车辆按照驾驶人预期的轨迹和速度行驶。

如果驾驶人的期望值与交通环境能够很好地契合，则车辆的行驶不会出现重大的突变；反之，如果驾驶人的期望值与实际情况出现了较大偏差，则驾驶人必须进行快速的紧急处理，此时车辆的行驶一定会出现比较重大的突然变化。无论驾驶期望值是否与环境契合，这一过程都会作为一次试误学习，对驾驶期望起到丰富或巩固的作用。

驾驶人期望的形成受到多个因素的制约，其中最重要的因素是驾驶人的视觉，即驾驶人只能对可视范围内的交通环境作出反应，并形成特定的期望，因此了解驾驶人的感知觉特性是很重要的。

第二节　驾驶期望的量化模型

驾驶期望是描述驾驶人对前方交通环境理解和预期的概念，对应驾驶人主要的操作行为，可分为对速度的预期，称为期望速度；以及对行驶路径或轨迹的预期，称为期望轨迹。

通过理论分析和实验研究，期望速度与期望轨迹与公路几何线形和构造物之间有着鲜明的关联关系，目前研究已经揭示了山区公路几何线形与驾驶期望之间存在的关系模型，平原区公路和高速公路的驾驶期望关系模型仍在研究过程中。驾驶期望量化模型的建立为建立符合驾驶期望的公路环境提供了支撑。本节以山区双车道公路的驾驶期望研究成果为基础，介绍公路几何线形与驾驶期望之间的量化模型。

一、直线段驾驶人期望

限于人生理结构的限制，驾驶人只能对视觉范围内的公路线形进行识别和处理，因此本节中所指的直线或平曲线与纵坡是指驾驶人视觉范围内的线形单元。

1. 直线段驾驶期望速度

期望速度是驾驶期望的一部分，它是驾驶人根据自己的经验和心理诉求（安全性、舒适性和便捷性），依据交通环境条件形成的行驶速度选择。重要的是，期望速度是一种能够量化观测的结果，它能够帮助我们比较客观和准确地描述驾驶期望的一部分。

期望速度目前已经普遍应用于运行速度计算与交通安全评价过程中，从通俗意义上解释，期望速度就是驾驶人想用多快的速度驾驶车辆。目前一个比较为大家所公认的定义是：期望速度（又称为心理速度）是指在特定的道路条件下，车辆行驶过程中不受或基本不受其他车辆约束的条件下，驾驶人心目中希望达到的最高安全速度。期望速度是经过有关心理学研究证明的事实，因此这一定义不仅适用于直线段，而是适用于所有的公路路段。

从上述定义中能够发现，车辆和驾驶人是影响期望速度的两个因素。不同的汽车类型有着不同的性能状况，动力性和操控性更好的汽车可以以较高的速度行驶，而当汽车的性能状况得到提高后，驾驶人心目中的期望速度也会随之提高；驾驶人是决定期望速度的核心因素，不同驾驶人心目中的期望速度会不相同，甚至差异很大。

期望速度是驾驶人心目中的最高安全速度，而安全是一种驾驶人个人感受，是一个十分模糊的概念，每个驾驶人判断是否安全的标准都不同，因此研究中采用了操控性的概念，即当驾驶人确认自己能够完全操控车辆时即认为是安全的。这样期望速度的定义就可以重新定义为：期望速度是指在特定的道路条件下，车辆行驶过程中不受或基本不受其他车辆约束的条件下，驾驶人能够完全操作和控制车辆的最高速度。这与实际的驾驶行为是非常吻合的，因为很少有驾驶人会在控制车辆困难的情况下行驶，同时不同驾驶人操控车辆的能力存在很大差异，例如新驾驶人控制车辆的能力较低。

对于直线段，驾驶人对车辆的操控体现在将车辆控制在行车道范围内向前行驶。有些新驾驶人驾驶车辆会出现“耍龙”的现象，就是因为驾驶人操控车辆的能力不足，不能在较快的速度下将车辆保持在车道内。驾驶人保持车辆在车道中心的过程是不断对转向盘进行微操作的结果。当驾驶人发现车辆距离车道一侧的距离 δ 过近，或者车辆的方位角与行车道的方位存在差异时，就会调整转向盘，修正车辆的横向位置和方位角。在这一过程中，与速度构成关系的是时间，即速度越快，驾驶人发现车道偏离并进行调整的时间就越短。

根据心理学和车辆动力学的基本理论，可以推导出在驾驶过程中驾驶人能够对车道偏移进行识别并做出修正动作需要的时间，满足式(10-1)。

$$t=\frac{S-S_0-2\delta-\theta L_0}{\theta v} \tag{10-1}$$

式中：S——行车道宽度(m)；

S_0——车辆宽度(m)；

θ——车辆侧偏角(rad)；

δ——车辆距离行车道边缘的距离(m)；

L_0——车辆长度(m)。

可见，驾驶人在直线上保持车辆在车道内需要的时间与车辆的类型(长度)、道路的特性(行车道宽度)、驾驶人的能力与经验(发现车辆侧偏角和车道偏移的能力)等因素有关。

显而易见的是，驾驶人的反应时间是有限制的，如果完成操作所需的时间超出了驾驶人的能力，驾驶人就不可能有效地控制车辆，就有可能出现摇摆等情况。应用第二章论述的驾驶人在驾驶过程中的反应时间，能够得到驾驶人在直线上能够稳定操控车辆的速度，即驾驶人的期望速度。

大量观测表明，我国驾驶人对于车道的遵守比较差，在双车道公路的平直路段上倾向于靠近道路中线行驶，并且有较大的概率跨越中心线行驶，但是很少有车辆完全进入对向车道行驶，这会导致期望速度的增加，因此必须考虑车辆跨越中心线行驶的因素。考虑到这些因素，直线上期望速度计算公式修正为式(10-2)。

$$v_s=\frac{S-\frac{S_0}{2}-2\delta-\theta L_0}{\theta\tau_0}\times 3.6 \tag{10-2}$$

式中：v_s——直线路段驾驶人期望速度(km/h)；

τ_0——驾驶人的反应时间(s)。

其他参数含义同式(10-1)。

公式中同时包含了与车辆和驾驶人自身特性有关联的多个参数，其中与车辆有关的参数，即车辆尺寸参数采用交通运输部西部交通重大专项“公路运行速度体系、安全评价与工程应用技术研究”的研究成果(表 10-2)作为通用的车辆外廓尺寸数据。当然也可以使用特种车辆的实际尺寸进行计算。

车辆外廓尺寸参数选择 表 10-2

车 辆 类 型	总长(m)	总宽(m)	总高(m)	轴距(m)
小客车	6	1.8	2.0	3.8
载货汽车	12	2.5	4.0	6.5
鞍式列车	16	2.5	4.0	4+8.8

公式中与驾驶人相关的参数与驾驶人自身的驾驶技术能力、经验、安全意识和性格息息相关，同时山区公路的特性也制约了驾驶人的期望速度。根据大量的实验研究，在山区双车道公路上，四种标准横断面期望速度实验的统计分析结果汇总于表 10-3。不同宽度公路横断面速度分布见图 10-6。

四种标准横断面实验的统计分析结果汇总表　　表 10-3

横断面宽度(m)	均值(km/h)	众数(km/h)	中值(km/h)	85 位车速(km/h)
12	100.97	101	101.09	112.61
10	99.99	101	101.14	103.78
7.5	90.32	101	91.28	101.16
6.5	82.62	74	79.7	91.92

可以发现，不同路基横断面的车辆速度分布不同，车道越宽，期望速度越高，其中 10m 和 7.5m两种横断面的差异不显著，而 12m 和 6.5m 两种横断面的期望速度变化较为显著。

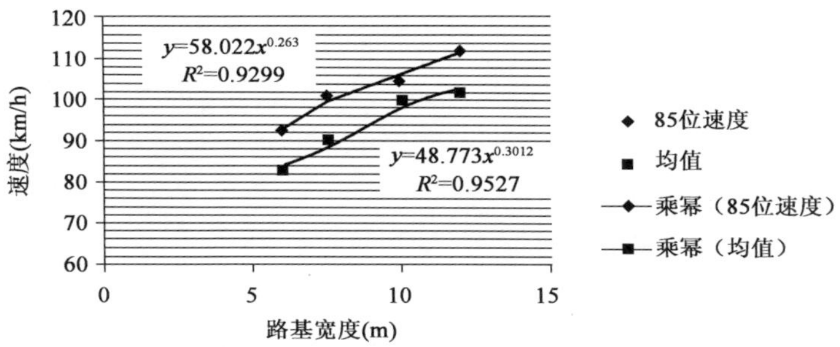

图 10-6　不同宽度公路横断面速度分布

利用实验获取的直线段期望速度结论，对式(10-2)进行参数标定，就能获得符合我国驾驶人特征的驾驶期望计算公式。标定过程中，根据心理学的有关研究，驾驶人调整车辆行驶方向需要的时间取值为 2.5s；对于普通驾驶人，能够发现的车辆方向偏角一般为 0.03rad(职业驾驶人能够达到 0.02rad 以下)；δ 取行车道边缘线标线宽度，根据国家标准的要求，12m 横断面标线宽度为 15cm，10m 横断面标线宽度为 10cm，10m 以下横断面不设置车道边缘线，取值为零。

按照标定后的公式计算不同车道宽度公路直线上的期望速度，计算结果与实验结论之间的差异小于 3%，完全能够满足模型计算精度的要求，见表 10-4。

不同车辆和车道宽度期望速度(单位：km/h)　　表 10-4

车道宽度(m)	3.75	3.5	3.25	3
小客车	114	107	104	92
载货汽车	79	72	70	60
鞍式列车	74	67	63	54

2. 直线段驾驶期望轨迹

直线是最简单的公路线形，很多研究和专题实验都证明，在直线上驾驶人的期望轨迹是直线，而且轨迹的横断面位于行车道的中心线上，也有很少一部分驾驶人的期望轨迹与中心车道分界线重合，但是这一行为对模型的精度基本没有影响。

3. 直线段驾驶人期望综述

在山区双车道公路上，当驾驶人可识别的动态视野范围内只有直线段的时候，驾驶人形成的期望包括以下内容。

驾驶人在驾驶过程中会用已知的经验去理解和预测前方的交通环境，在视觉内只有直线的情况下，驾驶人会认为前方的交通环境是直线。如果由于视距不足等因素，驾驶人不能及时发现、识别和判断直线末端的曲线，道路环境与驾驶人心理预期之间就会出现偏差，如图 10-7 所示。这种偏差的后果是驾驶人需要快速反应以适应这种偏差，在这一过程中有可能出现安全问题。

图 10-7　直线段驾驶人的期望与偏差

驾驶人期望沿行车道中心线向前行驶，直至驾驶人能够识别出前方的曲线单元为止。

驾驶人期望的行驶速度与道路横断面宽度有关，当驾驶人驾驶的车辆为小轿车和中型载货汽车时，期望速度按照表 10-4 选择；如果是其他车型，按式(10-2)计算。当驾驶人发现前方存在非直线单元，如平曲线时，虽然车辆仍然行驶在直线段上，但是驾驶人的期望速度会根据非直线单元的性质进行调整。

在直线段上行驶的时候，驾驶人的注视点位于风窗玻璃前方 40m 左右的位置，位于该位置附近的交通信息最容易被驾驶人发现和理解。

当前方视野内仅有一辆车时，如果前车的速度低于当前车辆的速度，则驾驶人均期望能够实施超车行为。

二、平曲线路段驾驶人期望

平曲线是山区公路上最常见的公路几何线形，也是交通事故发生最多的路段，因此平曲线是对于交通安全更加重要的路段。在驾驶过程中，驾驶人期望其实是一种预先判别，即在平曲线之前的路段上，只要驾驶人能够识别并理解前方的平曲线，对于该平曲线的期望就已经生成并发生作用，即驾驶人会根据对前方平曲线的期望调整当前位置的驾驶行为，因此在应用中必须注意驾驶期望这种先导效应。

1. 圆曲线路段驾驶期望轨迹

期望轨迹是驾驶人对于前方行驶轨迹的预判，也就是驾驶人对于下一时刻车辆所处位置的一种预期，不同的驾驶人对前方的期望轨迹不尽相同(图 10-8)，但是一定在公路的路面范围之内。

在驾驶车辆过程中，驾驶人并不能正确地识别平曲线的起点和终点，因此驾驶人对平曲线单元的判断也是不准确的。

图 10-8　同一曲线上不同驾驶人的期望轨迹不同

通过实验观测，我国驾驶人在曲线处的轨迹选择主要包括下列四种模式（图 10-9）。

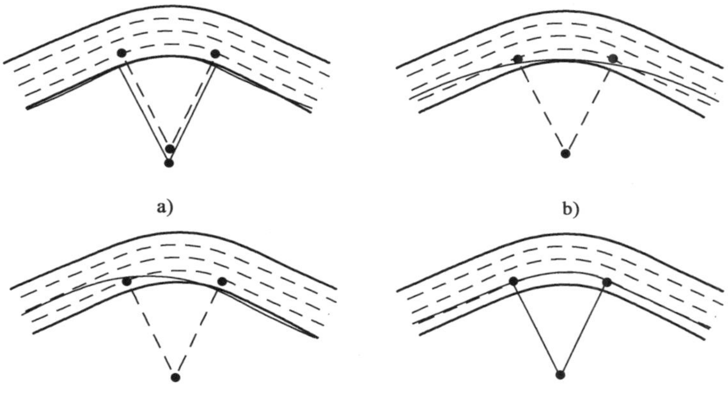

图 10-9　平曲线处期望轨迹的四种主要形式

a)沿车道中线外侧行驶；b)起点提前，终点滞后，曲率变小；

c)驶入时沿中线内侧，驶出时沿车道中线外侧；d)沿车道中线行驶

很多研究成果均指出，在大部分情况下，驾驶人倾向于更早地进入平曲线，以及更晚地离开平曲线，即图 10-9b)的轨迹类型。从几何学角度上看，驾驶人的实际行驶轨迹相当于将平曲线"拉平"了。在这一过程中，驾驶人获取了更长的曲线长度和更大的曲线半径，这是一种偏向于安全的自然的驾驶行为选择。

根据驾驶人的驾驶行为习惯和车辆运行的运动学规律，图 10-10 所示的驾驶期望轨迹具有以下特征：

(1)驾驶人倾向于提前进入曲线，即轨迹的曲线起点提前。

(2)驾驶人倾向于滞后离开曲线，即轨迹的终点位于直线段。

(3)期望轨迹的曲率相对于道路几何线形变小。

(4)在轨迹的上驾驶人的转向盘转角倾向于保

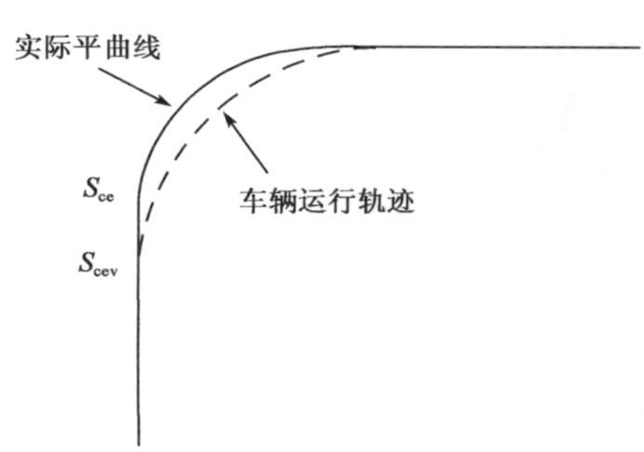

图 10-10　同一曲线上不同驾驶人的期望轨迹不同

持定值。

(5)驾驶人有可能占用硬路肩或对向车道行驶以获取更大的半径。

同时在车辆运动过程中,车辆的运行轨迹是连续的,驾驶人的期望轨迹也是连续的,在平曲线期望轨迹的起点处曲率为无穷大且连续,因此能够利用几何学原理推导出驾驶人期望轨迹的计算公式。期望轨迹计算示意图见图 10-11。

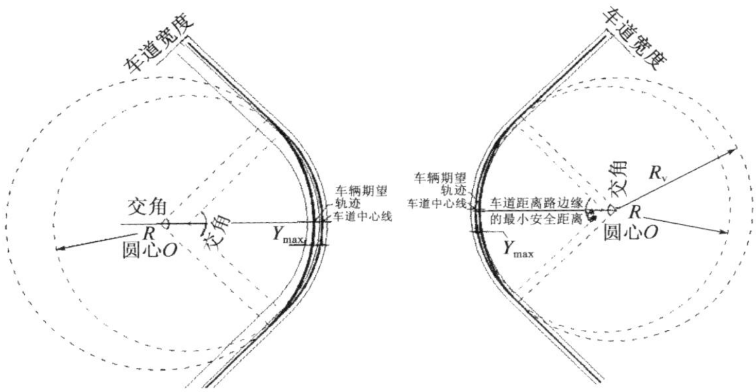

图 10-11　期望轨迹计算示意图

$$R_v = R + Y_{max} \times \frac{\cos\frac{\theta}{2}}{1-\cos\frac{\theta}{2}} \tag{10-3}$$

式中:R_v——曲线上期望轨迹半径;

R——平曲线处公路的车道中心线半径,曲线右转时 $R=R_r-\frac{S}{2}$,曲线左转时,$R=R_r+\frac{S}{2}$,R_r 为平曲线设计半径(中心线半径),S 为行车道宽度;

θ——平曲线设计转角;

Y_{max}——期望轨迹能偏移的最大距离,右转时,$Y_{max}=\frac{S}{2}+B_s-\frac{b}{2}-C$,左转时,$Y_{max}=\frac{S}{2}+B_a-\frac{b}{2}$,$S$ 为行车道宽度,B_s 为硬路肩宽度,b 为车辆的宽度,C 为安全间距;B_a 为左转弯时占用对向车道的距离。

式(10-3)中,期望轨迹偏移的最大距离 Y_{max} 是一个关键性指标,计算过程中考虑了车辆左转弯时驾驶人期望轨迹占用部分对向车道,右转时占用硬路肩的行为。

期望轨迹除了半径增加外,期望轨迹的起点提前,终点滞后,期望轨迹的起终点按式(10-4)计算。

$$S_{cesv}=S_{ces}-S_{dt} \tag{10-4}$$
$$S_{ceev}=S_{cee}+S_{dt}$$

式中:S_{cesv}——期望轨迹起点桩号;

S_{ces}——公路平曲线设计起点桩号;

S_{ceev}——期望轨迹终点桩号;

S_{cee}——公路平曲线设计终点桩号；

S_{dt}——期望轨迹起止点的偏移值，$S_{dt}=Y_{max}\times\dfrac{\sin\frac{\theta}{2}}{1-\cos\frac{\theta}{2}}$，$Y_{max}$为期望轨迹能偏移的最大距离，$\theta$为平曲线设计转角。

为了直观地判断设计参数与期望轨迹之间的关系，利用式(10-3)和式(10-4)对部分平曲线线形进行试算，结果见表10-5。

不同半径、交角期望轨迹计算示例 表10-5

驾驶人行为特性	设计半径(m)	交角(°)	期望轨迹半径(m)	起终点偏移(m)
不许占用对向车道	1 500	50	1 507	3
	500	40	511	4
	300	30	320	5
	200	20	245	8
	50	30	70	5
允许占用对向车道一部分	1 500	50	1 517	8
	500	40	527	10
	300	30	350	13
	200	20	314	20
	50	30	100	13

通过对公式的分析和应用发现，交角对期望轨迹的影响很大，特别是小偏角平曲线上，驾驶人期望轨迹曲率半径与实际的平曲线差别很大。图10-12是平曲线偏角与期望轨迹半径相对实际曲线半径增量的关系。可以看到当偏角较大时，驾驶人对平曲线曲率的理解不会出现较大的偏差；当偏角小于20°时，驾驶人对平曲线曲率的理解开始出现较大的偏差。这与实际情况下驾驶人的认知规律和车辆运行特性是一致的。很多驾驶人行为研究均指出，当公路几何线形交角偏小时，驾驶人对线形的判断容易出现错觉，而且偏向于将曲线半径判断得比实际值更大。

驾驶人对曲线曲率的认知比实际的曲线半径更大，容易导致驾驶人在曲线上超速而形成事故，因此从驾驶人正确理解公路平曲线的角度出发，平曲线的偏角不宜大于20°。

此外，驾驶人的驾驶行为(是否占用对向车道或硬路肩空间)对期望轨迹也有重要影响，不遵守行车道标线的驾驶人能够获得更大的半径和曲线长，这能够使驾驶人获得更高的行驶速度，而这正是在山区双车道公路上最常见的驾驶行为，如图10-13所示。因此当公式应用于安全评价或安全分析时，推荐使用驾驶人占用对向车道的情况进行计算。

2. 圆曲线路段驾驶期望速度

速度是与交通安全关联最密切的指标，驾驶人对于速度的判断既依赖于公路的几何线形，又不完全被线形条件所束缚。一个基本的客观事实是：驾驶人在驾驶车辆的过程中并不能清楚地知道每一条平曲线的曲率，这是因为人的视觉系统并不具备这样的精度。因此驾驶人在长时间的驾驶过程中，对于特定公路线形上能够采用的速度的判断来源于以前在类似公路上获得的驾驶经验。心理学研究表明，在平曲线上，驾驶人对于安全速度(速度上限值)的感受来源于身体的触觉和人体平衡系统，对应的动力学参数是车辆的横向加速度。

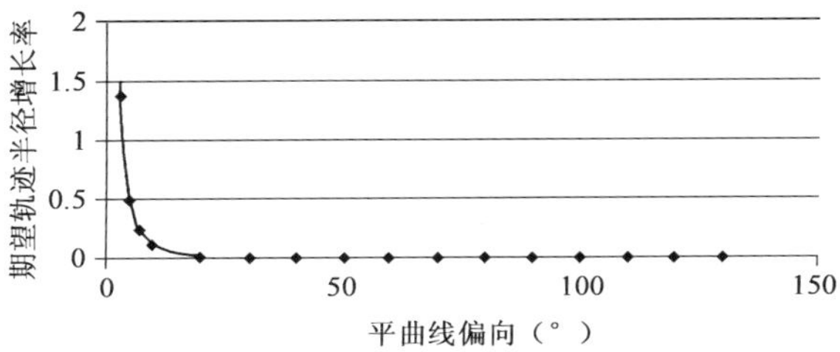

图 10-12　交角与期望轨迹半径增长率的关系

图 10-13　驾驶人在平曲线处占用对向车道的驾驶行为

圆曲线上驾驶人的期望速度与驾驶人感受到的横向加速度成正比，这一关系可以用式(10-5)进行描述，并且通过大量的研究验证此公式具备足够的精度和代表性。

$$v_c = KR^{\frac{1}{4}} \times 3.6$$

$$A_c = \frac{K^2}{R^{\frac{1}{2}}} \tag{10-5}$$

式中：v_c——曲线上期望速度；

A_c——曲线上期望速度对应的横向加速度；

R——期望轨迹的半径；

K——期望速度系数，K 与公路宽度、车辆属性和驾驶人特性有关系，$K=\dfrac{S-\dfrac{S_0}{2}-\theta\times L_0}{\theta\times\tau\times 5.3183}$。

可见，期望速度除了与期望轨迹半径有关外，与车辆的类型、公路横断面和驾驶人的反应特性均有直接关系，这也说明期望速度本身具备多属性的特征。

利用式(10-5)能够获得不同横断面尺寸条件下，不同曲线半径的驾驶人期望速度的结果，小型车的期望速度见表 10-6，其他车型的期望速度可按公式进行计算。

小型车在圆曲线上的期望速度　　表 10-6

曲线半径(m)	期望速度(km/h)	横向力系数	备　注
12m 横断面，设计速度 80km/h			
800	114	0.13g	
700	110	0.14g	
600	106	0.15g	
500	101	0.16g	
400	96	0.18g	一般最小值
300	89	0.21g	
250	85	0.23g	极限值
10m 横断面，设计速度 60km/h			
800	107	0.11g	

续上表

曲线半径(m)	期望速度(km/h)	横向力系数	备　注
700	103	0.12g	
600	99	0.13g	
500	95	0.14g	
400	90	0.16g	
300	83	0.18g	
200	75	0.22g	一般最小值
125	67	0.28g	极限值
7.5m横断面，设计速度30km/h			
800	104g	0.11g	
700	101	0.11g	
600	97	0.12g	
500	93	0.14g	
400	88	0.15g	
300	82	0.17g	
200	74	0.21g	
125	65	0.27g	
100	62	0.30g	
65	50	0.30g	一般最小值
50	44	0.30g	
30	34	0.30g	极限值
6.5m横断面，设计速度20km/h			
800	92	0.08g	
700	89	0.09g	
600	86	0.10g	
500	82	0.11g	
400	77	0.12g	
300	72	0.14g	
200	65	0.17g	
125	58	0.21g	
100	55	0.24g	
50	44	0.30g	
30	34	0.30g	一般最小值
20	28	0.30g	
15	24	0.30g	极限值

注：g为重力加速度。

可以看到，驾驶人的期望速度均高于设计速度，当曲线半径较大时，这种差异格外明显。驾驶人心理中对于速度的这种期望正是车辆的实际运行速度在大多数情况下高于设计速度的内在动因。

同时应该意识到，期望速度并不是实际的运行速度，期望速度是驾驶人进行加减速操作的基础，在山区公路线形变化剧烈的情况下，驾驶人的实际行驶速度一般是低于期望速度的。

3. 缓和曲线路段驾驶期望

缓和曲线对绝大多数驾驶人是一个陌生的概念，驾驶人不清楚缓和曲线的性质和设置的必要性，在对非专业驾驶人的问询中发现，大多数驾驶人没有意识到有缓和曲线存在，除了专业的人员，几乎所有的驾驶人都无法在驾驶过程中区分缓和曲线和平曲线。

驾驶人在驾驶过程中通常会将缓和曲线视为圆曲线的一部分，缓和曲线端部曲率较小的部分会被驾驶人识别为直线，缓和曲线上驾驶人的期望轨迹和期望速度计算模型按以下公式计算。

缓和曲线期望轨迹长度按式(10-6)计算。

$$L_{sv}=L_s-S_{dt}-\frac{A^2}{\rho_0} \tag{10-6}$$

式中：A——缓和曲线参数设计值；

ρ_0——驾驶人等同于直线的曲线半径值；

S_{dt}——连接缓和曲线的平曲线期望轨迹起止点的偏移值。

缓和曲线参数按式(10-7)计算。

$$A_v=\sqrt{L_{sv}\times R_v} \tag{10-7}$$

式中：R_v——连接缓和曲线的平曲线期望轨迹半径。

缓和曲线长计算值为负值时，按长度为零计算。缓和曲线的起点桩号为圆曲线期望轨迹起点桩号$-L_{sv}$，终点桩号为圆曲线期望轨迹终点桩号$+L_{sv}$。

缓和曲线上的期望速度计算与圆曲线上相同，方法是先计算缓和曲线上各点的曲率，计算过程中按设定的时间步长和圆曲线期望速度数值计算缓和曲线上不同位置的期望速度，计算密度根据计算精度要求确定。

$$v_c=KR_{hh}^{\frac{1}{4}}\times 3.6 \tag{10-8}$$

式中：v_c——曲线上期望速度；

R_{hh}——缓和曲线上各点的曲率，$R_{hh}=\frac{A_v\times A_v}{L_{sv}}$。

4. 平曲线路段驾驶人期望综述

在山区双车道公路上，当驾驶人可识别的动态视野范围内出现平曲线路段的时候，驾驶人的认知特性和形成的期望包括以下内容：

(1)在视线良好的曲线路段段上，驾驶人视线注视点一般位于中心标线上，也有少数驾驶人视点位于路侧边缘线或路侧护栏上，驾驶人注视点位于车辆前方十几米的位置；在视距不良的平曲线路段，驾驶人注视点提前至路线消失点处，注视点延伸导致驾驶人不自觉地占用硬路肩或对向车道。

(2)平曲线上驾驶人视觉以注视为主，扫视行为很少，因此曲线段上的交通设施等不易被驾驶人发现和理解。

(3)平曲线并不能在一开始就被驾驶人正确识别，只有当平曲线的可视曲线长度超过驾驶人能判别的范围时，驾驶人才能够判断出曲线的曲率。在此之前，平曲线的存在不会对驾驶人的驾驶行为产生影响。

(4)从能识别曲线曲率的那一刻起，驾驶人便形成了平曲线的期望轨迹和期望速度。驾驶人会在平曲线前的路段上(如直线段)根据形成的期望调整驾驶行为，如加速或减速。

(5)驾驶人的期望提前进入平曲线，滞后离开平曲线，部分驾驶人倾向于占用硬路肩或部分对向车道。驾驶人这种期望的目的是获得更大的半径和更长的曲线，进而获取更高的速度和更稳定的驾驶体验。平曲线上期望轨迹可以用式(10-3)和式(10-6)计算。

(6)驾驶人在圆曲线上的期望速度与曲线半径、公路横断面、车辆类型和驾驶人反应特性有关系，期望速度是指导驾驶人控制车辆加速度的判断依据，在平曲线长度不足的情况下，运行速度低于期望速度。平曲线上的期望速度可以用式(10-5)计算。

(7)驾驶人视野中同时存在多个平曲线时，会根据期望值最低的平曲线决定其驾驶行为。

三、纵坡路段驾驶人期望

1. 纵坡对驾驶期望的影响

纵坡对驾驶期望的影响主要体现在速度上，纵坡上驾驶人的速度会出现比较明显的下降。

实验结果表明，自由流状态下的载货汽车在上坡段速度随着坡度的降低要比下坡段剧烈。在上坡段，速度随着纵坡坡度的增加而逐渐下降。在下坡道上，纵坡坡度超过 4.5%时，速度并不会随着下坡度的增加而增大，反而开始下降。这主要是由于坡度达到一定值时，会给驾驶人的心理造成一定的紧张情绪，导致驾驶人减小行驶速度。

在实验中发现，当坡长足够长之后，车辆的运行速度即趋于稳定，如图 10-14 所示，此时可以认为车辆的运行速度就是驾驶人心理能够接受的期望速度。

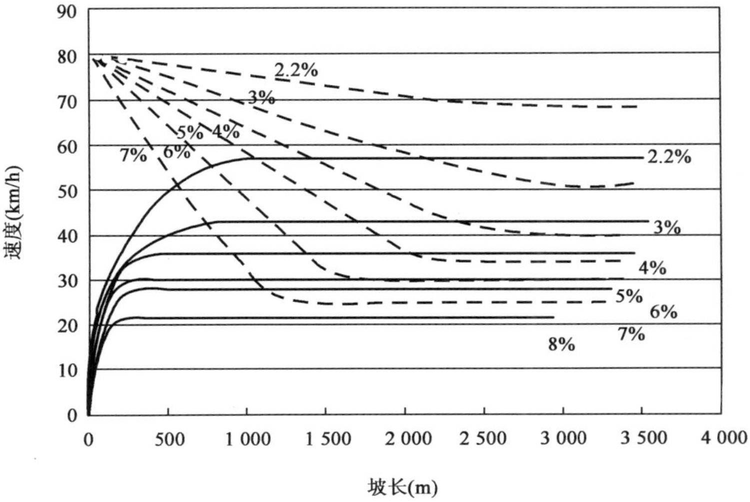

图 10-14　典型载货汽车的速度—距离曲线汇总图

各坡度对应车速与平坡相比的速度损失值见表10-7。

各坡度对应的车速及与平坡相比的速度损失　　表10-7

纵坡(%)	0	2	3	4	5	6	7	8
速度损失(km/h)	—	6	10	16	22	29	36	44

纵坡上货车驾驶人的期望速度会出现下降,下降的幅度与纵坡的大小有直接的关系,期望速度折减的幅度可以按式(10-9)计算。

$$v_{cd}=0.0189i^3-0.615i^2-1.812i \tag{10-9}$$

式中:v_{cd}——纵坡上期望速度的折减值;

i——纵坡坡度。

根据式(10-9),货车驾驶人在纵坡上的期望速度折减与坡度的关系见图10-15。

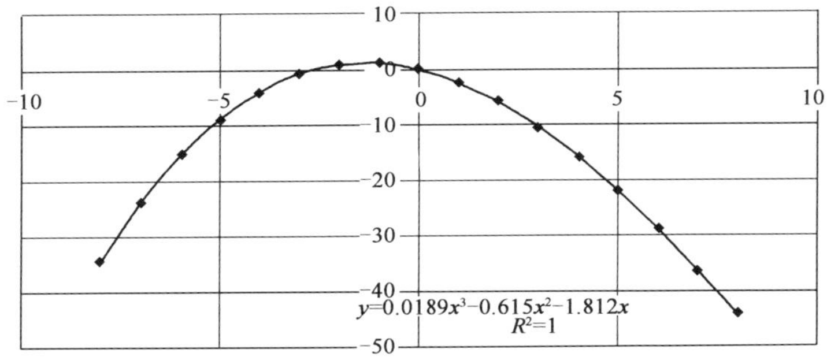

图10-15　纵坡上期望速度的折减

2.重载车辆对驾驶人期望的影响

车辆的载重不同,其动力性能和操控性能有较大的差异,这种差异能够被驾驶人所感知,并形成适应于车辆性能的期望。

对缓坡上空载车辆与重载车辆的运行速度差异进行的调查和分析表明,重载之后车辆的速度有明显的下降,说明车辆载重对驾驶人的行为和速度选择有重要的影响。分析结果见表10-8和表10-9。

重载货车缓坡路段速度分析结果表　　表10-8

车辆类型	两轴	三轴	四轴	五轴	六轴	全部
平均速度(km/h)	58	39	42.6	48.8	51.98	51.23
85%车速(km/h)	—	49.5	55.9	63.4	67.5	67.1
速度均方差	—	15	9.32	11.84	11.43	10.85

缓坡路段空载车速度分析结果表　　表10-9

车辆类型	两轴	三轴	四轴	五轴	六轴	全部
平均速度(km/h)	55.7	67.7	65	65.4	66.86	66.83
85%车速(km/h)	63	—	74.4	70.6	78	77.7
速度均方差	7.755	—	9	5.12	9.83	9.21

根据数据对比，推荐重载车辆的期望速度比空载条件下降 10km/h。

3. 纵坡路段驾驶人期望综述

在山区双车道公路上，当驾驶人可识别的动态视野范围内出现纵坡路段的时候，驾驶人的认知特性和形成的期望包括以下内容：

(1)小型车驾驶人期望受纵坡影响较小，期望速度不会出现较大下降。

(2)大型车驾驶人期望受纵坡因素的影响十分明显，具体表现在期望速度较平坡时有折减，期望速度折减的幅度与坡度大小有关，可以按式(10-9)进行计算。

(3)车辆的载重对驾驶人期望速度有明显影响，相对于空载车辆，满载车辆的期望速度下降 10km/h 左右。

第三节　基于驾驶期望的驾驶人方向与速度控制模型

驾驶人期望是驾驶人的一种心理活动，体现了驾驶人对于行驶前方可视范围内路况的一种预判和预期，但是在驾驶人实际控制车辆前进的过程中，车辆的运行轨迹和实际行驶速度几乎难以与驾驶期望完全吻合。其主要原因是驾驶人在驾驶车辆的过程中不断地根据驾驶期望采取操作修正车辆行驶的轨迹和速度。驾驶人的驾驶期望仅仅是针对前方狭小的驾驶人动态可视区域而形成的，驾驶人的可视视野是在不断延伸的。相应的，驾驶人的期望也是动态变化的，因此在车辆的轨迹和速度尚未接近或吻合前一时刻的驾驶期望时，驾驶期望已经更新，驾驶人又需要根据新的期望调整车辆的运动参数。

因此，驾驶人操作车辆的过程就是不断地跟随或者逼近不断变化的驾驶期望的过程。如图 10-16 所示，驾驶人看到车辆前方公路几何线形属性不同的公路单元(i,$i+1$,…)，会形成不同的驾驶期望，驾驶人根据对车辆轨迹和速度的预期，对转向盘、制动踏板、加速踏板和挡位进行操作，然后体现到车辆运行的速度和行驶轨迹上。

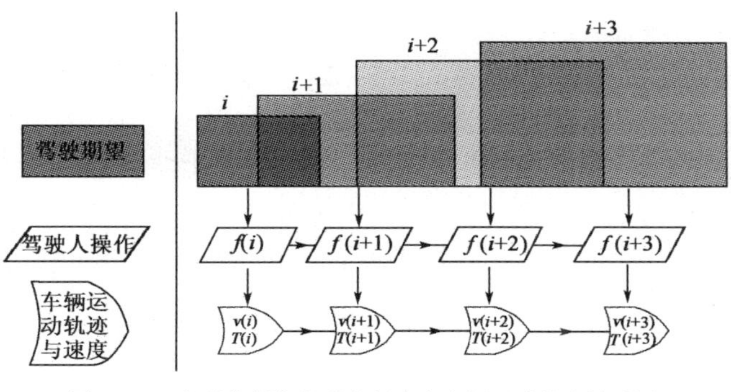

图 10-16　驾驶期望与驾驶人行为和车辆运动状态关系图

车辆行驶轨迹的变化是由于驾驶人不断地对转向盘进行操作；车辆的速度变化是驾驶人操作挡位、加速踏板和制动踏板的综合结果，可以简化为驾驶人对于车辆加速度的选择与操作。

一、驾驶人方向控制行为

期望轨迹并不是车辆实际运行的轨迹，驾驶人在决定了期望轨迹之后，会不断地根据当前车辆位置、方位角和姿态以及期望轨迹进行车辆行驶轨迹的调整，其目标是使实际的行驶轨迹与预期的期望轨迹之间的差异最小。

针对驾驶人视觉规律的研究发现，驾驶人对方向的操作取决于距离车辆较近的注视点位置和驾驶操作过程中的注视行为，因此采用了符合这一规律的"单点预瞄"理论计算驾驶人在行驶过程中的方向操作行为。其基本思想是驾驶人根据所看到的前方的道路信息和汽车当前的状态(汽车的位置和速度)，按照使汽车行驶轨迹与预瞄路径误差最小的原则，决定一个最优的车辆横向加速度 $\ddot{y} = a_x$ ，然后驾驶人根据汽车的动态特性以及本身的驾驶行为特性，进行相应的转向盘控制 δ_{sw}^* ，力求使汽车的实际横向加速度与预瞄得到的最优横向加速度值相符，如图 10-17 所示。

在驾驶过程中驾驶人要观察前方的路段，注视前方某一点的位置(对期望轨迹进行预瞄)，进行转向盘操作决策之后，有一个反应滞后的过程，然后驾驶人转动转向盘，车辆产生一个横向加速度，车辆的方位角随之改变，这就完成了一次跟随期望轨迹的操作。

设驾驶人形成的期望轨迹的数学表达式为 $f(t)$ ，预瞄时间(预瞄点至车辆当前位置所需的行驶时间)为 T，则驾驶人根据前方期望轨迹位置 $f(t+T)$ 和汽车的即时位置 $Ny(t)$ 与车速 v 和加速度 $Na_y(t)$ ，确定一个最优的轨迹曲率 $\frac{1}{R^*}$ ，驾驶人在比较当前车辆的行驶特性与 $\frac{1}{R^*}$ 后，由车辆自身的转向系转动比 i 和车辆的轴距 L 来确定最优转向盘转角增量 $\delta_{sw}^* = \frac{iL}{R^*}$ 。

驾驶过程中，驾驶人在转向盘操作决策与驾驶人实施操作行为之间存在着驾驶人的反应滞后时间 t_d 。驾驶人经过判断和决策过程，确定了 δ_{sw}^* 之后，经过 t_d 后汽车转向盘转动 δ_{sw}^* ，使车辆产生横向加速度 $\ddot{y}(t)$ 、横向速度 $\dot{y}(t)$ 和横向位移 $y(t)$ ，使车辆行驶轨迹趋近于 $f(t+T)$ 。

驾驶人在行驶过程中不断重复上述过程，其目的是使行驶轨迹总是与期望轨迹相吻合或差值最小。因为驾驶人总是以前方预瞄点 $f(t+T)$ 处的期望轨迹来决定当前的转向盘转角，因此除非公路线形长时间没有变化，t 时刻车辆的实际行驶轨迹 $x(t)$ 与期望轨迹 $f(t)$ 之间总会存在差异。

在实际行驶过程中，车辆的运行轨迹是一条平滑曲线，在行驶过程中车辆的位移、纵向加速度和横向加速度都是连续的，因此车辆的轨迹方程是高阶连续的，使用高阶多项式作为驾驶人预瞄轨迹线的计算方程。多项式的阶数由已知条件的数量决定，这样能够满足加速度连续的要求，而且多项式阶数越高，其精度也越高。由于公路行业常用的回旋线为二阶方程，因此采用高阶多项式表征预瞄曲线计算方程具有更高的精度。

如图 10-18 所示，设任意时刻驾驶人所处位置为 O，以 O 为原点建立绝对坐标系。为便于

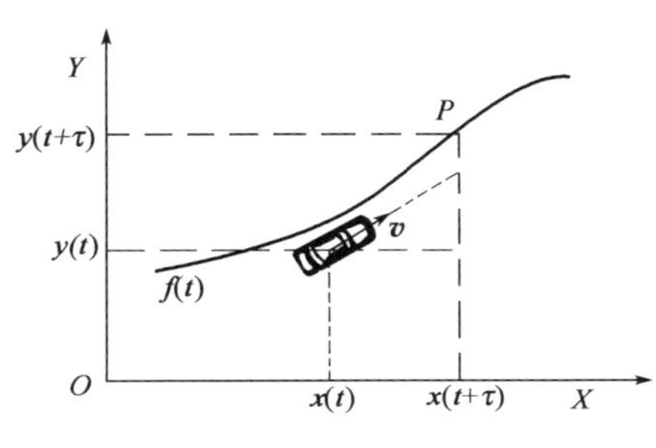

图 10-17　驾驶人对期望轨迹的跟随

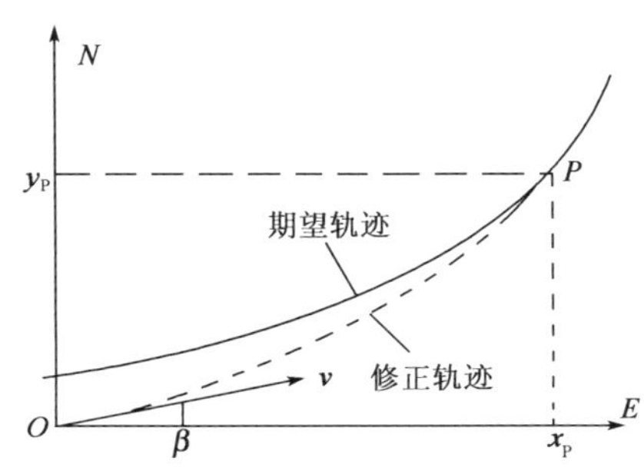

图 10-18　预瞄轨迹线计算

与公路几何线形数据联合计算，坐标系的纵轴为大地坐标系 N 轴，横轴为大地坐标系 E 轴，β 为原点处车辆运行的整车侧偏角，也是原点处车辆运行速度矢量与坐标系横轴的夹角。

可以用来建立预瞄轨迹方程的已知条件有四个，因此设 OP 段的预瞄轨迹方程为四阶多项式：

$$y(x)=a+bx+cx^{2}+dx^{3}+ex^{4} \tag{10-10}$$

上述已知条件可以被描述为：

(1)$x=0$ 时，$y=0$，因此，$a=0$。

(2)O 点处已知曲率与 OP 方程曲率连续。

对于给定的曲线方程，任意一点的曲率计算公式为：$k=\dfrac{|y''|}{(1+y'^{2})^{\frac{3}{2}}}$

O 点处，$x=0$，因此有：

$$k=\frac{|y''|}{(1+y'^{2})^{\frac{3}{2}}}=\frac{|2c+6dx+12ex^{2}|}{[1+(b+2cx+3dx^{2}+4ex^{3})^{2}]^{\frac{3}{2}}}=\frac{|2c|}{(1+b^{2})^{\frac{3}{2}}}$$

已知 O 点处速度为 v，横向加速度为 a_x，偏角为 β，因此 O 点处已知法线与 N 轴夹角为 β，曲率为：

$$k=\frac{1}{R}=\frac{a_x}{v^{2}}=\frac{|2c|}{(1+b^{2})^{\frac{3}{2}}}$$

因为在原点 O 处，OP 方程的切线与 x 轴夹角为 β，因此：

$b=\tan\beta$

$$c=\frac{a_x(1+\tan^{2}\beta)^{\frac{3}{2}}}{2v^{2}}$$

(3)$x=x_{\mathrm{P}}$ 时，$y=y_{\mathrm{P}}$，因此有：

$y_{\mathrm{P}}=bx_{\mathrm{P}}+cx_{\mathrm{P}}^{2}+dx_{\mathrm{P}}^{3}+ex_{\mathrm{P}}^{4}$　(a)

(4)P 点处车辆运行方位角与 OP 曲线 P 点处切线方向一致，P 点切线方向与期望轨迹 P 点处一致，因此 $y'(x)=b+2cx+3dx^{2}+4ex^{3}$ 也一定通过 P 点，即：

$y_{\mathrm{P}}=b+2cx_{\mathrm{P}}+3dx_{\mathrm{P}}^{2}+4ex_{\mathrm{P}}^{3}$　(b)

将(1)和(2)联立，得到期望轨迹矫正方程为：

$$y(x)=\tan\beta x+\frac{a_x(1+\tan^{2}\beta)^{\frac{3}{2}}}{2v^{2}}x^{2}+\frac{(\frac{12-3x_{\mathrm{P}}}{x_{\mathrm{P}}})y_{\mathrm{P}}-9\tan\beta-6x_{\mathrm{P}}[\frac{a_x(1+\tan^{2}\beta)^{\frac{3}{2}}}{2v^{2}}]}{3x_{\mathrm{P}}^{2}}x^{3}+\frac{2\tan\beta+[\frac{a_x(1+\tan^{2}\beta)^{\frac{3}{2}}}{2v^{2}}]x_{\mathrm{P}}+(1+\frac{3}{x_{\mathrm{P}}})y_{\mathrm{P}}}{x_{\mathrm{P}}^{3}}x^{4} \tag{10-11}$$

为了方便应用，将式(10-11)表述为：

$a=0$

$b=\tan\beta$

$$c=\frac{a_x(1+\tan^{2}\beta)^{\frac{3}{2}}}{2v^{2}}$$

$$e=\frac{2b+cx_{\mathrm{P}}+(1-\frac{3}{x_{\mathrm{P}}})y_{\mathrm{P}}}{x_{\mathrm{P}}^{3}}$$

$$d=\frac{y_{\mathrm{P}}-bx_{\mathrm{P}}-cx_{\mathrm{P}}^{2}-ex_{\mathrm{P}}^{4}}{x_{\mathrm{P}}^{3}}$$

系数 a、b、c 的数值很小，因此对驾驶人行为影响较明显的是三次项和四次项。特别的，当原点 O 处的速度为 0 时，有：

$$a=0$$

$$b=0$$

$$c=0$$

$$e=\frac{(1-\frac{3}{x_{\mathrm{P}}})y_{\mathrm{P}}}{x_{\mathrm{P}}^{3}}$$

$$d=\frac{y_{\mathrm{P}}-ex_{\mathrm{P}}^{4}}{x_{\mathrm{P}}^{3}}$$

可见，原点处速度矢量和横向加速度对驾驶人确定预瞄矫正轨迹的影响较小。但是考虑到山区公路上存在着大偏角和低速行驶状态，为了避免在这两种条件下出现较大误差，故仍保留一次项和二次项，以提高模型的适用性和精度。

驾驶人通过预瞄环节确定期望轨迹的矫正轨迹之后，通过转动转向盘使车辆的行驶轨迹按矫正轨迹行驶，由于在矫正轨迹上的曲率是不断变化的，因此驾驶人会设定一个连续转动转向盘的操作方案。在当前点 O，驾驶人会根据车辆整体的反应滞后时间确定转向盘转角输入。转向盘转动至车辆导向轮偏角发生变化之间存在着一个滞后时间，这个滞后时间与驾驶人的操作行为特性和车辆的性能有关，车辆工程领域研究指出这一滞后通常在 0.15～0.3s 之间。而心理学研究表明，经过长时间的磨合之后，驾驶人对自己所驾驶车辆的方向操作滞后特性有着深刻的理解，这种理解会通过驾驶人的驾驶行为表现出来，通常是一种基于经验积累形成的无意的行为。

设驾驶人操作和车辆传动系统反应滞后所需时间为 t_{s}，则 t_{s} 时车辆的横坐标近视为 $x_{\mathrm{s}}\approx vt_{\mathrm{s}}\cos\beta$。

利用式(10-11)，在横坐标为 x_{s} 时，曲率为：

$$k=\frac{|y''|}{(1+y'^{2})^{\frac{3}{2}}}=\frac{|2c+6dx_{\mathrm{s}}+12ex_{\mathrm{s}}^{2}|}{[1+(b+2cx_{\mathrm{s}}+3dx_{\mathrm{s}}^{2}+4ex_{\mathrm{s}}^{3})^{2}]^{\frac{3}{2}}}=\frac{1}{R}$$

将车辆进行合理简化后，车辆前轮转角、转向盘转角和车辆行驶曲率之间有以下关系：

$$\frac{1}{R}=\frac{\delta}{L}=\frac{\delta_{\mathrm{sw}}}{iL} \tag{10-12}$$

式中：δ——车辆前轮转角；

δ_{sw}——转向盘转角；

$\frac{1}{R}$——车辆行驶的曲率。

能够得出车辆的前轮转角为：

$$\delta = L\frac{1}{R} = \frac{|y''|L}{(1+y'^2)^{\frac{3}{2}}} = \frac{|2c+6dx_s+12ex_s^2|L}{[1+(b+2cx_s+3dx_s^2+4ex_s^3)^2]^{\frac{3}{2}}} \tag{10-13}$$

转向盘转角为：

$$\delta_{sw} = iL\frac{1}{R} = \frac{|y''|iL}{(1+y'^2)^{\frac{3}{2}}} = \frac{|2c+6dx_s+12ex_s^2|iL}{[1+(b+2cx_s+3dx_s^2+4ex_s^3)^2]^{\frac{3}{2}}} \tag{10-14}$$

车辆的横向加速度根据车辆的行驶速度和曲率确定：

$$a_x = \frac{v^2}{R} = \frac{v^2\delta}{L} \tag{10-15}$$

利用上述公式，即能够确定在任意点 O 处，驾驶人为了追随期望轨迹而输入的转向盘转角操作值。

由于计算公式较为复杂，不能利用手算或者比较简单的方式进行计算，推荐利用计算机编程实现。

在软件实现过程中，通过设定计算步长，不断地循环计算，即能够完成评价路段不同位置车辆导向轮偏角和驾驶人操作的转向盘转角的计算，与速度控制模型联动之后，还可以评价路段横向加速度的连续变化情况。

试算结果表明，上述基于驾驶期望轨迹的驾驶人方向控制模型的鲁棒性极佳，用于驾驶人方向操作的计算是适宜的。

二、驾驶人速度控制行为

驾驶人对速度的控制的基本原理是在了解当前车辆行驶速度的基础之上，判断前方某处期望轨迹上的期望速度，根据当前速度和期望速度之间的差值形成纵向加速度操作普安段，然后通过操作挡位、加速踏板和制动踏板对车辆的行驶速度进行控制。

在驾驶人速度控制的过程中，驾驶人开始操作加速踏板和制动踏板，变化行驶速度的具体位置，以及采取的加速度数值是关键。由于是作为交通安全评价使用，因此采用了驾驶人最速驾驶行为模式假设，即驾驶人在驾驶过程中总是尽可能快地行驶，其表现出的行为特征是加速过程中，驾驶人采取加速行为的点尽可能提前，采用的加速度绝对值较高；而在减速过程中，采取减速行为的点尽可能延后，采用的减加速度绝对值尽可能小，使驾驶人在心理感觉舒适和安全的前提下能够以最高的速度行驶。

驾驶人的速度决策和具体的驾驶行为体现在对挡位、制动踏板和加速踏板的操作上。现阶段暂时不涉及加速和制动踏板开度的研究，因为这对公路的交通安全评价意义不明确。

驾驶人速度控制模型研究过程中将车辆当做黑箱，只研究在具体的公路断面处驾驶人操作的最终结果，即加速度，此处加速度为矢量，正值代表加速行为，负值代表减速行为。

驾驶人的速度控制模型是在期望速度、驾驶人视觉感知和注视模型以及加速度和舒适度模型基础之上建立的，其核心是依据驾驶人的行为规律，描述驾驶人是如何动态控制车辆速度的。

通过驾驶人视觉感知与注视规律的相关研究，驾驶人的速度决策取决于远视点和扫视行为，速度值的判断取决于驾驶人对快捷和舒适性两方面的需求。在总结驾驶人速度控制规律的基础上，采用以下基本假设：

(1)驾驶人进行速度变化操作位置的选择取决于远视行为能够判别和发现前方平曲线、纵坡、隧道等影响速度的特征点的距离，如驾驶人判断出前方平曲线曲率的断面位置，或者驾驶人发现隧道的断面位置，以及与车辆当前位置之间的关系。

(2)驾驶人对速度的控制表现为对期望速度的追随上，即驾驶人总是想让车辆的行驶速度与期望速度一致，尽管在大多数时间，车辆的实际速度与期望速度之间存在差距。

(3)驾驶人会将速度控制在使自己感觉舒适的范围之内，即当驾驶人感到横向加速度过高时，会通过减速行为将速度控制在舒适度允许的范围之内。

上述基本假设与驾驶人的实际驾驶过程是基本相符的，在计算中需要解决的问题有两个：

(1)驾驶人采取措施对车辆进行速度调整的位置。

(2)驾驶人对车辆速度进行调整的幅度，即加速度值的大小。

根据美国联邦公路局的研究，在通常情况下，驾驶人在看到前方道路逐渐由弯变直即由曲线向直线过渡的情况时，会控制汽车加速行驶；相反，在看到前方道路由直变弯即由直线向曲线过渡时，会减速行驶。曲线半径越小，这种行为现象越明显，而当半径超过某个临界值时，驾驶人并不因为驶入曲线而减速，而是按照原速行驶。这与我国众多运行速度项目的研究结论是一样的。

FHWA 的调查分析结果表明，在双车道公路上，当汽车从直线段行驶至离曲线约 200m 时，将进行减速，并推荐减速度大小和半径关系的回归模型形式。当曲线半径大于 175m 且小于 436m 的时候，推荐使用线性回归模型(减速度与曲线曲率成线性关系)；当曲线半径小于 175m 时，为固定值-1.0m/s^2；当曲线半径大于 436m 时，减速度为 0，即汽车按原速行驶。FHWA 的研究报告还指出，当半径超过 800m 时，曲线对速度的影响可以忽略，这与我国双车道公路运行速度的研究结果是一致的。FHWA 提供了驾驶人进入曲线过程中加速度变化的计算公式。

$$a=\begin{cases} -1.0 & R<175\text{m} \\ 0.6794-\dfrac{295.14}{R} & 175\text{m}<R<436\text{m} \\ 0 & R>436\text{m} \end{cases} \tag{10-16}$$

式中：R——曲线半径；

a——车辆进入曲线过程中的加速度。

车辆进入曲线前的加速度变化见图 10-19。

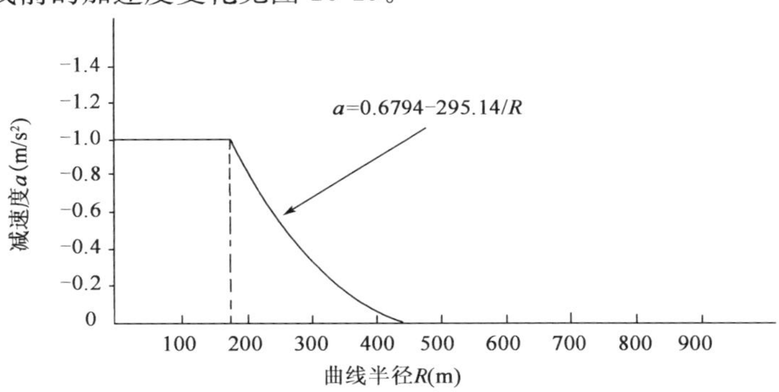

图 10-19　车辆进入曲线前的加速度变化

在不考虑交通流等其他因素影响的前提下，驾驶人对速度的操作的依据是可视范围内的公路几何线形，因此应当首先判断驾驶人的动态可视视野，然后再依据期望速度和加速度计算驾驶人对于加速度的选择。

驾驶人速度控制模型计算流程如下：

(1)根据车辆当前位置和行驶速度计算驾驶人的远视注视距离和动态视角(根据驾驶人视觉感知和注视点模型计算)。

(2)判断驾驶人的三维动态视距和动态视野内是否存在影响驾驶人速度控制的要素。如果是平曲线，应计算可视曲线长并判断其是否满足曲线可判断模型，在驾驶人不能判断曲线存在时，不会进行速度操作。

(3)根据控制要素计算期望速度，纵坡路段和隧道路段计算期望速度的折减和修正。如果视野范围内(动态可视近视点与动态远视点之间，动态视角范围之内)同时存在多个控制要素，以期望速度较低的控制要素为准；如视野内同时存在平曲线和隧道，由于隧道处期望速度有折减，因此以隧道入口处期望速度作为进行下一步计算的依据。

(4)判断车辆目前行驶速度与期望速度之间的偏差，如果车速低于期望速度，则执行加速操作，加速度取值按第五章内容计算；如果车速高于期望车速，则判断执行操作距离，如果距离大于操作执行距离(采用驾驶人视觉感知模型中的感知警觉距离与 200m 两者之间的较小值)，则车辆停止加速，维持当前速度不变，如果距离小于执行操作距离，车辆减速，减加速度的数值选择式(10-16)和式(10-17)中的较小值。

$$a_v=\frac{v_{pr}^2-v_o^2}{2s} \tag{10-17}$$

式中：a_v——驾驶人选择的加速度；

v_o——当前位置速度；

v_{pr}——期望速度数值；

s——前视注视点距离。

(5)根据车辆当前运行速度和转向盘转角(车辆运行曲率)计算车辆运行的横向加速度，判断横向加速度是否大于舒适度控制指标，如果超过了则采取减速行为，减加速度取值按第五章内容计算。

速度控制模型的计算比较复杂，前置条件和判断比较多，因此需要借助于计算机软件技术实现。

第四节　驾驶期望与公路线形一致性评价

从驾驶期望的角度对路线进行评价，其实质是评价连续的公路线形是否和驾驶人的期望保持了一致性。当公路的实际线形条件与驾驶人的期望一致时，驾驶人的行为能够符合外界交通环境，其行驶的安全性能够得到保障；当驾驶人的期望与公路环境差距较大时，驾驶人需要采用比较剧烈的操作来修正偏差，此时发生交通事故的概率就会极大增加。因此驾驶期望一致性能够用来发现驾驶人在驾车过程中面临的潜在风险，并且能够直接确定这种风险的程度(修正驾驶期望偏差所需操作的剧烈程度)，所以可以利用驾驶期望一致性来评价交通的安全性。

考虑到驾驶人期望跟随操作模型能够获得连续输出的运行速度，因此吸纳了目前国内外运用都比较成熟的运行速度差作为一个重要的安全评价指标。在此基础之上，从大量日常驾驶行为数据分析和交通事故多发点深入分析两个角度，提出了驾驶人操作行为指标，对驾驶人期望一致性进行评价。

一、基于运行速度差的评价标准

交通运输部已经组织开展了多项运行速度研究和交通安全研究项目，在很多研究中均提出了采用车辆的运行速度差作为安全评价标准，并且在国内已经得到了广泛的应用。

国内的多项研究结论对于基于运行速度的交通安全评价标准的认知是比较一致的，而且这一标准与国际上的研究结果也是一致的。路线线形设计中基于运行速度的交通安全评价标准包含两个方面，路段间的速度连续性与实际运行速度和设计速度间的一致性，其对应的线形质量评价标准如下：

1. 速度连续性标准

(1)好的设计：路段间的运行速度差 $\Delta v_{85} \leqslant 10$km/h。

(2)中等设计：10km/h$\leqslant$路段间的运行速度差 $\Delta v_{85} \leqslant 20$km/h。

(3)不良设计：路段间的运行速度差 $\Delta v_{85} > 20$km/h。

2. 设计速度一致性评价标准

(1)好的设计：$v_{85} - v_{d} \leqslant 10$km/h。

(2)中等设计：10km/h$<(v_{85} - v_{d}) \leqslant 20$km/h。

(3)不良设计：$v_{85} - v_{d} > 20$km/h。

基于运行速度安全评价标准的有效性和实用性在国内多年的交通安全评价实践工作中已经得到了验证，因此采纳了这一成熟的研究成果。但是由于基于驾驶期望的运行速度计算方法与目前采用的运行速度计算方法存在很大的不同，在使用中要有所区别。

《公路项目安全性评价指南》中的运行速度计算方法需要将路线根据其属性划分为不同的路段单元，利用运行速度预测模型计算每个路段单元起终点和曲线路段中点的运行速度，然后比较相邻单元的运行速度差异。而基于驾驶期望的运行速度计算方法不需要划分曲线单元，其计算结果是连续的平滑速度曲线。因此利用运行速度差进行交通安全评价时，需要按照《公路项目安全性评价指南》的路线单元划分标准进行路段单元划分，然后再进行运行速度差分析。

二、驾驶人操作类评价标准

应用运行速度差作为安全评价标准也有一定的局限性，主要体现在没有充分考虑驾驶人速度操作的前置效应。例如当前方出现平曲线时，大多数驾驶人在进入曲线前的直线段即开始实施减速。驾驶人对于当前路段单元速度的选择受下一路段单元的影响很大，而将上一单元的出口速度作为下一单元的入口速度时就忽略了这种影响前置的效应，这样有可能导致评价结果的遗漏。另外一个必须考虑的问题是在山区双车道公路上车辆的运行速度比较低，例如三级公路上车辆速度一般在40～60km/h，速度差大于20km/h的判断标准有可能稍显宽泛。

与运行速度差不同，驾驶人的操作行为直接反映了驾驶人对于道路环境的理解，而且运行速度也是驾驶人操作行为的直接结果。同时驾驶人的操作行为也是表征驾驶人对安全性和舒适性心理感受的直接指标。

调查和实验研究表明，驾驶人为了避免交通事故发生需要进行的操作，主要包括以下三类。

(1)纵向加速度控制

当驾驶人的预期速度超出实际情况时，驾驶人被迫采取紧急减速的操作，反应在操作上是对加速踏板和制动踏板的操作，反应在可测量的指标上是纵向加速度。这种情况主要发生在视距不足路段以及小偏角曲线和卵形曲线路段。

(2)方向控制

驾驶人的预期速度较高，该速度能保证驾驶人安全通过曲线，但是由于转角较大，或者速度较高，驾驶人被迫以很高的速度操作转向盘，如果驾驶人操作转向盘的转角速率超过了人体的能力，即会出现交通事故，反应在操作上是对转向盘的操作，反应在可测量的指标上是车辆行驶方位角的变化率。这种情况主要发生在S形曲线和急弯路段。

(3)横向加速度控制

分析中发现有部分事故多发路段的事故主要原因是侧翻，在该路段驾驶人的预期速度和方位角变换率都满足要求，但是由于速度过高或者车辆重心较高，导致横向加速度过大而形成事故。

因此，确定纵向加速度、车辆方位角变化率和横向加速度为驾驶期望一致性的判断指标。图10-20是对山区双车道公路上179处事故多发段统计出的三个判别指标的百分率。

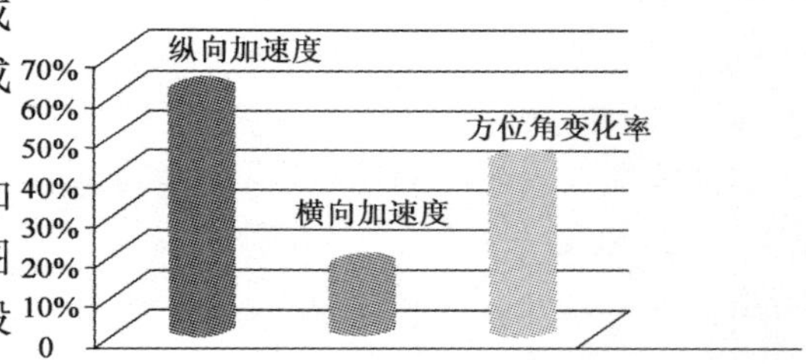

图10-20　山区双车道公路179处事故多发段三个判别指标的百分率

1. 纵向加速度

很多文献均指出，通常情况下，驾驶人选择的纵向加速度会控制在较小的范围内，以保持舒适的驾驶感受，而加速度过大，特别是减速度过大直接反映了驾驶人认为当前速度不安全或者不舒适，表现在操作行为上是紧急制动。这与驾驶人的驾驶行为习惯是一致的。

利用纵向加速度作为评价指标还能够避免低速条件下20km/h的速度差判断阈值在山区低速公路上比较宽泛的问题。

多个国家都选择纵向加速度作为公路几何线形的安全性评价指标。美国联邦公路局FHWA对曲线上车辆的纵向加减速度与线形之间的关系进行了研究，并且提出了双车道公路上基于纵向加减速度的线形安全性评价标准，见表10-10。

FHWA基于纵向加速度的线形安全性评价标准　　表10-10

安全水平	减速度(m/s^2)	加速度(m/s^2)
好	<1.48	<0.89
中	1.48～2.00	0.89～1.25
差	>2.00	>1.25

驾驶人在长期驾驶过程中获取的经验对加速度的操作形成了特定的期望，其基本原则是驾驶人会保持驾驶的舒适性。

在我国山区公路上开展的大量实验表明，我国驾驶人在山区公路上的加减速控制是非常有规律的，驾驶人在行驶过程中的加速度并不是阶段性变化或者固定不变的，而是与车辆运行的速度呈现比较明显的相关性。加速过程中，速度越高加速度值越小。同时实验数据也表明，虽然在山区公路上驾驶人的加速和减速频率较高，对于制动踏板和加速踏板的操作十分频繁，但是在绝大多数时刻，驾驶人选择的加速度值相对较小，以保证车辆行驶过程中的舒适性。

作为安全性评价标准的指标值要具有代表性，采用了被交通行业广泛采用的 85 分位加速度值作为评价标准，即 85％驾驶人对于加速度的选择在评价标准范围内。具体的安全性评价标准如下：

（1）加速过程评价标准

$$a \leqslant a_{85} \tag{10-18}$$

式中：a——驾驶人采用的纵向加速度；

a_{85}——85 分位驾驶人纵向加速度，按式（10-20）和式（10-22）计算。

（2）减速过程评价标准

$$|a| \leqslant |a_{85}| \tag{10-19}$$

式中：a——驾驶人采用的纵向减速度；

a_{85}——85 分位驾驶人纵向减速度，按式（10-21）和式（10-23）计算。

85 位驾驶人纵向加速度按以下公式计算，驾驶人的纵向加速度选择是速度的函数。公式中 85 位加速度为矢量值，正值代表加速过程，负值代表减速过程，公式中速度单位为 km/h，加速度单位为 m/s^2。

（1）直线段加速过程（图 10-21）

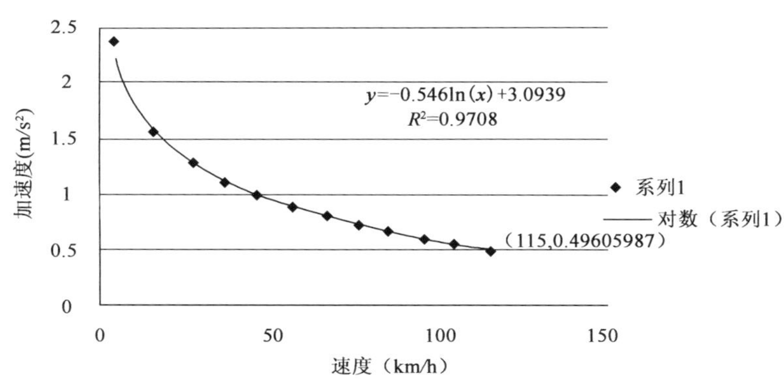

图 10-21　直线段加速过程加速度与速度关系图

$$a_{85} = 3.0939 - 0.546 \times \ln(v) \tag{10-20}$$

式中：v——计算时刻车辆的运行速度；

a_{85}——85 分位驾驶人纵向加速度。

（2）直线段减速过程（图 10-22）

$$a_{85} = -0.0001 \times v^2 + 0.0225v - 1.8549 \tag{10-21}$$

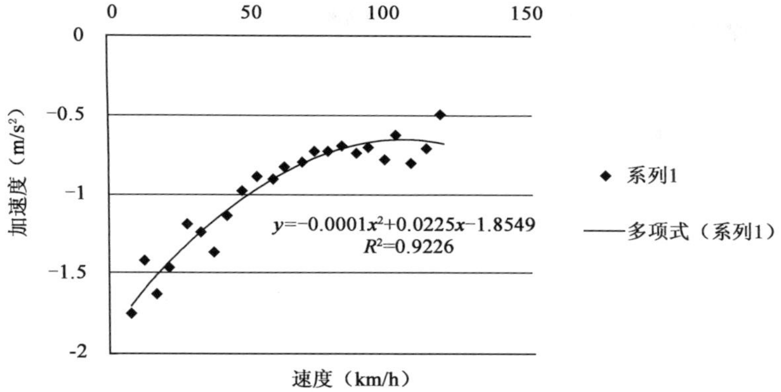

图 10-22　直线段减速过程加速度与速度关系图

(3)曲线段加速过程(图 10-23)

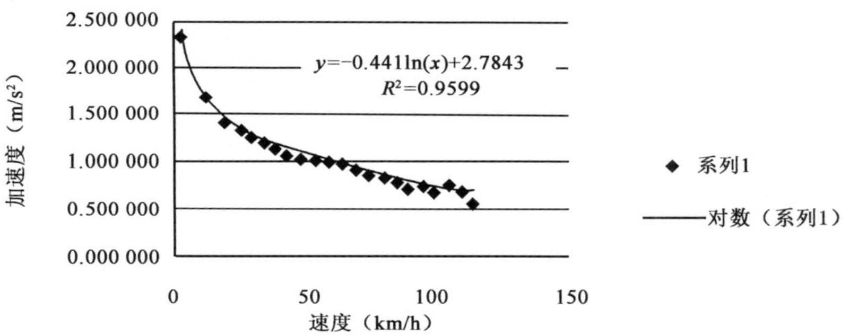

图 10-23　曲线段加速过程加速度与速度关系图

$$a_{85} = 2.7843 - 0.441 \times \ln(v) \tag{10-22}$$

式中：v——计算时刻车辆的运行速度；

α_{85}——85 分位驾驶人纵向加速度。

(4)曲线段减速过程(图 10-24)

$$a_{85} = -0.00003 \times v^2 + 0.0124v - 1.8239 \tag{10-23}$$

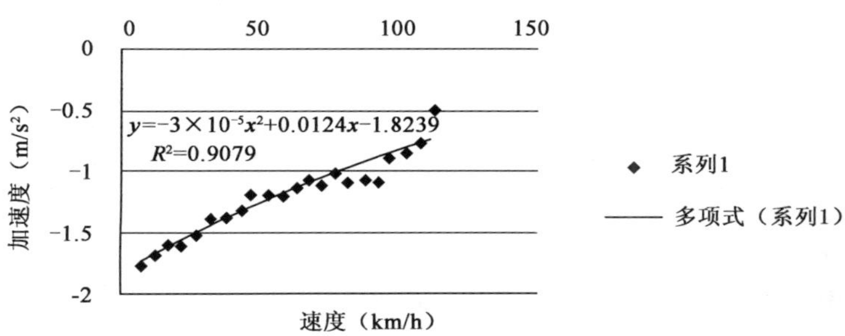

图 10-24　曲线段减速过程加速度与速度关系图

从式(10-18)～式(10-23)中可以发现，速度越高，加速度绝对值越小，说明速度越高，驾驶人对速度的变化越敏感，同时可以发现在曲线上的加速度比直线段略高。与美国 FHWA 同类研究比较，我国驾驶人选择的加速度值较大，说明我国驾驶人对高速度的心理需求更高。

利用驾驶人速度控制模型能够得出驾驶人在评价路段上连续的加速度变化，然后可以利用加速度评价标准进行交通安全性评价。

2. 横向加速度

驾驶人在驾驶过程中对舒适度有比较敏感的感受，如果驾驶人的身体感到不舒适，驾驶人就会调整车辆的速度或进行其他操作以获得比较舒适的驾驶感受。很多研究都指出，横向加速度是对驾驶人舒适度影响最大的舒适性指标，同时也是表征翻车事故风险的主要指标。

车辆的横向加速度与速度和半径有关，驾驶人的身体平衡系统能够敏感地感受到横向加速度的变化。根据驾驶期望形成的基本原理，驾驶人的过往驾驶经验会指导驾驶人在不同的半径处选择感觉舒适的速度通过。如果横向加速度超过了驾驶人感觉舒适的阈值，一般情况下是驾驶人被迫采取了非常规的操作。

通过对实验数据的分析发现，大部分情况下驾驶人的横向加速度在 0.1g～0.2g 之间，如图 10-25 所示。

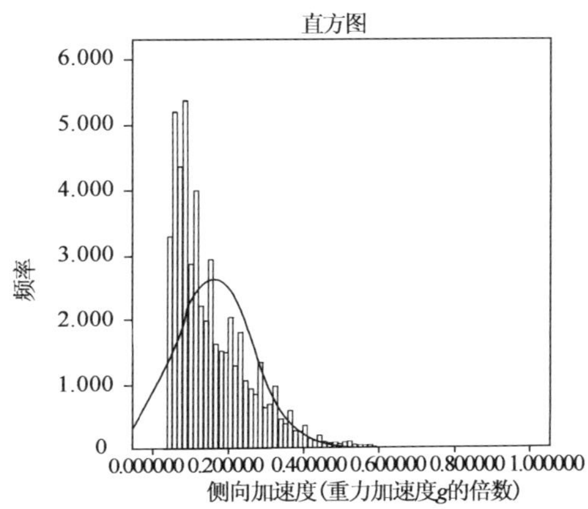

图 10-25 双车道公路上横向加速度分布

横向加速度分布情况见表 10-11，50 位横向加速度值为 0.13g，85 位横向加速度值为 0.27g。

双车道公路上横向加速度百分位分布 表 10-11

百分位数	加速度值	百分位数	加速度值
10	0.060 000 00g	60	0.160 000 00g
20	0.070 000 00g	70	0.190 073 77g
25	0.080 000 00g	75	0.217 317 70g
30	0.086 764 52g	80	0.240 000 00g
40	0.103 757 98g	85	0.270 000 00g
50	0.130 000 00g	90	0.308 558 22g

在几何线形设计中，横向加速度是重点考虑的因素，我国路线设计规范中不同设计速度对应的平曲线半径一般值和极限值对应的横向加速度见表 10-12。

85 位横向加速度值高于我国标准规范规定的双车道公路下限值对应的横向加速度，这一方面说明我国标准规范的规定符合驾驶人的舒适度的要求，另一方面也说明我国驾驶人更倾向于使用高速度通过曲线。

规范规定对应的横向加速度　　表 10-12

设计速度(km/h)	平曲线半径一般值(m)	平曲线半径极限值(m)	一般值对应横向加速度	极限值对应横向加速度
80	400	250	0.125 976 316g	0.201 562 106g
60	200	125	0.141 723 356g	0.22 675 737g
40	100	60	0.125 976 316g	0.209 960 527g
30	65	30	0.109 017 966g	0.236 205 593g
20	30	15	0.104 980 264g	0.209 960 527g

综合实验数据分析的结果和规范的规定，确定驾驶人舒适度评价标准如下：

(1)好的设计：横向加速度<0.13g。

(2)中等设计：0.13g≤横向加速度<0.24g。

(3)不良设计：横向加速度≥0.24g。

3.方位角变化率

车辆的方位角变化率指标阈值体现了驾驶人对转向盘操作的极限能力。美国的研究成果表明，为了保证驾驶人驾驶车辆的安全性，车辆的方位角变化率不能超过 4°/3s。即驾驶人操作转向盘的能力的极限为 4°/3s，超过这一数值，驾驶员转动转向盘的速率就不能满足车辆转向的要求。

4.基于驾驶期望的安全性评价流程

基于驾驶期望的安全评价方法就是合理利用基于驾驶期望的研究成果，根据公路几何线形数据，计算出不同桩号位置处的车辆运行速度、驾驶人的加速度操作值、横向加速度值和转向盘转角值，然后利用安全性评价标准筛选和寻找超出安全阈值的路段，并分析其原因。

由于驾驶期望的轨迹、期望速度，以及驾驶人方向和速度控制模型的计算比较复杂，而且需要从路线起点开始进行连续计算，因此国家道路安全行动计划研究开发了专用的计算软件进行安全性评价，其主界面见图 10-26。

图 10-26　基于驾驶期望的交通安全评价软件主界面

在计算机软件实现过程中，首先根据期望轨迹和速度计算模型划分计算单元，并将公路几何线形设计数据转化为空间三维坐标系。然后以固定的计算步长(综合考虑计算的速度和精度，推荐时间步长为 0.25s)对每一个计算点处按以下流程进行计算、分析和评价，具体的评价流程为：

(1)计算驾驶人的三维视距和有效动态视野。

(2)计算驾驶人当前位置的警觉距离。

(3)筛选驾驶人有效视距内的公路线形数。

(4)判断有效视距内的平曲线是否能被驾驶人正确识别。

(5)计算对驾驶人产生影响的几何单元的驾驶期望轨迹和期望速度。

(6)计算期望速度的折减。

(7)利用方向控制模型计算驾驶人跟随期望轨迹的转向盘操作和车辆运行实际轨迹(三维坐标方式)。

(8)利用速度控制模型计算车辆的速度、纵向加速度和横向加速度。

(9)进行安全阈值的判定，只要有一项指标值超出安全阈值即可认定该路段交通环境与驾驶人期望之间存在差异，而且根据具体的指标项还可以分析出期望产生的具体原因。

参考文献

[1] 刘军民.驾驶员安全态度对行车的影响及其养成[J].道路交通安全,2004(01):6-8.

[2] 公安部交通管理局.中华人民共和国道路交通事故统计年报(2010年度)[R],2011,6.

[3] 交通运输部公路科学研究院.2011年中国道路交通安全蓝皮书[M].北京:人民交通出版社,2011.

[4] 中华人民共和国交通运输部.交通运输"十二五"发展规划[R],2011.

[5] 金会庆.驾驶适性[M].安徽:安徽人民出版社,1995.

[6] 彭聃龄.普通心理学[M].北京:北京师范大学出版社,2002.

[7] 朱祖祥.工程心理学教程[M].北京:人民教育出版社,2003.

[8] 叶奕乾,何存道.普通心理学[M].上海:华东师范大学出版社,2000.

[9] 胡智庆.汽车驾驶员安全防御与保健[M].长春:吉林科学技术出版社,1995.

[10] 刘志宏.汽车驾驶员安全行车心理[M].青岛:黄河出版社,2004.

[11] 张凤,李永娟,蒋丽.驾驶行为理论模型研究概述[J].中国安全科学学报,2010,20(2):23-28.

[12] 赵建有.汽车驾驶员应激能力分析[J].长安大学学报(自然科学版),2003,23(4):91-93.

[13] 高丽敏.驾驶员道路安全感量化评价模型的研究[D].长安大学硕士学位论文,2004.

[14] 李艳春,于海辰.大货车驾驶员交通心理与交通安全的研究[J].中国安全科学学报,2006,16(10):15-20.

[15] 吴立新,王永君.交通事故中驾驶行为与道路线形的关系[J].吉林建筑工程学院学报,2005,22(1):33-36.

[16] 周骊巍.道路线形设计对驾驶员心理的影响[J].道路交通与安全,2005,5(4):28-30.

[17] 胡列格,蒋强,唐敏.基于驾驶行为的山区高速公路限速研究[J].交通科学与工程,2010,26(3):82-88.

[18] 武淑平,宋守信.高速公路驾驶中人因失误问题分析[J].交通安全,2008,5:125-128.

[19] 艾力·斯木吐拉,李鑫,巍建东.沙漠公路驾驶员心理、生理特性初探[J].中国安全科学学报,2006,16(10):9-14.

[20] 张元元,王晓原,张敬磊.基于驾驶模拟实验的自由流状态汽车驾驶倾向性辨识模型验证方法[J].武汉理工大学学报,2011(09).

[21] 李平凡,王殿海,刘东波,等.基于驾驶人生理心理参数的午餐后驾驶疲劳分析[J].长安大学学报(自然科学版),2011(04).

[22] 陈瑞,张志清,赵廷杰,等.基于驾驶员心率增长率的穿村镇公路平面线形安全评价[J].交通信息与安全,2011(03).

[23] 徐志,杨孝宽,赵晓华,等.基于神经网络的应急疏散状态下车辆跟驰模型[J].北京工业大学学报,2011(06).

[24] 龚鸣,沈党云,魏中华,等.驾驶模拟器指路标志参数标定研究[J].公路交通科技(应用技术版),2011.

[25] 胡孟夏,王岩,李一兵,等.驾驶模拟在交通事故致因理论体系中的应用研究[J].交通运

输工程与信息学报,2011(02).
[26] 毛喆,严新平,吴超仲,等. 疲劳驾驶时的车速变化特征[J]. 北京工业大学学报,2011(08).
[27] 郭凤香,熊坚,刘洪启,等. 隧道中央隔离设施安全效果的模拟评价研究[J]. 武汉理工大学学报(交通科学与工程版),2011(04).
[28] 张增社. 山区公路营运客车驾驶员驾驶行为特性研究[D]. 长安大学硕士学位论文,2010.
[29] 田雨佳. 基于驾驶员期望的山区高速公路限速标志设置[D]. 长安大学硕士学位论文,2010.
[30] [苏]B·Φ·巴布可夫. 道路条件与交通安全[M]. 上海:同济大学出版社,1990.
[31] 张殿业. 驾驶员动态视野与行车安全可靠度[J]. 西南交通大学学报.
[32] 张开冉,李国芳. 新驾驶员反应特性分析[J]. 中国安全科学学报.
[33] 高振海,管欣,郭孔辉. 驾驶员轨迹决策行为影响因素的仿真研究[J]. 公路交通科技.
[34] 沈利群. 驾驶员前视距离对汽车稳定性的影响[J]. 上海应用技术学院学报.
[35] 张立存. 汽车驾驶员控制行为统一决策模型[D]. 吉林大学博士论文.
[36] 邹海鹏. 公路仿真系统中驾驶员模型研究[D]. 长安大学硕士论文.
[37] 骆勇. 道路交通中攻击性驾驶行为分析与研究[D]. 西南交通大学博士论文.
[38] 杜志刚,潘晓东,杨轸,郭雪斌. 高速公路隧道进出口视觉震荡与行车安全研究[J]. 中国公路学报.
[39] 杜志刚,潘晓东,郭雪斌. 高速公路隧道进出口视觉适应实验[J]. 哈尔滨工业大学学报.
[40] 高振海,管欣,李谦,郭孔辉. 基于预瞄跟随理论的驾驶员跟随汽车目标速度的控制模型[J]. 吉林大学学报.
[41] 徐进. 道路几何设计对车辆行驶特性的影响机理研究[D]. 西南交通大学博士论文,2006.
[42] 侯涛,张泽良,李博修. 干线公路期望车速确定方法分析[J]. 交通科技与经济.
[43] 邵海鹏,杨雪峰. 面向公路线形评价的驾驶人方向控制模型[J]. 长安大学学报,2010.
[44] 周荣贵.《公路纵坡坡度与坡长限制》修订《公路工程技术标准》(JTJ 001—97)专题项目(No:04).
[45] 同济大学.《公路隧道进出口运行安全研究》交通运输部西部交通科技项目.
[46] 长安大学.《连续长大下坡路段安全保障技术研究》交通运输部西部交通科技项目.
[47] 汪双杰,周荣贵,孙小端,郭腾峰. 公路运行速度设计理论与方法[M]. 北京:人民交通出版社.
[48] 胡江碧,曹新涛. 驾驶模拟舱三维道路交通场景仿真技术[J]. 北京理工大学学报,2008,07.
[49] 胡孟夏,王岩,李一兵,兰乔. 驾驶模拟在交通事故致因理论体系中的应用研究[J]. 交通运输工程与信息学报,2011,09.
[50] 武安娜,王颖,张伟. 驾驶模拟条件下移动电话对驾驶绩效影响研究[J]. 人类工效学,2007,09.
[51] 郭凤香,熊坚,秦雅琴,万华森. 基于驾驶模拟实验的85%位车速预测模型[J]. 交通科技

与经济,2010,03.

[52] 唐新蓬.驾驶模拟装置的有效度模糊推理评价[J].华中理工大学学报,1999,03.

[53] PIARC. Human factors guideline for safer road infrastructure,2009.

[54] NCHRP Human Factors Guidelines for Road Systems TRB,2008.

[55] FHWA-TO-86-1. Driver expectancy in highway design and traffic operations,1986.

[56] SHRP2 REPORT S2-L10-RR-1 Feasibility of Using In-Vehicle Video Data to Explore How to Modify Driver Behavior That Causes Nonrecurring Congestion,2011.

[57] Highway Safety Manual,2010.

[58] SHRP2 REPORT S2-S05-RR-1 Design of the In-Vehicle Driving Behavior and Crash Risk Study-In Support of the SHRP 2 Naturalistic Driving Study.

[59] FHWA-HRt-08-019 Development of a Driver Vehicle Module for the Interactive Highway Safety Design Model,2007.

[60] Transportation Research Board. NCHRP Report 600A: Human Factors Guidelines for Road Systems [M],2003.

[61] K W OGDEN. Safer Roads: A Guide to Road Safety Engineering [M]. Avebury Technical,1996.

[62] PIARC Technical Committee on Road Safety (C1. 3). Road Safety Mannal [M],2003.

[63] Pacaux-Lemoine, M I, Morvan, et al. CAR DRIVER BEHAVIOR DURING PRE-CRASH SITUATION: ANALYSIS WITH THE BCD MODEL[Z], 2011.

[64] Montella A, Mauriello F. Drivers' Speed Behaviour at Rural Intersections: Simulator Experiment and Real World Monitoring[Z],2011.

[65] Abou-Zeid M, Kaysi I, Al-Naghi H. MEASURING AGGRESSIVE DRIVING BEHAVIOR USING A DRIVING SIMULATOR: AN EXPLORATORY STUDY [Z],2011.

[66] Zhang W, Peterson M. Predicting Patterns of Potential Driver Distraction Through Analysis of Eye Tracking Data[Z], 2011.

[67] Fu R, Guo Y, Chen Y. Research on Heart Rate and Eye Movement as Indicators of Drivers' Mental Workload[Z],2011.

[68] Benedetto S, Pedrotti M, Minin L, et al. Driver workload and eye blink duration[J]. Transportation Research Part F,2010, 14(3): 199-208.

[69] Martens M H. Change detection in traffic: Where do we look and what do we perceive? [J]. Transportation Research Part F. (14): 240-250.

[70] John B. Best《Cognitive Psychology》,2000.

[71] Jane C Stutts, Ph. D. THE ROLE OF DRIVER DISTRACTION IN TRAFFIC CRASHES,2001.

[72] Joanne L Harbluk Y Ian Noy. The Impact of Cognitive Distraction on Driver Visual Behaviour and Vehicle Control ,2002.

[73] Dario D Salvucci. An Integrated Model of Eye Movements and Visual Encoding,2001.

[74] Masanori Sugisakal,Hiroaki Tanaka, Masayoshi Hara. A control method of accelerator

of an electric vehicle. SICE-ICASE International Joint Conference, 2006.

[75] Masahiro MIYAJI, Mikio DANNO, Koji OGURI. Analysis of Driver Behavior Based on Traffic Incidents for Driver Monitor Systems. 2008 IEEE Intelligent Vehicles Symposium.

[76] M Basset, C Cudel, V Georges, G L Gissinger. MIPS LaboratoryVisual characterization of the road driver's behaviour.

[77] NHTSA DOT HS 811 062. Driving with Visual Field Loss.

[78] J BAUJON, M BASSET, G L GISSINGER. Driver Visual Behaviour: Tools and Models.

[79] FHWA. Evaluation of Design Consistency Methods for Two-Lane Rural Highways.

[80] N Rashevsky. Automobile Driving as Psychophysical Discrimination.

[81] FMCSA-RRR-06-004. The 100-Car Naturalistic Driving Study: A Descriptive Analysis of Light Vehicle-Heavy Vehicle Interactions from the Light Vehicle Drivers Perspective.

[82] Automotive Engineering, 1994, 9.

[83] Henk J van Zuylen. CAN WE PREDICT ROAD SAFETY BY SIMULATION?. ASCE, 2008.

[84] Ruggero Ceci, Christopher Patten, Johan Engström. DRIVER WORKLOAD IN SIMULATED ROAD TUNNELS.

[85] Qin Yaqin, Xiong Jian, Liu Hongqi, Guo Fengxiang, Wan Huasen. DRIVING SIMULATION STUDY OF TRAFFIC FLOW CHARACTERISTICS OF THE CLIMBING LANE ON A TWO-LANE RURAL ROAD. ICCTP, 2009.

[86] Carlo Benedetto, Maria Rosaria De Blasiis, Andrea Benedetto. A driving simulator based integrated approach for road geometry validation. APPLICATIONS OF ADVANCED TECHNOLOGY IN TRANSPORTATION.

[87] F Panerai, J Droulez, J-M Kelada, A Kemeny, E Balligand, B Favre. Speed and safety distance control in truck driving: comparison of simulation and real-world environment. DSC2001- Sophia Antipolis-September, 2001.

[88] Boer E R, Girshick A R, Yamamura T, Ku ge N. Experiencing the same road twice : a driver comparison between simulation and reality. Proc. Driving Simulation Conf. DSC 2000, Paris France: 33-55.

[89] Burns P C, Saluäär D. Intersection between driving in reality and virtual reality (VR) Proc. Driving Simulation Conf. DSC 1999, Paris, France: 153-164.

[90] Rolfe J M, Hammerton—Frase AM, Poulter RF, et al. Pilot response inflight and simulated flight[J]. Ergonomics, 1970, 13(6): 761-768.

[91] Blaauw G J. Driving experience and task demands in simulator and instrumented car: a validation study [J]. HumanFactors, 1982, 24(4): 473-486.